全国高职高专教育规划教材

JIXIE SHEJI JICHU KECHENG SHEJI

机械设计基础课程设计

徐起贺 刘静香 程鹏飞 主编

高等教育出版社·北京

内容提要

本书是根据教育部制定的《高职高专教育机械设计基础课程教学基本要求》，结合高职高专院校机械类与近机械类专业对机械设计基础课程设计的具体要求，为适应当前高等职业教育教学改革的需要编写而成的，是机械设计基础课程的配套教材。

本书以圆柱齿轮减速器的设计为例，系统地介绍了机械传动装置的设计内容、设计步骤、设计方法和注意事项，并结合具体结构设计分析了设计中常见的问题。此外，对锥齿轮减速器和蜗杆减速器的设计也作了针对性的指导。本书提供了课程设计中所需的各种设计资料及最新的国家标准和规范，考虑到高职高专学生的特点，内容力求简明扼要，叙述力求层次清楚，设计过程力求循序渐进，资料翔实可靠。

全书分两篇，共20章。第一篇（1～10章）为机械设计基础课程设计指导；第二篇（11～20章）为机械设计基础课程设计常用标准和规范。

本书为高职高专院校机械类与近机械类专业机械设计基础课程设计用书，既可供高职高专院校及电大、职大和函大相应专业学生使用，也可供从事机械设计工作的工程技术人员参考。

图书在版编目（CIP）数据

机械设计基础课程设计/徐起贺，刘静香，程鹏飞主编. --北京：高等教育出版社，2014.8
ISBN 978 - 7 - 04 - 039839 - 7

Ⅰ.①机…Ⅱ.①徐…②刘…③程…Ⅲ.①机械设计
- 课程设计 - 高等职业教育 - 教材　Ⅳ.①TH122 - 41

中国版本图书馆 CIP 数据核字（2014）第 104957 号

| 策划编辑 | 李文轶 | 责任编辑 | 李文轶 | 封面设计 | 王　琰 | 版式设计 | 马敬茹 |
| 责任校对 | 孟　玲 | 责任印制 | 赵义民 | | | | |

出版发行	高等教育出版社		咨询电话	400 - 810 - 0598
社　　址	北京市西城区德外大街 4 号		网　　址	http://www.hep.edu.cn
邮政编码	100120			http://www.hep.com.cn
印　　刷	北京机工印刷厂		网上订购	http://www.landraco.com
开　　本	787mm × 1092mm　1/16			http://www.landraco.com.cn
印　　张	17.75		版　　次	2014 年 8 月第 1 版
字　　数	430 千字		印　　次	2014 年 8 月第 1 次印刷
购书热线	010 - 58581118		定　　价	32.80 元

前　言

本书是根据教育部制定的《高职高专教育机械设计基础课程教学基本要求》,结合高职高专院校机械类与近机械类专业对机械设计基础课程设计的具体要求,为适应当前教学改革发展的需要编写而成的,是机械设计基础课程的配套教材。本书为高职高专院校机械类与近机械类专业机械设计基础课程设计用书,也适用于电大、职大和函大等相应专业学生进行机械设计基础课程设计时使用。

本书根据工作过程导向课程的改革要求,落实理论与实践一体化教学方式。在内容编排上按照机械设计基础课程设计的一般步骤和思路,以传动装置中广泛使用的圆柱齿轮减速器为例,系统地介绍了机械传动装置的设计内容、设计步骤和设计方法。对减速器设计中每一步骤的计算方法、结构设计以及应注意的问题,都作了详细叙述,并且配置了适量的图例和图表,加强了结构设计能力的培养。此外,对锥齿轮减速器和蜗杆减速器的设计特点也作了有针对性的阐述。本书内容详细,结构合理、层次分明,符合设计思维过程,便于指导学生自学。力求使学生借助于本书并在教师的指导下,能够独立地进行机械设计基础课程设计,强化学生设计能力和实践能力的培养。

在内容上本书围绕机械设计基础课程设计的需要,除主要介绍减速器设计的方法和程序外,还提供了必要的最新国家标准、规范及有关资料,内容翔实可靠、方便设计;收入的课程设计题目,可供指导教师下达设计任务时选用;给出的减速器装配图和零件图的参考图例,以及常见正误结构示例,可供学生设计时借鉴。

全书由徐起贺、刘静香、程鹏飞担任主编,并由徐起贺负责全书统稿工作。参加编写的人员有:河南机电高等专科学校徐起贺(第一、二、四、十、十三、十八章)、刘静香(第五、六、七、十五、十六章)、程鹏飞(第三、八、十二、十七章)、付靖(第九、十一、二十章)、庞玲(第十四章),浙江台州学院赵晓运(第十八、十九章)。

本书承郑州大学秦东晨教授和国家级教学名师杨占尧教授精心审阅,他们提出了许多宝贵的意见和建议,对提高本书的编写质量有很大帮助,在此表示衷心的感谢。在编写过程中参考了书中所列的多种参考文献,并得到了许多专家学者的帮助和支持,在此一并表示衷心的感谢。本书的编写得到了河南高等教育教学改革研究省级立项项目"高等技术应用型人才创新能力培养的系统化研究"和河南机电高等专科学校教育教学改革研究项目"基于 TRIZ 理论培养高职创新型技能人才的研究与实践"的支持,在此谨向支持该项目的同志表示深深的感谢。

由于编者水平所限及编写时间仓促,误漏和欠妥之处在所难免,恳请广大教师、读者给予批评指正。

编　者

2014 年 1 月

目　　录

第一篇　机械设计基础课程设计指导

第二篇　机械设计基础课程设计常用标准和规范

第一篇　机械设计基础课程设计指导

第一章　机械设计基础课程设计概述

第一节　课程设计的主要目的

课程设计是机械设计基础课程重要的综合性与实践性教学环节,也是第一次对学生进行的比较全面的机械设计训练。课程设计的主要目的是:

(1) 综合运用机械设计基础课程和其他先修课程的基本知识和方法,分析和解决工程实际中的具体设计问题,进一步巩固和深化所学课程的知识。

(2) 通过设计实践各个环节的锻炼,逐步树立正确的设计思想,增强创新意识和竞争意识,掌握机械设计的一般方法和步骤,培养学生分析问题和解决问题的能力。

(3) 通过设计计算、绘图以及运用技术标准、规范、设计手册等有关设计资料,进行全面的机械设计基本技能的训练。

第二节　课程设计的基本内容

课程设计的题目,一般选择由本课程所学过的大部分零部件所组成的机械传动装置或其他简单机械,目前采用较多的是以齿轮减速器为主体的机械传动装置,如图 1-1 所示电动绞车中的二级圆柱齿轮减速器。多年来的教学实践证明:采用以减速器为主体的机械传动装置进行课程设计,能较全面地达到上述目的,这是由于减速器作为一个完整而独立的部件广泛应用于各类机械中,其传动结构涉及了大部分通用零部件。

课程设计的内容通常包括:传动装置的总体设计;传动零件、轴、轴承和联轴器等的设计计算和选择;装配图和零件图设计;编写设计计算说明书。

课程设计中要求学生在规定的时间内完成以下工作:

(1) 绘制减速器装配图 1 张(用 A0 或 A1 图纸);

(2) 绘制零件图 1~3 张(如传动零件、轴和箱体等,视各专业情况而定);

(3) 编写设计计算说明书 1 份,约 8 000 字左右。

对于不同的专业,由于培养要求和学时数不同,选题和设计内容及分量应有所不同。本书第九章选列了若干套设计题目,供选题时参考。

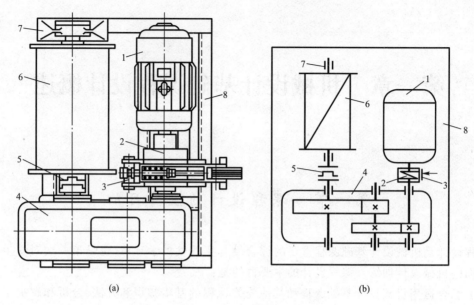

(a)　　　　　　　　　　　　　　　　　(b)

图 1 - 1　电动绞车

1—电动机；2、5—联轴器；3—制动器；4—减速器；6—卷筒；7—轴承；8—机架

第三节　课程设计的步骤及流程

一、减速器的设计步骤

课程设计一般可按以下顺序进行：设计准备工作—传动装置总体设计—传动零件设计计算—装配草图的设计、绘制—装配图的设计、绘制—零件工作图的设计、绘制—编写设计计算说明书—设计总结及答辩。每一设计阶段所包含的设计内容和工作量如表 1 - 1 所列，指导教师在学生完成以下设计内容后，根据图样、说明书以及答辩情况等对设计进行综合评定。

表 1 - 1　机械设计课程设计的基本步骤

设计阶段	主 要 内 容	约占总工作量
1. 设计准备工作	阅读设计任务书，了解原始数据、工作条件及设计要求，明确设计任务；现场参观（模型、实物和生产现场），看教学录像，拆装减速器，阅读课程设计指导书及有关资料和图纸；拟定设计过程进度计划，准备设计计算草稿本；准备设计所需的资料及绘图用具等	4%
2. 传动装置总体设计	分析和拟订传动方案；选择电动机；计算传动装置的总传动比并合理分配各级传动比；计算传动装置的运动和动力参数（各轴转速、功率和转矩等）	6%
3. 传动零件设计计算	设计计算各级传动件的主要参数和几何尺寸，如减速器外传动零件的设计计算，减速器内传动零件的设计计算，以及选择联轴器的类型和型号等	8%

续表

设计阶段	主　要　内　容	约占总工作量
4. 装配草图设计、绘制	初算轴径,初选轴承,确定轴上各受力点的位置,并对轴、轴承及键等进行校核计算;设计、绘制轴系部件的具体结构;设计、绘制箱体及附件的具体结构;审查和修改装配草图	32%
5. 装配图设计、绘制	加深(或另绘)装配工作图;标注主要尺寸,公差配合及零件序号;编写标题栏、零件明细、减速器技术特性及技术要求等,最后完成装配工作图	25%
6. 零件工作图设计、绘制	绘制指定的零件工作图;绘制必要的视图和剖面图;标注尺寸、公差及表面粗糙度,编写技术要求、啮合特性表及标题栏	10%
7. 编写设计计算说明书	根据计算草稿进行整理,编写课程设计计算说明书,并附以必要的插图和说明	10%
8. 设计总结及答辩	针对设计题目的完成情况和设计体会,进行课程设计总结,完成答辩准备工作	5%

二、减速器的设计流程

减速器的设计流程如图 1-2 所示。为确保设计质量,需要特别强调的是绘制装配草图非常重要,当完成装配草图的绘制后,设计流程图中所剩下的各个步骤的先后顺序可灵活处理,但在

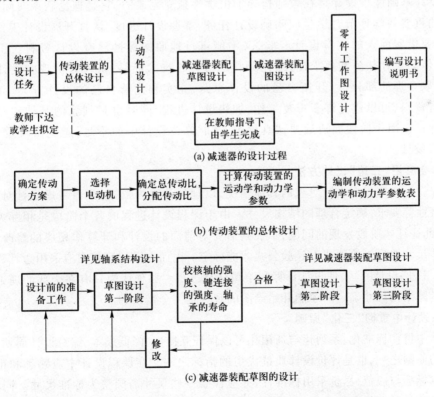

图 1-2　减速器设计流程图

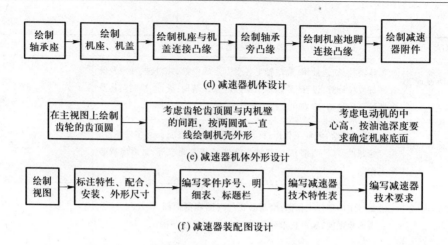

图 1-2　减速器设计流程图(续)

装配草图没有绘制出来之前,设计流程图中绘制装配草图之后的各个步骤均无法进行。

第四节　课程设计中应注意的问题

一、正确处理继承和创新的关系

机械设计基础课程设计是在教师指导下由学生独立完成的,它是理论联系实际、培养初步设计能力的重要教学环节。学生应明确设计任务,掌握设计进度,认真开展设计工作。在设计过程中,既要借鉴前人的宝贵设计经验,又不能盲目地照搬照抄已有设计资料。正确的方法是:应从具体的设计任务和要求出发,充分利用已有的技术资料,认真分析现有设计方案的特点,从中吸取合理的部分,以开拓自己的设计思路,充实和完善自己的设计方案。此外,正确地利用已有资料,可以避免许多重复工作,加快设计进程,同时也是创新的基础和提高设计质量的重要保证。每个阶段完成后要认真检查,及时修改设计中的不足,避免出现重大错误,影响下一阶段设计。

二、学会应用"三边"设计方法

在课程设计中应根据设计对象的具体情况,以理论计算为依据,全面考虑设计对象的结构、工艺和经济性等要求,确定合理的结构尺寸。由于课程设计进程的各个阶段是相互关联和彼此制约的,因此往往本阶段发现的问题,牵扯到需要对前面的设计和计算作相应的修改,甚至有的结构和具体尺寸要通过绘图或由经验公式才能确定。因而在设计过程中应采用边计算、边绘图、边修改的"三边"设计方法,使设计计算和绘图交替进行。那种认为只有在全部的理论计算结束和所有的具体结构尺寸确定后才能开始绘图的观点是完全错误的。

三、在设计中贯彻"三化"原则

在设计中贯彻标准化、系列化与通用化可以保证互换性、降低成本、缩短设计周期,是机械设计应遵循的原则之一,也是评价设计质量优劣的指标之一。在课程设计中应熟悉和正确采用各种有关技术标准与规范,尽量采用标准件,并应注意一些尺寸需圆整为标准尺寸。同时,设计中应减少材料的品种和标准件的规格,这样能降低成本,方便使用和维护。

四、讲究和提高工作效率

讲究并不断提高工作效率有利于培养良好的工作作风。为此,首先从思想上应引起足够的重视,并在教师的指导下逐步学会合理地安排时间,以避免发生前松后紧或顾此失彼等现象。同时在设计过程中也必须采取一切有利于提高工作效率的措施,如事先制定好切实可行的工作计划;经常查阅有关的设计资料和标准;在草稿本上写下编写设计计算说明书时所必需的计算过程及有关数据或标准的来源,且各行之间还应留有一定的间隔,以适应修改或调整设计计算结果的需要等。这样在最后编写设计计算说明书时,可以节省很多时间。

第二章 传动装置的总体设计

传动装置总体设计的目的是分析并拟定传动方案,选择电动机型号,计算总传动比并合理分配各级传动比,计算传动装置的运动和动力参数,为各级传动零件设计和装配图设计准备条件。传动装置的总体设计一般按下列步骤进行。

第一节 分析和拟定传动方案

一、拟定传动方案的任务

机器通常由原动机、传动装置和工作机 3 部分组成。传动装置位于原动机和工作机之间,用来传递运动和动力,并可用于改变转速、转矩的大小或改变运动形式,以适应工作机的功能要求。传动装置的设计对整台机器的性能、尺寸、重量和成本都有很大影响,合理地设计传动装置是整部机器设计工作中的重要一环,因此应当合理地拟定传动方案。拟定传动方案就是根据工作机的功能要求和工作条件,选择合适的传动机构类型,确定各类传动机构的布置顺序以及各组成部分的连接方式,绘出传动装置的运动简图。

在课程设计中,若由设计任务书给定传动方案时,则学生应了解和分析各传动方案的特点;若设计任务书只给定工作机的性能要求,如带式输送机的有效拉力 F 和输送带的线速度 v 等,则学生应根据各种传动的特点拟定出最佳的传动方案。

合理的传动方案首先要满足工作机的性能要求,适应工作条件,工作可靠,此外还应使传动装置的结构简单、尺寸紧凑、加工方便、成本低廉、传动效率高和使用维护方便。要同时满足这些要求是比较困难的,因此要通过分析与比较多种传动方案,选择出能保证重点要求的最佳传动方案。

图 2-1 列举了矿井运输用带式输送机的 3 种传动方案。由于工作机在狭小的矿井巷道中连续工作,对传动装置的主要要求是尺寸紧凑和传动效率高。图 2-1a 所示方案宽度尺寸较大,带传动也不适应繁重的工作要求和恶劣的工作环境;图 2-1b 所示方案虽然结构紧凑,但蜗杆传动效率低,长期连续工作,不经济;图 2-1c 所示方案宽度尺寸较小,传动效率较高,也适于恶劣环境下长期工作,是较为合理的。由此可知,在选定原动机的条件下,根据工作机的工作条件拟定合理的传动方案,主要是合理地确定传动机构的类型和多级传动中各传动机构的合理布置。下面给出传动机构选型和各类传动机构布置的一般原则。

二、选择传动机构的类型

合理地选择传动型式是拟定传动方案时的重要环节。常用传动机构的类型、性能和适用范围列于表 2-1 中,供设计时参考。在机械传动装置中,各种减速器应用很多,为了便于选型,

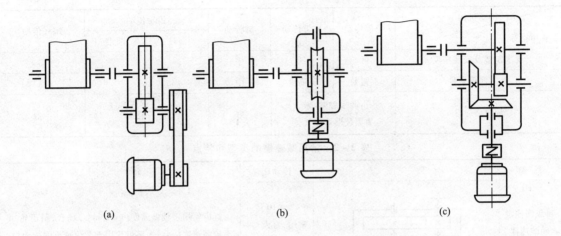

(a)　　　　　　　　　　　(b)　　　　　　　　　　　(c)

图 2 - 1　带式输送机传动方案比较

表 2 - 2 中列出了常用减速器的类型和特点。

表 2 - 1　常用传动机构的类型、性能和适用范围

传动机构 选用指标	平带传动	V 带传动	链传动	齿轮传动		蜗杆传动
				圆柱	圆锥	
功率（常用值） P/kW	小 （≤20）	中 （≤100）	中 （≤100）	大 （最大达 50 000）		小 （≤50）
单级传动比： 　常用值 　最大值	 2 ~ 4 6	 2 ~ 4 15	 2 ~ 5 10	 3 ~ 5 10	 2 ~ 3 6 ~ 10	 7 ~ 40 80
传动效率 η	中	中	中	高		低
许用线速度 $v/(\text{m·s}^{-1})$	≤25	≤25 ~ 30	≤40	6 级精度 ≤15 ~ 25　　　　≤9 7 级精度 ≤10 ~ 17　　　　≤6 8 级精度 ≤5 ~ 10　　　　≤3		≤15 ~ 25
外廓尺寸	大	大	大	小		小
传动精度	低	低	中	高		高
工作平稳性	好	好	较差	一般		好
自锁能力	无	无	无	无		可有
过载保护作用	有	有	无	无		无
使用寿命	短	短	中	长		中
缓冲吸振能力	好	好	中	差		差

选用指标 ＼ 传动机构	平带传动	V 带传动	链传动	齿轮传动		蜗杆传动
				圆柱	圆锥	
要求制造及安装精度	低	低	中	高		高
要求润滑条件	不需要	不需要	中	高		高
环境适应性	不能接触酸、碱、油类及爆炸性气体		好	一般		一般

表 2－2　常用减速器的类型和特点

类　型		简　图	传动比	特　　点
单级圆柱齿轮减速器			≤10 常用：直齿≤4 斜齿≤6	直齿轮用于较低速度(v≤8 m/s)场合，斜齿轮用于较高速度场合，人字齿轮用于载荷较重的传动中
两级圆柱齿轮减速器	展开式		8～40	一般采用斜齿轮，低速级也可采用直齿轮。总传动比较大，结构简单，应用最广。由于齿轮相对于轴承为不对称布置，因而沿齿宽载荷分布不均匀，要求轴有较大刚度
	同轴式		8～40	减速器横向尺寸较小，两大齿轮浸油深度可以大致相同。结构较复杂，轴向尺寸大，中间轴较长、刚度差，中间轴承润滑较困难
	分流式		8～40	一般为高速级分流，且常采用斜齿轮；低速级可用直齿或人字齿轮。齿轮相对于轴承为对称布置，沿齿宽载荷分布较均匀。减速器结构较复杂。常用于大功率、变载荷场合
单级锥齿轮减速器			直齿≤6 常用≤3	传动比不宜太大，以减小大齿轮的尺寸，便于加工
锥齿轮－圆柱齿轮减速器			8～40	锥齿轮应置于高速级，以免使锥齿轮尺寸过大，加工困难

续表

类 型	简 图	传动比	特 点
蜗杆减速器	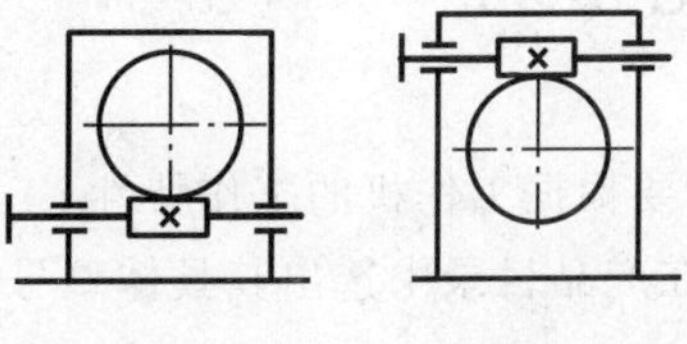 (a) 蜗杆下置式 (b) 蜗杆上置式	10~80	结构紧凑,传动比较大,但传动效率低,适用于中、小功率和间歇工作场合。蜗杆下置时,润滑、冷却条件较好。通常蜗杆圆周速度 $v \leqslant 4 \sim 5$ m/s 时用下置式;$v > 4 \sim 5$ m/s 时用上置式

选择传动机构类型时应综合考虑各有关要求和工作条件,例如工作机的功能;对尺寸和重量的限制;环境条件;制造能力;工作寿命与经济性要求等。选择类型的基本原则为:

(1) 传递大功率时,应充分考虑提高传动装置的效率,以减少能耗、降低运行费用。这时应选用传动效率高的传动机构,如齿轮传动。而对于小功率传动,在满足功能的条件下,可选用结构简单、制造方便的传动型式,以降低制造成本。

(2) 载荷多变和可能发生过载时,应考虑缓冲吸振及过载保护问题。如选用带传动、采用弹性联轴器或其他过载保护装置。

(3) 传动比要求严格且尺寸要求紧凑的场合,可选用齿轮传动或蜗杆传动。但应注意,蜗杆传动效率低,故常用于中小功率、间歇工作的场合。

(4) 在多粉尘、潮湿及易燃、易爆场合,宜选用链传动、闭式齿轮传动或蜗杆传动,而不采用带传动或摩擦传动。

三、多级传动的合理布置

当采用由几种传动型式组成的多级传动时,要充分考虑各种传动型式的特点,合理地布置其传动顺序,以便充分发挥各类传动机构的优点,改善机器的工作性能,减小整个传动装置的结构尺寸。常用传动机构的一般布置原则是:

(1) 带传动的承载能力较低,传递相同转矩时,结构尺寸较其他传动型式大,但传动平稳,能缓冲吸振,减小噪声,因此宜布置在高速级,有利于整个传动系统结构紧凑。

(2) 链传动运转不平稳,有冲击和振动,不适用于高速级,宜布置在低速级。

(3) 当同时采用直齿轮传动和斜齿轮传动时,应将传动平稳、动载荷较小的斜齿轮传动布置在高速级。

(4) 闭式齿轮传动和蜗杆传动一般布置在高速级,以减小闭式传动的外廓尺寸、降低成本。开式齿轮传动制造精度较低、润滑不良和工作条件差,为减少磨损,一般应布置在低速级。

(5) 当同时采用齿轮传动及蜗杆传动时,对采用铝铁青铜或铸铁作为蜗轮材料的蜗杆传动,可布置在低速级,使齿面滑动速度较低,以防止产生胶合或严重磨损,并可使减速器结构紧凑;对采用锡青铜为蜗轮材料的蜗杆传动,由于允许齿面有较高的相对滑动速度,可将蜗杆传动布置在高速级,以利于形成润滑油膜,提高承载能力和传动效率。

(6) 锥齿轮尺寸过大时加工有困难,应将其布置于传动的高速级,并对其传动比加以限制,以减小大锥齿轮的尺寸。

(7) 一般将改变运动形式的机构(如螺旋传动、连杆机构或凸轮机构)布置在传动系统的最后一级,并且常为工作机的执行机构。

第二节　选择电动机

电动机是由专门工厂批量生产的标准部件,设计时要根据工作机的工作特性、工作环境和载荷条件,选择电动机的类型、结构型式、容量和转速,并在产品目录中选出其具体型号和尺寸。

一、选择电动机类型和结构型式

电动机分交流电动机和直流电动机两种。由于直流电动机需要直流电源,结构较复杂,价格较高,维护不便,因此无特殊要求时不宜采用。工业上一般多采用三相交流电源,因此无特殊要求时均应选用三相交流电动机,其中以三相异步交流电动机应用最广泛。最常用的电动机是 Y 系列笼型三相异步交流电动机,这是一般用途的全封闭自扇冷式电动机,其结构简单、工作可靠、价格低廉、维护方便和效率高,因此广泛应用于不易燃、不易爆、无腐蚀性气体和无特殊要求的机械上,如金属切削机床、运输机、风机和搅拌机等,同时由于起动性能较好,也适用于某些要求较高起动转矩的机械。

对于经常起动、制动和正反转的机械,如起重机、提升设备,要求电动机具有较小的转动惯量和较强的过载能力,应选用起重及冶金用的 YZ 系列(笼型)或 YZR 系列(绕线型)三相异步电动机。

电动机的结构型式,按安装位置不同,有卧式和立式两类;按防护方式不同有开启式、防护式、封闭式及防爆式等。可根据安装需要和防护要求选择电动机结构型式。常用结构型式为卧式封闭型电动机。

电动机的类型和结构型式应根据电源种类(交流或直流)、工作条件(环境、温度和空间位置等)、载荷大小和性质(变化性质和过载情况等)、起动性能和起动、制动、正反转的频繁程度等条件来选择。

常用的封闭式 Y(IP44)系列电动机的技术数据、安装代号、安装及外形尺寸见第二十章表20-1～表20-3。

二、选择电动机的容量

选择电动机容量就是合理确定电动机的额定功率,即在连续运转的条件下,电动机发热不超过许可温升的最大功率称为额定功率。电动机容量的选择是否合适,对电动机的正常工作和经济性都有影响。容量选得过小,不能保证工作机正常工作,或使电动机因超载而过早损坏;而容量选得过大,则电动机的价格高,能力又不能充分利用,而且由于电动机经常不满载运行,其效率和功率因数都较低,增加电能消耗而造成能源的浪费。

确定电动机功率时要考虑电动机的发热、过载能力和起动能力三方面因素,但一般情况下电动机的容量主要根据电动机运行时的发热条件而定。电动机发热与其工作情况有关。对于载荷不变或变化不大,且在常温下长期连续运转的电动机(课程设计中通常涉及的电动机),只要其所需输出功率不超过额定功率,工作时就不会发热,可不进行发热计算。这类电动机按下述步骤确定:

1. 工作机的输出功率 P_{wo}

工作机的输出功率 P_{wo} 应由机器工作阻力和运动参数计算确定。课程设计时可按设计任务书给定的工作机参数计算求得。

当已知工作机主动轴的输出转矩 $T_{wo}(N \cdot m)$ 和转速 $n_w(r/min)$ 时,则工作机的输出功率为

$$P_{wo} = \frac{T_{wo}n_w}{9\,550} \quad (kW) \tag{2-1}$$

如果给出带式输送机驱动卷筒的圆周力(即卷筒牵引力)$F(N)$和输送带速度$v(m/s)$,则工作机的输出功率为

$$P_{wo} = \frac{Fv}{1\,000} \quad (kW) \tag{2-2}$$

输送带速度v与卷筒直径$D(mm)$、卷筒轴转速n_w的关系为

$$v = \frac{\pi D n_w}{60 \times 1\,000} \quad (m/s) \tag{2-3}$$

2. 电动机的输出功率P_d

考虑传动装置的功率损耗,电动机输出功率为

$$P_d = \frac{P_{wo}}{\eta} \tag{2-4}$$

式中,η为从电动机到工作机输送带间的总效率,即

$$\eta = \eta_1 \cdot \eta_2 \cdots \eta_n \tag{2-5}$$

其中$\eta_1, \eta_2, \cdots, \eta_n$分别为传动系统中联轴器、各对轴承、传动副及卷筒等的效率,其数值见表 2-3。

表 2-3 机械传动效率的概略值

种 类		效率 η	种 类		效率 η
圆柱齿轮传动	经过跑合的 6 级精度和 7 级精度齿轮传动(油润滑)	0.98 ~ 0.99	带传动	平带无张紧轮的传动	0.98
	8 级精度的一般齿轮传动(油润滑)	0.97		平带有张紧轮的传动	0.97
	9 级精度的齿轮传动(油润滑)	0.96		平带交叉传动	0.90
	加工齿的开式齿轮传动(脂润滑)	0.94 ~ 0.96		V 带传动	0.96
	铸造齿的开式齿轮传动	0.90 ~ 0.93	链传动	片式销轴链	0.95
锥齿轮传动	经过跑合的 6 级和 7 级精度的齿轮传动(油润滑)	0.97 ~ 0.98		滚子链	0.96
	8 级精度的一般齿轮传动(油润滑)	0.94 ~ 0.97		齿形链	0.97
	加工齿轮的开式齿轮传动(脂润滑)	0.92 ~ 0.95	滑动轴承	润滑不良	0.94(一对)
	铸造齿轮的开式齿轮传动	0.88 ~ 0.92		润滑正常	0.97(一对)
蜗杆传动	自锁蜗杆(油润滑)	0.40 ~ 0.45		润滑很好(压力润滑)	0.98(一对)
	单头蜗杆(油润滑)	0.70 ~ 0.75		液体摩擦润滑	0.99(一对)
	双头蜗杆(油润滑)	0.75 ~ 0.82	滚动轴承	球轴承	0.99(一对)
	三头和四头蜗杆(油润滑)	0.80 ~ 0.92		滚子轴承	0.98(一对)
联轴器	弹性联轴器	0.99 ~ 0.995	丝杠传动	滑动丝杠	0.30 ~ 0.60
	十字滑块联轴器	0.97 ~ 0.99		滚动丝杠	0.85 ~ 0.95
	齿式联轴器	0.99	卷筒		0.94 ~ 0.97
	万向联轴器($\alpha > 3°$)	0.95 ~ 0.99			
	万向联轴器($\alpha \leq 3°$)	0.97 ~ 0.98			

计算传动装置的总效率时应注意以下几点：

（1）所取传动副效率中是否包括其支承轴承的效率，若已包括，则不再计入该对轴承的效率。轴承效率均指一对轴承而言。

（2）同类型的几对传动副、轴承或联轴器，均应单独计入总效率，不要漏掉。

（3）蜗杆传动的效率与蜗杆头数 z_1 有关，设计时应先初选头数 z_1，然后估计效率，待设计出蜗杆的传动参数后再最后确定效率，并核验电动机所需功率。此外蜗杆传动的效率中已包括了蜗杆轴上一对轴承的效率，因此在总效率的计算中蜗杆轴上轴承效率不再计入。

（4）资料推荐的效率一般都有一个范围，可根据传动副、轴承和联轴器等的工作条件、精度要求和润滑状况选取具体值。例如工作条件差、加工精度低、润滑不良的齿轮传动取小值，反之取大值；情况不明时一般取中间值。

3. 确定电动机额定功率 P_{ed}

根据计算出的功率 P_d 可选定电动机的额定功率 P_{ed}，应使 P_{ed} 等于或稍大于 P_d。

三、确定电动机的转速

同一类型、功率相同的三相异步电动机，一般有 3 000 r/min、1 500 r/min、1 000 r/min 及 750 r/min 四种同步转速可供选择，相应的电动机转子的极对数为 2、4、6、8。同步转速为由电流频率与极对数而定的磁场转速，电动机空载时才能达到同步转速，负荷达到额定功率时的电动机转速称为满载转速，负载时的转速都低于同步转速。电动机同步转速愈高，磁极对数愈少，外部尺寸和重量愈小，价格愈低，但是电动机转速愈高，传动装置总传动比愈大，会使传动装置外部尺寸和重量增加，提高制造成本；而电动机同步转速愈低，磁极对数愈多，则外廓尺寸和重量愈大，价格愈贵，但可使传动装置的总传动比及尺寸减小。因此在确定电动机转速时，应综合考虑电动机及传动装置的尺寸、重量、价格，分析利弊，选出合适的电动机转速。

选择电动机转速时，可先根据工作机主动轴转速 n_w 和传动系统中各级传动的常用传动比范围，推算出电动机转速的可选范围，以供参照比较，即

$$n_d' = (i_1' \cdot i_2' \cdot \cdots \cdot i_n') n_w \qquad (2-6)$$

式中：n_d'——电动机转速可选范围；i_1'、i_2'、$\cdots$、i_n'——各级传动的传动比范围，见表 2-1。

在本课程设计中，通常多选用同步转速为 1 500 r/min 或 1 000 r/min 的电动机。如无特殊要求，一般不选用 750 r/min 的电动机。

四、确定电动机的型号

根据选定的电动机类型、结构型式、功率和转速，可在电动机产品目录或设计手册中查出其型号、性能参数和主要尺寸，本课程设计可由表 20-1、表 20-3 查出电动机型号及其额定功率、满载转速、外形尺寸、电动机中心高、轴伸及键连接尺寸、机座尺寸等各参数的数据，并列表记录备后面使用。

应该注意：在计算传动装置中各轴的功率时，对于通用机器，常以电动机的额定功率 P_{ed} 作为设计功率，这样可以留有储备能力，以备发展或不同工作需要；对于专用机器或用于指定工况的机器，则常用电动机的输出功率 P_d 作为设计功率，以免按额定功率 P_{ed} 设计使传动装置的工作能力可能超过工作机的需求而造成浪费。显然，前者计算偏于安全，本课程设计按专用机器来进行。传动装置的转速可按电动机额定功率时的满载转速 n_m 来计算，这一转速与实际工作时的转速相差不大。

第三节 确定传动装置的总传动比和分配传动比

一、计算传动装置的总传动比

根据电动机的满载转速 n_m 和工作机主动轴的转速 n_w,可得传动装置的总传动比 i 为

$$i = \frac{n_m}{n_w} \qquad\qquad (2-7)$$

由传动方案可知,在多级传动的传动装置中,其总传动比等于各级传动比的连乘积,即

$$i = i_1 \cdot i_2 \cdot \cdots \cdot i_n \qquad\qquad (2-8)$$

设计多级传动装置时,需将总传动比分配到各级传动机构。

二、合理分配各级传动比

合理分配各级传动比,是传动装置总体设计中的一个重要问题。分配传动比时通常应考虑以下几个原则:

(1)各级传动机构的传动比应在推荐值的范围内,以符合各种传动型式的特点,有利于发挥其性能,并使结构紧凑。

(2)应使各级传动件的尺寸协调、结构匀称合理,避免互相干涉碰撞。如由普通 V 带传动和齿轮减速器组成的传动装置中,一般应使带传动的传动比小于齿轮传动的传动比,否则会使大带轮的外圆半径超过减速器的中心高,易使大带轮与底座相碰,造成安装困难,如图 2-2 所示。

(3)应使传动装置外廓尺寸紧凑、重量轻。如图 2-3 所示两级圆柱齿轮减速器,在相同的总中心距和总传动比情况下,图 2-3b 具有较小的外廓尺寸。

(4)在减速器设计中常使各级大齿轮直径相近,以使各级大齿轮浸油深度合理(低速级大齿轮浸油稍深,高速级大齿轮能浸到油)。如图 2-3b 所示,高、低速两级大齿轮直径相近,且低速级大齿轮直径稍大,其浸油深度也稍深一些,有利于浸油润滑。

(5)应使各传动零件之间不发生干涉碰撞。如在两级圆柱齿轮减速器中,若高速级传动比过大,会使高速级大齿轮轮缘与低速级输出轴相碰,如图 2-4 所示。

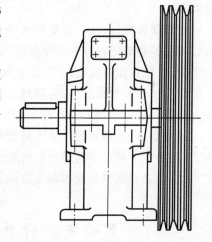

图 2-2 不合理的传动比分配

根据上述原则分配传动比,是一项较繁杂的工作,往往要经过多次测算,拟定多种方案进行比较,最后确定一个比较合理的方案。各类标准减速器的传动比皆有规定,下面给出常见非标准减速器传动比的分配方法,供设计时参考。

(1)对于两级卧式圆柱齿轮减速器,为使两级的大齿轮有相近的浸油深度,高速级传动比 i_1 和低速级传动比 i_2 可按下列方法分配:

展开式和分流式 $\qquad i_1 = (1.3 \sim 1.5)i_2$

同轴式 $\qquad\qquad\qquad i_1 = i_2$

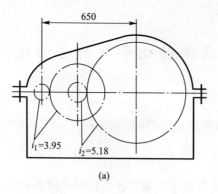
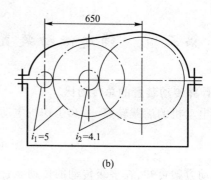

图 2 - 3   两级圆柱齿轮减速器外廓尺寸比较

（2）对于圆锥 - 圆柱齿轮减速器，高速级锥齿轮传动比可取 $i_1 \approx$ 0.25i，且 $i_1 \leqslant 3$（此处 i 为减速器总传动比），以使大锥齿轮直径不致过大，从而便于加工。当希望两级传动的大齿轮浸油深度相近时，允许 $i_1 \leqslant 4$ 。

（3）对于蜗杆 - 齿轮减速器，可取低速级圆柱齿轮传动比 $i_2 =$ $(0.03 \sim 0.06)i$（i 为减速器总传动比）。

（4）对于齿轮 - 蜗杆减速器，可取齿轮传动的传动比 $i_1 < 2 \sim 2.5$，以使结构紧凑和便于润滑。

（5）对于两级蜗杆减速器，为使两级传动件浸油深度大致相等，可取 $i_1 = i_2 = \sqrt{i}$ 。

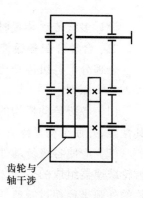

图 2 - 4   高速级大齿轮与低速轴发生干涉

应该强调指出，以上分配的各级传动比只是初步选定的数值，各级传动比的精确计算与传动件参数（如齿轮齿数、带轮直径和链轮齿数等）有关。考虑到齿数要取整数，带轮直径要圆整，有时还要取标准值等，所以实际传动比与分配传动比会不一致。待下一阶段传动件参数确定后，应精确计算各级传动比，将实际传动比与前面已计算出的数值相比较，如误差在 $\pm(3 \sim 5)\%$ 内，则不必修改；否则要重新调整各级传动比，并相应地修改有关计算。

还应指出，合理分配传动比是设计传动装置应考虑的重要问题，但为了获得更为合理的结构，有时单从传动比分配这一点出发还不能得到完善的结果，此时还应采取调整其他参数（如齿宽系数）或适当改变齿轮材料等办法，以满足预定的设计要求。

第四节   计算传动装置的运动和动力参数

选定了电动机型号，分配了传动比之后，为了进行传动件和轴的设计计算，应将传动装置中各轴的转速、功率和转矩计算出来。计算时可先将各轴从高速轴至低速轴依次编号，如 Ⅰ 轴、Ⅱ 轴、Ⅲ 轴……再按顺序逐步计算。现以图 2 - 5 所示的两级圆柱齿轮减速传动装置为例，当已知电动机输出功率 P_d、满载转速 n_m、各级传动比及传动效率后，即可计算各轴的转速、功率和转矩。

一、计算各轴转速 n（r/min）

设 $n_Ⅰ$、$n_Ⅱ$、$n_Ⅲ$ 和 n_w 分别为 Ⅰ、Ⅱ、Ⅲ 轴和工作轴的转速，则图 2 - 5 所示传动装置中各轴转

速为

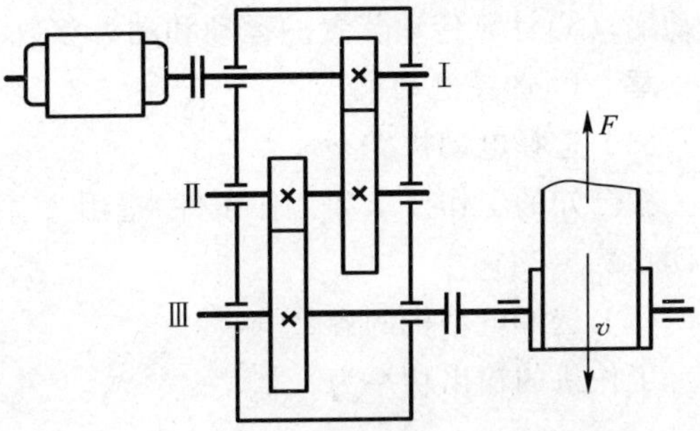

$$n_{\mathrm{I}} = n_{\mathrm{m}}$$

$$n_{\mathrm{II}} = \frac{n_{\mathrm{I}}}{i_1} = \frac{n_{\mathrm{m}}}{i_1}$$

$$n_{\mathrm{III}} = \frac{n_{\mathrm{II}}}{i_2} = \frac{n_{\mathrm{m}}}{i_1 \cdot i_2}$$ (2 – 9)

$$n_{\mathrm{w}} = n_{\mathrm{III}}$$

图 2 – 5 两级圆柱齿轮减速传动装置

式中,i_1、i_2 为相邻两轴间的传动比,这里分别表示高速级和低速级的传动比。

二、计算各轴输入功率 $P(\mathrm{kW})$

设 P_{I}、P_{II}、P_{III} 和 P_{w} 分别为 I、II、III 轴和工作轴的输入功率,则各轴输入功率分别为

$$P_{\mathrm{I}} = P_{\mathrm{d}} \cdot \eta_{01}$$

$$P_{\mathrm{II}} = P_{\mathrm{I}} \cdot \eta_{12} = P_{\mathrm{d}} \cdot \eta_{01} \cdot \eta_{12}$$ (2 – 10)

$$P_{\mathrm{III}} = P_{\mathrm{II}} \cdot \eta_{23} = P_{\mathrm{d}} \cdot \eta_{01} \cdot \eta_{12} \cdot \eta_{23}$$

$$P_{\mathrm{w}} = P_{\mathrm{III}} \cdot \eta_{3\mathrm{w}}$$

式中:η_{01}——电动机与 I 轴之间联轴器的效率;

η_{12}——高速级的传动效率,包括高速级齿轮副和 I 轴上的一对轴承的效率;

η_{23}——低速级传动的效率,包括低速级齿轮副和 II 轴上的一对轴承的效率;

$\eta_{3\mathrm{w}}$——III 轴与工作机卷筒轴之间的效率,包括一对轴承和联轴器的效率。

三、计算各轴输入转矩 $T(\mathrm{N \cdot m})$

设 T_{I}、T_{II}、T_{III} 和 T_{w} 分别为 I、II、III 轴和工作轴的输入转矩,则图示传动系统中各轴转矩为

$$T_{\mathrm{I}} = 9\,550 \frac{P_{\mathrm{I}}}{n_{\mathrm{I}}}$$

$$T_{\mathrm{II}} = 9\,550 \frac{P_{\mathrm{II}}}{n_{\mathrm{II}}}$$ (2 – 11)

$$T_{\mathrm{III}} = 9\,550 \frac{P_{\mathrm{III}}}{n_{\mathrm{III}}}$$

$$T_{\mathrm{w}} = 9\,550 \frac{P_{\mathrm{w}}}{n_{\mathrm{w}}}$$

将以上计算结果整理后列于表中,供以后设计计算时使用。

第五节 传动装置总体设计计算示例

例 2 – 1 图 2 – 5 所示带式输送机传动方案,已知输送带的有效拉力 $F = 2\,000$ N,输送带线速度 $v = 0.85$ m/s,卷筒直径 $D = 250$ mm,载荷平稳,常温下连续运转,工作环境有灰尘,电源为三相交流电,电压为 380 V。试:(1)选择合适的电动机;(2)计算传动装置的总传动比,并分配各级

传动比;(3)计算传动装置的运动和动力参数。

解　1. 选择电动机

（1）选择电动机类型

按已知的工作要求和工作条件,选用 Y 系列笼型三相异步电动机,全封闭自扇冷式结构,电压 380 V。

（2）选择电动机的容量

工作机的输出功率为

$$P_{wo} = \frac{Fv}{1\,000} = \frac{2\,000 \times 0.85}{1\,000}\ kW = 1.7\ kW$$

从电动机到工作机输送带间的总效率为

$$\eta = \eta_1^2 \cdot \eta_2^4 \cdot \eta_3^2 \cdot \eta_4$$

式中,η_1、η_2、η_3、η_4 分别为联轴器、轴承、齿轮传动和卷筒的传动效率。查表 2-3,取 $\eta_1 = 0.99$、$\eta_2 = 0.98$、$\eta_3 = 0.97$、$\eta_4 = 0.96$,则

$$\eta = 0.99^2 \times 0.98^4 \times 0.97^2 \times 0.96 = 0.817$$

故电动机的输出功率为

$$P_d = \frac{P_{wo}}{\eta} = \frac{1.7}{0.817}\ kW = 2.08\ kW$$

（3）确定电动机转速

按表 2-2 推荐的传动比合理范围,二级圆柱齿轮减速器传动比为 $i' = 8 \sim 40$,而工作机卷筒轴的转速为

$$n_w = \frac{60 \times 1\,000v}{\pi D} = \frac{60 \times 1\,000 \times 0.85}{\pi \times 250}\ r/min \approx 65\ r/min$$

所以电动机转速的可选范围为

$$n_d' = i'n_w = (8 \sim 40) \times 65\ r/min = (520 \sim 2\,600)\ r/min$$

符合这一范围的同步转速有 750 r/min、1 000 r/min、1 500 r/min 三种。综合考虑电动机和传动装置的尺寸、重量及价格等因素,为使传动装置结构紧凑,决定选用同步转速为 1 000 r/min 的电动机,其型号为 Y112M-6。由表 20-1 可知其额定功率为 2.2 kW,满载转速为 940 r/min。

2. 计算传动装置的总传动比并分配各级传动比

（1）传动装置的总传动比 i

$$i = \frac{n_m}{n_w} = \frac{940}{65} = 14.46$$

（2）分配各级传动比

由总传动比 $i = i_1 i_2$,考虑润滑条件,为使两级大齿轮直径相近,取 $i_1 = 1.4 i_2$,故

$$i_1 = \sqrt{1.4i} = \sqrt{1.4 \times 14.46} = 4.5;\qquad i_2 = \frac{i}{i_1} = \frac{14.46}{4.5} = 3.21$$

3. 计算传动装置的运动和动力参数

（1）各轴的转速

Ⅰ 轴　　　　　　　　　　　　　　$$n_I = n_m = 940\ r/min$$

Ⅱ 轴　　　　　　　　$n_{\text{Ⅱ}} = \dfrac{n_{\text{Ⅰ}}}{i_1} = \dfrac{940}{4.5}$ r/min $= 208.9$ r/min

Ⅲ 轴　　　　　　　　$n_{\text{Ⅲ}} = \dfrac{n_{\text{Ⅱ}}}{i_2} = \dfrac{208.9}{3.21}$ r/min $= 65$ r/min

卷筒轴　　　　　　　$n_{\text{卷}} = n_{\text{Ⅲ}} = 65$ r/min

（2）各轴的输入功率

Ⅰ 轴　　　　　　　　$P_{\text{Ⅰ}} = P_{\text{d}}\eta_1 = 2.08 \times 0.99$ kW $= 2.06$ kW

Ⅱ 轴　　　　　$P_{\text{Ⅱ}} = P_{\text{Ⅰ}}\eta_2\eta_3 = 2.06 \times 0.98 \times 0.97$ kW $= 1.96$ kW

Ⅲ 轴　　　　　$P_{\text{Ⅲ}} = P_{\text{Ⅱ}}\eta_2\eta_3 = 1.96 \times 0.98 \times 0.97$ kW $= 1.86$ kW

卷筒轴　　　　$P_{\text{卷}} = P_{\text{Ⅲ}}\eta_2\eta_1 = 1.86 \times 0.98 \times 0.99$ kW $= 1.8$ kW

（3）各轴的输入转矩

电动机轴　　　$T_0 = 9\,550\dfrac{P_{\text{d}}}{n_{\text{m}}} = 9\,550 \times \dfrac{2.08}{940}$ N·m $= 21.13$ N·m

Ⅰ 轴　　　　　$T_{\text{Ⅰ}} = 9\,550\dfrac{P_{\text{Ⅰ}}}{n_{\text{Ⅰ}}} = 9\,550 \times \dfrac{2.06}{940}$ N·m $= 20.92$ N·m

Ⅱ 轴　　　　　$T_{\text{Ⅱ}} = 9\,550\dfrac{P_{\text{Ⅱ}}}{n_{\text{Ⅱ}}} = 9\,550 \times \dfrac{1.96}{208.9}$ N·m $= 89.60$ N·m

Ⅲ 轴　　　　　$T_{\text{Ⅲ}} = 9\,550\dfrac{P_{\text{Ⅲ}}}{n_{\text{Ⅲ}}} = 9\,550 \times \dfrac{1.86}{65}$ N·m $= 273.27$ N·m

卷筒轴　　　　$T_{\text{卷}} = 9\,550\dfrac{P_{\text{卷}}}{n_{\text{卷}}} = 9\,550 \times \dfrac{1.8}{65}$ N·m $= 264.46$ N·m

式中 T_0 为电动机轴的输出转矩。将上述计算结果汇总于表 2–4，以备查用。

表 2–4　计算传动装置的运动和动力参数

轴名	功率 P/kW	转矩 T/(N·m)	转速 n/(r·min^{-1})	传动比 i	效率 η
电机轴	2.08	21.13	940	1	0.99
Ⅰ	2.06	20.92	940		
				4.5	0.95
Ⅱ	1.96	89.60	208.9		
				3.21	0.95
Ⅲ	1.86	273.27	65		
				1	0.97
卷筒轴	1.80	264.46	65		

　　例 2–2　图 2–6 所示为一带式输送机传动装置的运动简图。已知输送带的有效拉力 $F = 2\,600$ N，输送带线速度 $v = 1.6$ m/s，卷筒直径 $D = 450$ mm，在室内常温下长期连续工作，载荷平稳，单向运转，工作环境有灰尘，电压为 380 V。试：（1）选择合适的电动机；（2）计算传动装置的总传动比，并分配各级传动比；（3）计算传动装置的运动和动力参数。已知带式输送机的效率 $\eta_{\text{w}} = 0.94$。

解 1. 选择电动机

（1）选择电动机类型

按已知的工作要求和工作条件，选用 Y 系列笼型三相异步电动机，全封闭自扇冷式结构，电压 380V。

（2）选择电动机的容量

工作机的输出功率为

$$P_{wo} = \frac{Fv}{1\ 000} = \frac{2\ 600 \times 1.6}{1\ 000 \times 0.94}\ kW = 4.16\ kW$$

由表 2-3，取 V 带传动效率 $\eta_1 = 0.96$，滚动轴承效率 $\eta_2 = 0.99$，齿轮传动效率 $\eta_3 = 0.97$，十字滑块联轴器

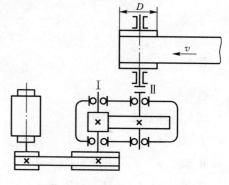

图 2-6 带式输送机运动简图

效率 $\eta_4 = 0.98$，则从电动机到工作机输送带间的总效率为

$$\eta = \eta_1 \cdot \eta_2^2 \cdot \eta_3 \cdot \eta_4 \cdot \eta_w = 0.96 \times 0.99^2 \times 0.97 \times 0.98 \times 0.94 = 0.84$$

故电动机的输出功率为

$$P_d = \frac{P_{wo}}{\eta} = \frac{4.16}{0.84}\ kW = 4.95\ kW$$

因载荷平稳，电动机额定功率 P_{ed} 只需略大于 P_d 即可。查表 20-1 中 Y 系列三相异步电动机的技术数据，选取电动机的额定功率 P_{ed} 为 5.5 kW。

（3）确定电动机转速

工作机卷筒轴的转速为

$$n_w = \frac{60 \times 1\ 000v}{\pi D} = \frac{60 \times 1\ 000 \times 1.6}{\pi \times 450}\ r/min = 67.94\ r/min$$

由表 2-1 可知，V 带传动比范围为 $i_1' = 2 \sim 4$，单级圆柱齿轮的传动比范围为 $i_2' = 3 \sim 5$，则总传动比范围为 $i' = 2 \times 3 \sim 4 \times 5 = 6 \sim 20$，所以电动机转速的可选范围为

$$n_d' = i' \cdot n_w = (6 \sim 20) \times 67.94\ r/min = 407.64 \sim 1\ 358.8\ r/min$$

符合这一范围的同步转速有 750 r/min 和 1 000 r/min 两种。为了减少电动机的重量和价格，常选用同步转速为 1 000 r/min 的电动机，其型号为 Y132M2-6。由表 20-1 可知其满载转速 $n_m = 960$ r/min。

2. 计算传动装置的总传动比和分配各级传动比

（1）传动装置的总传动比

$$i = \frac{n_m}{n_w} = \frac{960}{67.94} = 14.13$$

（2）分配各级传动比

由 $i = i_1 i_2$，为使 V 带传动的外部尺寸不致过大，取其传动比 $i_1 = 3$，则齿轮传动比 i_2 为

$$i_2 = \frac{i}{i_1} = \frac{14.13}{3} = 4.71$$

3. 计算传动装置的运动和动力参数

（1）各轴的转速

I 轴

$$n_I = \frac{n_m}{i_1} = \frac{960}{3}\ r/min = 320\ r/min$$

Ⅱ 轴 $\qquad n_{\text{Ⅱ}} = \dfrac{n_1}{i_2} = \dfrac{320}{4.71}\ \text{r/min} = 67.94\text{r/min}$

卷筒轴 $\qquad n_w = n_{\text{Ⅱ}} = 67.94\text{r/min}$

（2）各轴的输入功率

Ⅰ 轴 $\qquad P_{\text{Ⅰ}} = P_d \eta_1 = 4.95 \times 0.96\ \text{kW} = 4.752\text{kW}$

Ⅱ 轴 $\qquad P_{\text{Ⅱ}} = P_{\text{Ⅰ}} \eta_2 \eta_3 = 4.752 \times 0.99 \times 0.97\ \text{kW} = 4.56\ \text{kW}$

卷筒轴 $\qquad P_w = P_{\text{Ⅱ}} \eta_2 \eta_4 = 4.56 \times 0.99 \times 0.98\ \text{kW} = 4.42\ \text{kW}$

（3）各轴的输入转矩

电动机轴 $\qquad T_0 = 9\,550 \dfrac{P_d}{n_m} = 9\,550 \times \dfrac{4.95}{960}\ \text{N·m} = 49.24\ \text{N·m}$

Ⅰ 轴 $\qquad T_{\text{Ⅰ}} = 9\,550 \dfrac{P_{\text{Ⅰ}}}{n_{\text{Ⅰ}}} = 9\,550 \times \dfrac{4.752}{320}\ \text{N·m} = 141.82\ \text{N·m}$

Ⅱ 轴 $\qquad T_{\text{Ⅱ}} = 9\,550 \dfrac{P_{\text{Ⅱ}}}{n_{\text{Ⅱ}}} = 9\,550 \times \dfrac{4.56}{67.94}\ \text{N·m} = 640.98\ \text{N·m}$

卷筒轴 $\qquad T_w = 9\,550 \dfrac{P_w}{n_w} = 9\,550 \times \dfrac{4.42}{67.94}\ \text{N·m} = 621.30\ \text{N·m}$

式中 T_0 为电动机轴的输出转矩,将上述结果汇总于表 2 - 5,以备查用。

表 2 - 5　计算传动装置的运动和动力参数

轴名	功率 P/kW	转矩 $T/(\text{N·m})$	转速 $n/(\text{r·min}^{-1})$	传动比 i	效率 η
电动机轴	4.95	49.24	960	3	0.96
Ⅰ	4.752	141.82	320	4.71	0.96
Ⅱ	4.56	640.98	67.94	1.00	0.97
卷筒轴	4.42	621.30	67.94		

思 考 题

2 - 1　传动装置的主要作用是什么？传动装置总体设计的主要内容有哪些？

2 - 2　合理的传动方案应满足哪些方面的要求？

2 - 3　各种机械传动型式有哪些特点,其适用范围如何？

2 - 4　如何选择电动机的功率、转速和型号？电动机的额定功率和计算功率有何区别？

2 - 5　传动装置的效率如何计算？计算总效率时要注意哪些问题？

2 - 6　分配各级传动比时应考虑哪些基本原则？设计减速器时如何分配各级传动比？

2 - 7　分配的传动比和传动件实际传动比是否一定相同？

2 - 8　计算传动装置中各轴的运动参数和动力参数时分别按电动机的何种转速、何种功率进行计算？

2 - 9　传动装置中各相邻轴间的功率、转矩和转速关系如何确定？同一轴的输入功率和输出功率是否相同？

2 - 10　若在传动方案中同时采用 V 带传动、套筒滚子链传动和圆柱齿轮传动,则应如何安排布置上述各种传动的顺序？

2 - 11　同时采用圆柱齿轮传动和锥齿轮传动时,为什么常将锥齿轮传动布置在高速级？

2 - 12　蜗杆传动在多级传动中怎样布置较好？

第三章 传动零件的设计计算

在装配图设计前首先要进行传动零件的设计计算,计算各级传动件的参数并确定其尺寸,以便为装配图设计准备条件。若传动装置中除减速器外还有其他传动件时,通常应先设计减速器外部的传动件,以便为减速器的设计提供比较准确的原始数据。其次,还需要通过初算确定各阶梯轴的一段轴径,并选择联轴器的类型和型号。课程设计任务书所给的工作条件及传动装置的运动和动力参数计算所得数据,则是传动件和轴设计计算的原始依据。各种传动件的设计计算方法可参照机械设计基础教材进行,下面仅就设计计算中应注意的一些问题作简要说明。

第一节 减速器外部传动件设计

减速器外的传动件一般常用 V 带传动、链传动和开式齿轮传动,它们在减速器之前进行设计。设计时需要注意这些传动件与其他部件的协调问题。

一、V 带传动

带传动设计时,应考虑带轮尺寸与其相关零部件尺寸的相互关系。如对于安装在电动机轴上的小带轮,其外圆半径应小于电动机的中心高(图 3-1),以避免与机座或其他零部件发生碰撞。

带轮毂孔直径、长度应与安装轴的轴伸尺寸相配。若带轮安装在电动机轴上,则其轮毂孔径应与电动机轴的直径相等,轮毂长度应与电动机的轴伸长度相匹配。带轮轮缘宽度 B 与轮毂长度 l 不一定相同,前者取决于带的型号和根数,而后者取决于轴孔直径 d 的大小,常取 $l = (1.5 \sim 2)d$。

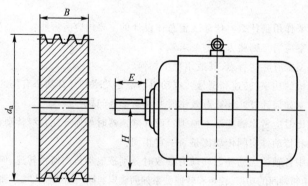

图 3-1 小带轮与电动机尺寸的关系

二、滚子链传动

在保证强度足够的前提下,尽量选取较小链节距。当采用单排链使传动尺寸过大时,可改用双排链或多排链。为使磨损均匀,链轮齿数最好选为奇数或不能整除链节数的数。为避免使用过渡链节,链节数最好为偶数。为了不使大链轮尺寸过大,速度较低的链传动的齿数不宜取得过多。链轮外廓尺寸及轮毂孔尺寸应与减速器、工作机的其他零件相适应。应记录选定的润滑方式和润滑剂牌号以备查用。

三、开式齿轮传动

开式齿轮传动一般用于低速,为使支承结构简单,常选用直齿。开式齿轮传动为悬臂布置时,轴的支承刚度较小,为减轻轮齿的载荷分布不均,齿宽系数应取较小值。开式齿轮传动一般只需按弯曲强度进行计算,但考虑到因齿面磨损而引起的对轮齿强度的削弱,应将按强度计算所得的模数增大 10% ~ 20%,同时选择减磨性和耐磨性好的配对材料。开式齿轮传动的尺寸确定之后,应注意检查传动结构尺寸与其他相关零部件是否发生干涉。

通常由于设计学时的限制,减速器以外的传动件只需确定重要的参数和尺寸,而不进行详细的结构设计。装配图只画减速器部分,一般不画外部传动件。但是,减速器的轴伸结构与其上的传动件或联轴器的结构有关。是否在装配图上画出减速器以外的传动件或联轴器的安装结构,将由指导教师视情况而定。

在完成减速器外部传动件设计之后,应根据最后选定的大小带轮直径、大小齿轮或链轮齿数,计算各有关传动的实际传动比,以修正减速器的传动比以及运动和动力学参数。

第二节 减速器内部传动件设计

减速器外部的传动件设计完成后,应对减速器的各级传动比及有关参数作相应的调整,然后按修正后的参数进行减速器内部传动件的设计计算。

(1) 齿轮材料的选择应与齿坯尺寸及齿坯的制造方法协调。若齿坯直径较大需用铸造毛坯时,应选用铸钢或铸铁材料。同一减速器中各级小齿轮(或大齿轮)的材料应尽可能一致,以减少材料牌号和简化工艺要求。齿轮的结构设计是在装配草图的设计过程中完成的,因此传动件详细的结构尺寸和技术要求的确定,应结合装配草图设计或零件图设计进行。

(2) 齿轮强度计算中的齿宽 b 是工作齿宽,这对相啮合的一对齿轮来说是相同的。圆柱齿轮传动,考虑到装配时两齿轮可能产生的相对位置误差,常取大齿轮齿宽 $b_2 = b$,而小齿轮齿宽 $b_1 = b + (5 \sim 10)$ mm,以便装配。而锥齿轮传动,因为齿宽方向的模数不同,为了使两齿轮能正确啮合,大小齿轮的齿宽必须相等。在齿轮的支承上也应有相应的调整两齿轮位置的结构,以使两齿轮模数相等的大端能够对齐。

(3) 传动件的尺寸和参数取值要正确、合理。齿轮和蜗轮的模数、蜗杆分度圆直径等必须符合标准。为了安全可靠,在动力传动中,圆柱齿轮的模数一般不小于 2 mm。圆柱齿轮和蜗杆传动的中心距应尽量圆整成尾数为 0 或 5 的整数,以便箱体的制造和测量。直齿圆柱齿轮传动可通过改变模数、齿数或采用角变位来调整中心距;斜齿圆柱齿轮传动可通过改变螺旋角的大小来调整中心距;蜗杆传动中心距圆整时,有时需进行变位,蜗轮的变位系数取值范围为 $1 \geqslant x_2 \geqslant -1$。另外,对于某些参照经验公式计算出来的结构尺寸也应该进行圆整。

影响啮合性能的参数和尺寸(分度圆、节圆、齿顶圆、节锥角、变位系数和螺旋角等)数值必须精确计算。角度数值要准确到"秒",一般尺寸(分度圆、齿顶圆等)数值应准确到小数点后 2 或 3 位。

（4）蜗杆传动副材料的选择与相对滑动速度有关。因此设计时可按初估的滑动速度选择材料。在蜗杆传动尺寸确定后，要检验其滑动速度和传动效率与初估值是否相符，并检查所选材料是否合适。若与初估值有较大出入，应修正后重新计算。

蜗杆上置或下置取决于蜗杆圆周速度而定，当 $v_1 \leqslant (4 \sim 5)$ m/s 时可取下置，否则可采用上置。

蜗杆轴的强度、刚度验算及蜗杆传动的热平衡计算，常需画出装配草图并在确定了蜗杆支点距离和箱体轮廓尺寸之后才能进行。

根据设计计算结果，验算总传动比，使其在设计任务书要求范围之内，否则应调整齿轮参数。最后将传动件的有关数据和尺寸及时整理列表，并画出其结构简图，以备在装配图设计和轴、轴承、键连接等校核计算时使用。

第三节 轴径初算和联轴器的选择

一、轴径的初算

轴的结构设计要在初步估算出一段轴径的基础上进行。轴径可按扭转强度初算，计算公式可参考机械设计基础教材进行。初估的轴径为轴上受扭段的最小直径，当此处有键槽时，还要考虑键槽对轴强度削弱的影响，然后圆整成为标准值。

若外伸轴用联轴器与电动机轴相连，则应综合考虑电动机轴径及联轴器孔径尺寸，适当调整初算的轴径尺寸。由于高速轴转速高，扭矩小，按许用扭转切应力计算所得的轴径往往较小，与标准联轴器的孔径相差较大，这时轴径宜适当放大，以满足联轴器的孔径要求。若输入端装有带轮，则计算所得的最小轴径也可酌情放大，以保证悬臂端有足够的刚度。

二、联轴器选择

减速器常通过联轴器与电动机轴、工作机轴相连接。联轴器的选择包括联轴器类型和型号（尺寸）等的合理选择。

联轴器的类型应根据工作要求来选择。连接电动机轴与减速器高速轴的联轴器，由于轴的转速较高，为减小起动载荷，缓和冲击，一般应选用具有较小转动惯量和具有弹性的联轴器，如弹性套柱销联轴器、弹性柱销联轴器。减速器低速轴（输出轴）与工作机轴连接用的联轴器，由于轴的转速较低，传递的扭矩较大，又因为减速器输出轴与工作机轴之间往往有较大的轴线偏移，因此常选用刚性可移式联轴器，如滚子链联轴器、齿轮联轴器；若工作机有振动冲击，为了缓和冲击，以免振动影响减速器内传动件的正常工作，则可选用弹性联轴器，如弹性柱销联轴器。对于中小型减速器，其输入轴和输出轴均可采用弹性柱销联轴器，它加工制造容易，装拆方便，成本低，能缓冲减振。

联轴器的型号按计算转矩、轴的转速和轴径进行选择。要求所选联轴器的许用转矩大于计算转矩，许用转速也应大于传动轴的工作转速，所选联轴器两端轴孔直径的范围应与被连接两轴的直径相适应。应注意减速器高速轴外伸段轴径与电动机的轴径不得相差很大，否则难以选择合适的联轴器。电动机选定后，其轴径是一定的，应注意调整减速器高速轴外伸段的直径。

联轴器轴孔的型式和尺寸可参照十七章进行选择。联轴器型号选定后应将有关尺寸列表备用。

第四节 传动零件的结构及其尺寸

一、普通 V 带带轮

普通 V 带带轮的结构及其尺寸见表 3 – 1。

表 3 – 1 普通 V 带带轮的结构及其尺寸 mm

V 带轮槽结构	实心式(S)($d_d \leqslant (2.5 \sim 3)d$)	腹板式(P)($d_d \leqslant 300\ \text{mm}$ 且 $d_d - d_1 < 100\ \text{mm}$)
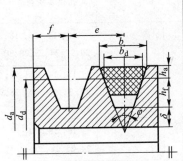	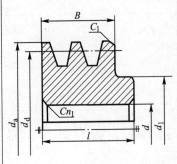	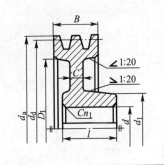

孔板式(H)($d_d \leqslant 300\ \text{mm}$ 且 $d_d - d_1 \geqslant 100\ \text{mm}$)	椭圆轮辐式(E)($d_d > 300\ \text{mm}$)
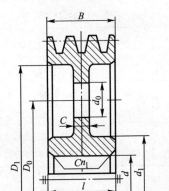	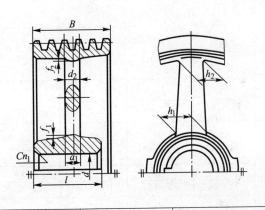

V 带轮槽形尺寸(GB/T 10412—2002)							外形尺寸	椭圆轮辐尺寸
槽型	Y	Z	A	B	C	D	E	$d_a = d_d + 2h_a$
b_d	5.3	8.5	11	14	19	27	32	$d_1 = (1.8 \sim 2)d$
$b \approx$	6.3	10.1	13.2	17.2	23	32.7	38.7	
h_a	1.6	2.0	2.75	3.5	4.8	8.1	9.6	
h_{fmin}	4.7	7.0	8.7	10.8	14.3	19.9	23.4	$B = (z-1)e + 2f$
e	8 ± 0.3	12 ± 0.3	15 ± 0.3	19 ± 0.4	25.5 ± 0.5	37 ± 0.6	44.5 ± 0.7	z——轮槽数

外形尺寸：
$d_a = d_d + 2h_a$
$d_1 = (1.8 \sim 2)d$
$B = (z-1)e + 2f$
z——轮槽数

椭圆轮辐尺寸：
$$h_1 = 290\sqrt{\dfrac{P}{nA}}$$
A——轮辐数
P——传递功率(kW)
n——带轮转速(r/min)

续表

V带轮槽形尺寸(GB/T 10412—2002)								外形尺寸	椭圆轮辐尺寸
f		7 ± 1	8 ± 1	10^{+2}_{-1}	12.5^{+2}_{-1}	17^{+2}_{-1}	24^{+3}_{-1}	29^{+4}_{-1}	$l=(1.5\sim2)d$	$h_2=0.8h_1$
δ		5	5.5	6	7.5	10	12	15	n_1——按轴过渡圆角定	
φ	32° 对应 d_d 值	≤60	—	—	—	—	—	—		$a_1=0.4h_1$
	34°	—	≤80	≤118	≤190	≤315			$D_0=0.5(D_1+d_1)$	
	36°	>60	—	—	—	—	≤475	≤600	$D_1=d_d-2(h_f+\delta)$	$a_2=0.8h_1$
	38°	—	>80	>118	>190	>315	>475	>600		$f_1=0.2h_1$
C		6	8	10	14	18	22	28	$d_0=0.25(D_1-d_1)$	$f_2=0.2h_2$

槽型	轮槽数	轮缘宽度 B	轮毂长度 l / 带轮基准直径 d_d 系列值						孔径 d 系列值
Z	1	16	$\dfrac{28}{50\sim150}$	$\dfrac{32}{160\sim250}$					12,14,16,18,20,22,24,25,28,30
	2	28	$\dfrac{35}{50\sim125}$	$\dfrac{40}{140\sim250}$	$\dfrac{45}{280\sim355}$	$\dfrac{50}{400}$			12,14,16,18,20,22,24,25,28,30,32,35
	3	40	$\dfrac{40}{50\sim150}$	$\dfrac{45}{160\sim250}$	$\dfrac{50}{280\sim400}$	$\dfrac{55}{500\sim600}$	$\dfrac{64}{630}$		16,18,20,22,24,25,28,30,32,35
	4	52	$\dfrac{52}{50\sim280}$	$\dfrac{55}{315\sim400}$	$\dfrac{60}{500\sim600}$	$\dfrac{64}{630}$			20,22,24,25,28,30,32,35
A	1	20	$\dfrac{35}{75\sim140}$	$\dfrac{40}{150\sim224}$	$\dfrac{45}{250}$				16,18,20,22,24,25,28,30
	2	35	$\dfrac{45}{75\sim160}$	$\dfrac{50}{180\sim315}$	$\dfrac{60}{355\sim500}$				16,18,20,22,24,25,28,30,32,35,38,40
	3	50	$\dfrac{50}{75\sim280}$	$\dfrac{60}{315\sim355}$	$\dfrac{65}{400\sim630}$				
	4	65	$\dfrac{45}{75\sim90}$	$\dfrac{50}{95\sim160}$	$\dfrac{60}{180\sim355}$	$\dfrac{65}{400}$	$\dfrac{70}{450\sim630}$		20,22,24,25,28,30,32,35,38,40
	5	80	$\dfrac{50}{75\sim90}$	$\dfrac{60}{95\sim160}$	$\dfrac{65}{180\sim280}$	$\dfrac{70}{315\sim560}$	$\dfrac{75}{630}$		24,25,28,32,35,38,40
B	1	25	$\dfrac{35}{125\sim140}$	$\dfrac{40}{150\sim200}$	$\dfrac{45}{224\sim250}$				18,20,22,24,25,28,30
	2	44	$\dfrac{45}{125\sim160}$	$\dfrac{50}{170\sim280}$	$\dfrac{60}{315\sim450}$	$\dfrac{65}{500}$			32,35,38,40
	3	63	$\dfrac{50}{125\sim224}$	$\dfrac{60}{250\sim355}$	$\dfrac{65}{400\sim450}$	$\dfrac{75}{500\sim630}$	$\dfrac{85}{710}$		
	4	82	$\dfrac{50}{125\sim150}$	$\dfrac{60}{160\sim224}$	$\dfrac{65}{250\sim355}$	$\dfrac{70}{400\sim450}$	$\dfrac{75}{500\sim600}$	$\dfrac{90}{630\sim710}$	32,35,38,40,42,45,50,55
	5	101	$\dfrac{50}{125}$	$\dfrac{60}{132\sim160}$	$\dfrac{70}{170\sim355}$	$\dfrac{80}{400\sim450}$	$\dfrac{90}{500\sim600}$	$\dfrac{105}{630\sim710}$	32,35,38,40,42,45,50,55
	6	120	$\dfrac{60,65}{125\sim150,160}$	$\dfrac{70}{170\sim180}$	$\dfrac{80,90}{200,280\sim355}$	$\dfrac{100}{400\sim450}$	$\dfrac{105}{500\sim600}$	$\dfrac{115}{630\sim710}$	

槽型	轮槽数	轮缘宽度 B	$\dfrac{\text{轮毂长度 } l}{\text{带轮基准直径 } d_{\mathrm{d}}}$ 系列值						孔径 d 系列值
C	1	85	$\dfrac{55}{200\sim210}$	$\dfrac{60,65}{224\sim236,250}$	$\dfrac{70}{265\sim315}$	$\dfrac{75,80}{335\sim400,450}$	$\dfrac{85,90}{500,560\sim630}$	$\dfrac{95,100}{710,800\sim1000}$	42,45,50,55,60,65
	2	110.5	$\dfrac{60}{200\sim210}$	$\dfrac{65,70}{224\sim236,250}$	$\dfrac{75,80}{265\sim315,335}$	$\dfrac{85,90}{355\sim450,500}$	$\dfrac{90,100}{560,600\sim710}$	$\dfrac{165,110}{750,800\sim1000}$	
	3	136.5	$\dfrac{65,70}{200\sim236}$	$\dfrac{75,80}{250\sim315}$	$\dfrac{85,90}{335\sim400}$	$\dfrac{95,100}{450\sim560}$	$\dfrac{105,110}{600\sim800}$	$\dfrac{115,120}{900,1000}$	
	4	161.5	$\dfrac{70,75}{200\sim236}$	$\dfrac{80,85}{250\sim315}$	$\dfrac{90,95}{335\sim400}$	$\dfrac{100,105}{450\sim560}$	$\dfrac{110,115}{600\sim800}$	$\dfrac{120,125}{900,1000}$	
	5	187	$\dfrac{75,80}{200\sim250}$	$\dfrac{85,90}{265\sim315}$	$\dfrac{95,100}{335\sim400}$	$\dfrac{105,110}{500,560}$	$\dfrac{115,120}{600\sim800}$	$\dfrac{125,130}{900,1000}$	60,65

二、圆柱齿轮

圆柱齿轮的结构及其尺寸见表 3 - 2。

表 3 - 2　圆柱齿轮的结构及其尺寸　　　　　　mm

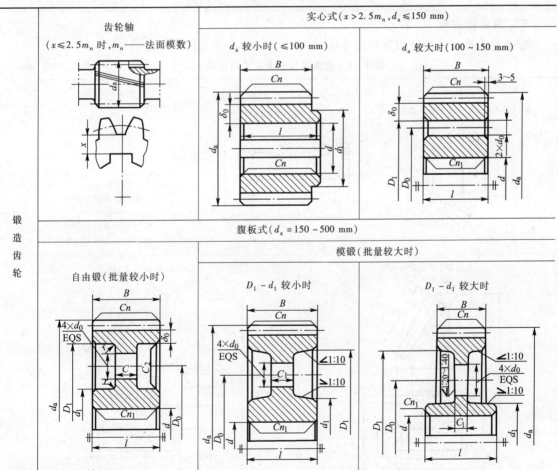

锻造齿轮	实心式	$\delta_0 \geqslant 8 \sim 10$	$D_1 = d_a - 10m_n$
$d_1 = 1.6d$ $l = (1.2 \sim 1.5)d \geqslant B$ $D_0 = 0.5(D_1 + d_1)$ $n = 0.5m_n$ (m_n——法向模数) n_1——据轴过渡圆角定		$d_0 \geqslant 10$	
	腹板式	$\delta_0 = (2.5 \sim 4)m_n \geqslant 10$	$D_1 = d_f - 2\delta_0$
		$d_0 = 0.25(D_1 - d_1)$	$C = 0.3B$
		$r = 5$	$C_1 = (0.2 \sim 0.3)B$

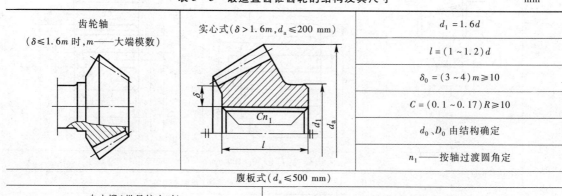

铸造齿轮　　　　$d_a = 400 \sim 1000, B \leqslant 200$

$d_1 = 1.6d$(铸钢);1.8d(铸铁)
$H = 0.8d$(铸钢);0.9d(铸铁)
$H_1 = 0.8H$
$\delta_0 = (2.5 \sim 4)m_n \geqslant 8$
$l = (1.2 \sim 1.5)d \geqslant B$
$C = 0.25H \geqslant 10$
$C_1 = 0.8C$
$S = 0.17H \geqslant 10$
$e = 0.8\delta_0$
$n = 0.5m_n$
$r = 0.5C$
n_1——按轴过渡圆角定
n、R 由结构确定

三、直齿锥齿轮

锻造直齿锥齿轮的结构及其尺寸见表3-3。

表3-3　锻造直齿锥齿轮的结构及其尺寸　　　　　　　　　　mm

齿轮轴 ($\delta \leqslant 1.6m$ 时,m——大端模数)	实心式($\delta > 1.6m, d_a \leqslant 200$ mm)	
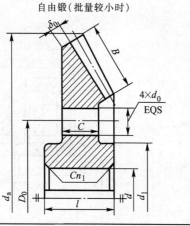	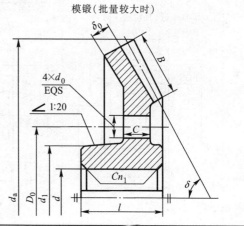	$d_1 = 1.6d$
		$l = (1 \sim 1.2)d$
		$\delta_0 = (3 \sim 4)m \geqslant 10$
		$C = (0.1 \sim 0.17)R \geqslant 10$
		d_0、D_0 由结构确定
		n_1——按轴过渡圆角定

腹板式($d_a \leqslant 500$ mm)

自由锻(批量较小时)　　　　　　　　　　模锻(批量较大时)

四、蜗杆

蜗杆的结构及其尺寸见表 3 - 4。

表 3 - 4　蜗杆的结构及其尺寸　　　　　mm

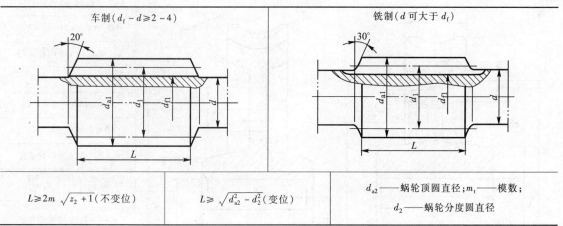

车制($d_f - d \geqslant 2 \sim 4$)	铣制(d 可大于 d_f)
$L \geqslant 2m \sqrt{z_2 + 1}$(不变位)	$L \geqslant \sqrt{d_{a2}^2 - d_2^2}$(变位)	d_{a2}——蜗轮顶圆直径；m_t——模数； d_2——蜗轮分度圆直径

五、蜗轮

蜗轮的结构及其尺寸见表 3 - 5。

表 3 - 5　蜗轮的结构及其尺寸　　　　　mm

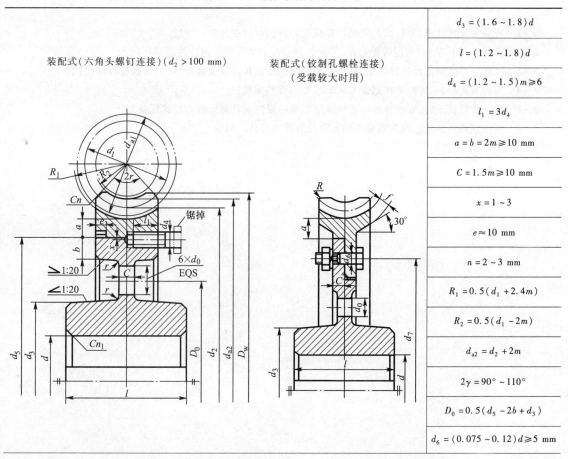

装配式(六角头螺钉连接)($d_2 > 100$ mm)　　装配式(铰制孔螺栓连接)(受载较大时用)

$d_3 = (1.6 \sim 1.8)d$
$l = (1.2 \sim 1.8)d$
$d_4 = (1.2 \sim 1.5)m \geqslant 6$
$l_1 = 3d_4$
$a = b = 2m \geqslant 10$ mm
$C = 1.5m \geqslant 10$ mm
$x = 1 \sim 3$
$e \approx 10$ mm
$n = 2 \sim 3$ mm
$R_1 = 0.5(d_1 + 2.4m)$
$R_2 = 0.5(d_1 - 2m)$
$d_{a2} = d_2 + 2m$
$2\gamma = 90° \sim 110°$
$D_0 = 0.5(d_5 - 2b + d_3)$
$d_6 = (0.075 \sim 0.12)d \geqslant 5$ mm

续表

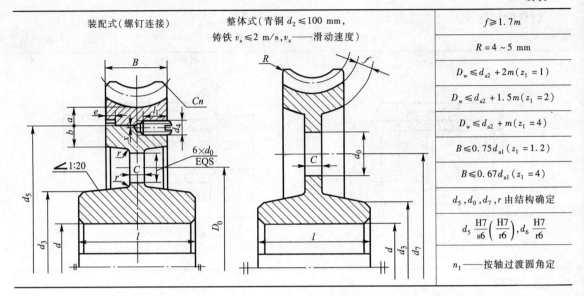

装配式(螺钉连接)	整体式(青铜 $d_2 \leqslant 100$ mm, 铸铁 $v_s \leqslant 2$ m/s, v_s——滑动速度)	$f \geqslant 1.7m$
		$R = 4 \sim 5$ mm
		$D_w \leqslant d_{a2} + 2m (z_1 = 1)$
		$D_w \leqslant d_{a2} + 1.5m (z_1 = 2)$
		$D_w \leqslant d_{a2} + m (z_1 = 4)$
		$B \leqslant 0.75d_{a1} (z_1 = 1.2)$
		$B \leqslant 0.67d_{a1} (z_1 = 4)$
		d_5, d_0, d_7, r 由结构确定
		$d_5 \dfrac{H7}{s6} \left(\dfrac{H7}{r6} \right), d_6 \dfrac{H7}{r6}$
		n_1——按轴过渡圆角定

思 考 题

3-1 传动装置设计中,为什么一般先计算减速器外的传动零件?

3-2 设计 V 带传动时,确定带轮直径、带轮轮毂长度和轴孔直径时应注意哪些问题?

3-3 减速器外部的传动件设计完成后,如何对减速器的传动比及运动、动力参数进行修改?

3-4 选择齿轮材料、齿轮毛坯制造方法时应考虑哪些问题?

3-5 设计齿轮传动时,哪些参数应取标准值? 哪些要精确计算? 哪些应该圆整?

3-6 如何选择联轴器? 确定联轴器轴孔直径时要考虑什么问题?

第四章　减速器的结构及润滑概述

第一节　减速器的结构

减速器是一种封闭在刚性壳体内的独立传动装置,其功用是降低转速,把原动机的运动和动力传递给工作机。减速器结构紧凑,效率较高,传递运动准确可靠,使用维护方便,可以成批生产,因此得到了广泛的应用。

减速器的类型很多,其结构根据使用要求的不同而异,但其基本结构均由传动件、轴系部件、箱体、附件和连接件等组成。通常,齿轮减速器箱体都采用沿轴线水平剖分式的结构,对蜗杆减

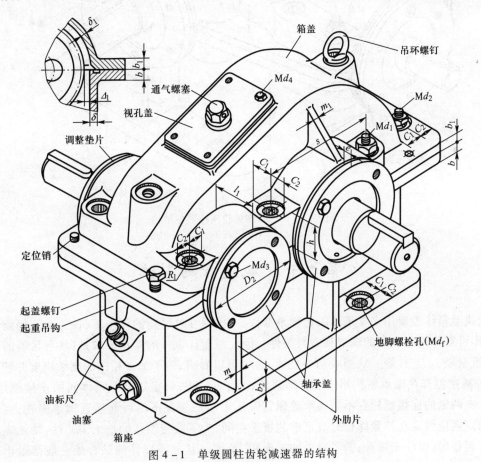

图 4-1　单级圆柱齿轮减速器的结构

速器也可采用整体式箱体的结构。图4-1～图4-3所示分别为单级圆柱齿轮减速器、单级锥齿轮减速器、单级蜗杆减速器的结构图,图中标出了组成各减速器的主要零部件的名称及铸造箱体的部分结构尺寸代号。由于各类传动件、轴的结构及轴承组合结构等在机械设计基础课程中已经作了介绍,下面仅简要介绍减速器的箱体、附件及润滑。

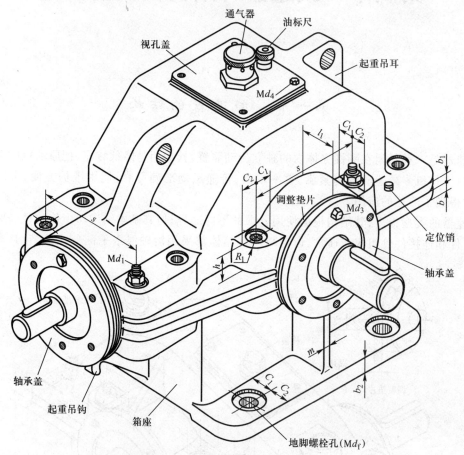

图4-2 单级锥齿轮减速器的结构

第二节 减速器的箱体

减速器箱体主要用来支承和固定轴系部件,并确保在外载荷的作用下,各传动件仍能正确啮合、工作可靠并具有良好的润滑和密封条件。因此对箱体设计的基本要求是:具有足够的强度和刚度,重量轻、工艺性好。从图4-1～图4-3中可以看出,为了加强箱体的支承刚度并使重量较轻,3种减速器都在轴承座孔部位设有加强肋;为了提高轴承座处上下箱体间的连接刚度,还应使轴承座两侧的连接螺栓在不与轴承盖螺钉发生干涉的情况下尽可能靠近轴承座孔,其凸台高度的确定则应保证在拧紧螺栓时有足够的扳手空间;为了改善箱体的加工工艺性,轴承座孔的直径通常都相等,以便于镗孔;为了减少加工面积,箱体与其他零部件的结合处一般都做出凸台或

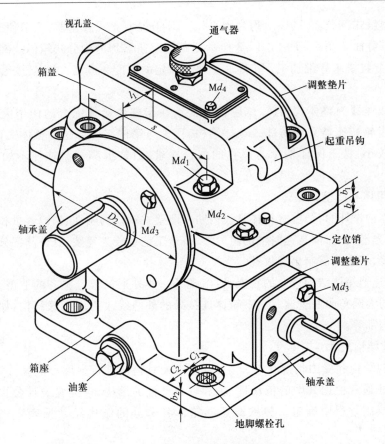

图 4 - 3 单级蜗杆减速器的结构

鱼眼坑。此外,为了便于加工和检验,通常还使同侧各轴承座的外端面处于同一平面,并使两侧面对称于箱体的中心线。

一、箱体的结构形式

箱体按毛坯制造方式的不同分为铸造箱体和焊接箱体;按其结构形式不同分为剖分式箱体和整体式箱体;按加强肋的设置不同分为平壁式箱体和凸壁式箱体。减速器箱体多采用剖分式结构。

1. 铸造箱体和焊接箱体

减速器箱体一般多用灰铸铁 HT150 或 HT200 制造。对于重型减速器,为提高其承受振动和冲击的能力,也可用球墨铸铁 QT500 - 7 或铸钢 ZG270 - 500、ZG310 - 570 制造。铸造箱体易获得合理和复杂的结构形状,其刚性和吸振性好,易于进行切削加工;但制造周期长,质量较大,因而多用于成批生产。对于小批量或单件生产的尺寸较大的减速器,为了减小质量或缩短生产周期,箱体也可用 Q215 或 Q235 钢板焊接而成,其轴承座部分可用圆钢、锻钢或铸钢制造。焊接箱体比铸造箱体壁厚薄,一般比铸造箱体轻 1/4 ~ 1/2,可降低生产成本。但焊接时易产生热变形,故要求较高的焊接技术,焊接成形后还需进行退火处理以消除内应力。

2. 剖分式箱体和整体式箱体

剖分式箱体由箱座与箱盖两部分组成,用螺栓连接起来构成一个整体。剖分面与减速器内传动件轴心线平面重合,有利于轴系部件的安装和拆卸。除为了有利于多级齿轮传动的等油面浸油润滑做成倾斜式剖分面外，一般均为水平式。对于大型立式减速器，为了便于制造和安装，也可采用两个剖分面。图 4-1～图 4-3 所示的 3 种减速器均为剖分式箱体。剖分接合面必须有一定的宽度，并且要求仔细加工。箱体底座要有一定的宽度和厚度，以保证安装的稳定性与刚度。

小型蜗杆减速器为整体式箱体，蜗轮轴承支承在与整体箱体配合的两个大端盖中。小型立式单级圆柱齿轮减速器采用整体式箱体结构，顶盖与箱体接合。这种整体式箱体尺寸紧凑、刚度大且质量较小，易于保证轴承与座孔的配合要求，但装拆和调整往往不如剖分式箱体方便。

3. 平壁式箱体和凸壁式箱体

平壁式箱体常设外肋，凸壁式箱体常设内肋。凸壁式箱体的刚性、油池容量和散热面积等都比较大，且外表光滑美观，但高速时油的阻力大，铸造工艺也较为复杂，且外凸部分只能采用螺钉或双头螺柱连接，箱座上需制出螺纹孔。

近年来，减速器箱体结构设计的特点是：出现了一些外形简单且整齐的造型，以方形小圆角过渡代替传统的大圆角曲面过渡；上、下箱体连接处的外凸缘改为内凸缘结构；加强肋和轴承座均设计在箱体内部等。

二、箱体的结构尺寸

由于箱体的结构和受力情况比较复杂，目前尚无对箱体进行强度和刚度计算的成熟方法，箱体的结构尺寸通常根据其中的传动件、轴和轴系部件的结构，按经验设计公式在减速器装配草图的设计和绘制过程中确定。铸铁减速器箱体各部分的结构尺寸见表 4-1，供设计时参考。

表 4-1　铸铁减速器箱体的结构尺寸（图 4-1、图 4-2、图 4-3）

名　　称	符号	尺寸关系		
		齿轮减速器	锥齿轮减速器	蜗杆减速器
箱座壁厚	δ	$\delta = 0.025a + \Delta \geqslant 8$ mm $\delta_1 = 0.02a + \Delta \geqslant 8$ mm 式中，$\Delta = 1$ mm（单级），$\Delta = 3$ mm（双级[①]）；a 为低速级中心距，对于锥齿轮减速器，$a^{②} = \dfrac{d_{m1} + d_{m2}}{2}$		$0.04a + 3$ mm $\geqslant 8$ mm
箱盖壁厚	δ_1			上置式：$\delta_1 = \delta$ 下置式：$\delta_1 = 0.85\delta \geqslant 8$ mm
箱体凸缘厚度	b、b_1、b_2	箱座 $b = 1.5\delta$；箱盖 $b_1 = 1.5\delta_1$；箱底座 $b_2 = 2.5\delta$		
加强肋厚	m、m_1	箱座 $m = 0.85\delta$；箱盖 $m_1 = 0.85\delta_1$		
地脚螺栓直径	d_f	$0.036a + 12$ mm	$0.018(d_{m1} + d_{m2}) + 1 \geqslant 12$ mm	$0.036a + 12$ mm
地脚螺栓数目	n	$a \leqslant 250$ mm，$n = 4$ $a > 250 \sim 500$ mm，$n = 6$ $a > 500$ mm，$n = 8$	$n = \dfrac{\text{箱底座凸缘周长之半}}{200 \sim 300} \geqslant 4$	
轴承旁连接螺栓直径	d_1	$0.75d_f$		
箱盖、箱座连接螺栓直径	d_2	$(0.5 \sim 0.6)d_f$；螺栓间距 $L \leqslant (150 \sim 200)$ mm		

名　称	符号	尺寸关系		
		齿轮减速器	锥齿轮减速器	蜗杆减速器
轴承盖螺钉直径和数目	d_3、n	见表 4-14		
轴承盖(轴承座端面)外径	D_2	见表 4-14、表 4-15；$s \approx D_2$，s 为轴承两侧连接螺栓间的距离		
观察孔盖螺钉直径	d_4	$(0.3 \sim 0.4)d_f$		

		螺栓直径	M8	M10	M12	M16	M20	M24	M27	M30
d_f、d_1、d_2 至箱外壁距离；d_f、d_2 至凸缘边缘的距离	C_1、C_2	C_{1min}	13	16	18	22	26	34	34	40
		C_{2min}	11	14	16	20	24	28	32	34

名称	符号	尺寸关系		
轴承旁凸台高度和半径	h、R_1	h 由结构确定；$R_1 = C_2$		
箱体外壁至轴承座端面距离	l_1	$C_1 + C_2 + (5 \sim 10)$ mm		

注：1. 对圆锥-圆柱齿轮减速器，按双级考虑；a 按低速级圆柱齿轮传动中心距取值。

2. d_{m1}、d_{m2} 为两锥齿轮的平均直径。

第三节　减速器的附件

为了保证减速器的正常工作，在减速器的箱体上通常需要设置一些附件，以便于减速器润滑油池的注油、排油、检查油面高度和拆装、检修等。减速器各附件(图 4-1～图 4-3)的名称、用途和规格介绍如下。

一、窥视孔及视孔盖

为了便于检查箱内传动零件的啮合情况、润滑状态、接触斑点和齿侧间隙，并向箱体内注入润滑油，在箱盖顶部能够看到齿轮啮合区的位置开设了窥视孔。窥视孔应有足够的大小，以便手能伸入箱体进行检查操作。平时用视孔盖、封油垫片和螺钉封闭窥视孔，以防止润滑油外漏和灰尘、杂质进入箱内。与视孔盖接触的窥视孔处应设计出凸台以便于加工，一般高出 3～5 mm 即可，如图 4-4 所示。视孔盖可用轧制钢板或铸铁制成，轧制钢板视孔盖如图 4-5a 所示，其结构简单轻便，上下面无需加工，单件生产和成批生产均常采用；铸铁制视孔盖如图 4-5b 所示，需制木模，且有较多部位需进行机械加工，故应用较少。

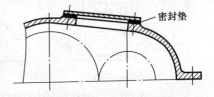

图 4-4　窥视孔处的凸台结构

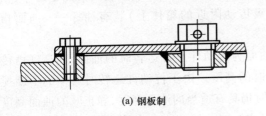

(a) 钢板制

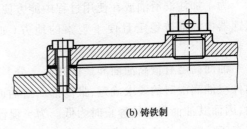

(b) 铸铁制

图 4-5　视孔盖

窥视孔及视孔盖的结构和尺寸见表 4 - 2,也可自行设计。

表 4 - 2   窥视孔及视孔盖的结构和尺寸   mm

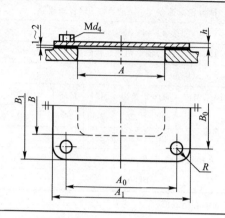

A	100 120 150 180 200
A_1	$A + (5 \sim 6) d_4$
A_0	$\frac{1}{2}(A + A_1)$
B	$B_1 —— (5 \sim 6) d_4$
B_1	箱体宽度——（15 ~ 20）mm
B_0	$\frac{1}{2}(B + B_1)$
d_4	M6 ~ M8
R	5 ~ 10
h	1.5 ~ 2(Q235);5 ~ 8(铸铁)

二、通气器

减速器工作时,各运动副间的摩擦发热将使箱体内的温度升高、气压增大。为了避免在这种情况下由于密封性能的下降而导致润滑油向外渗漏,通常多在箱盖顶部或视孔盖上安装通气器。这样就可以使箱体内的热空气能自由地逸出,以达到箱体内、外的气压平衡,从而保持其密封性能。简易的通气器具有丁字形孔,用于较清洁的环境;较完善的通气器具有过滤网及通气曲路,可减少灰尘进入,可用于多尘环境中。根据工作场所和环境的不同,可以选用不同类型的通气器,其结构和尺寸见表 4 - 3 ~ 表 4 - 5。

表 4 - 3   通气螺塞(无过滤装置)   mm

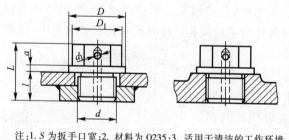

d	D	D_1	S	L	l	a	d_1
M12 × 1.25	18	16.5	14	19	10	2	4
M16 × 1.5	22	19.6	17	23	12	2	5
M20 × 1.5	30	25.4	22	28	15	4	6
M22 × 1.5	32	25.4	22	29	15	4	7
M27 × 1.5	38	31.2	27	34	18	4	8

注:1. S 为扳手口宽;2. 材料为 Q235;3. 适用于清洁的工作环境。

三、油面指示器

为了加注润滑油或在使用过程中能方便地检查箱内油面的高度,以确保箱内的油量适中,在减速器中油面较稳定且便于观察的地方(如低速级传动附近的箱体上)装有油标——油面指示器。

油面高度有最高油面和最低油面之分。最低油面为传动件正常运转时的油面,其高度由传动件浸油润滑时的要求确定;最高油面指油面静止时的高度。由于传动件运转时对油的不断搅动,因而其油面高度较静止时为低。为了保证运转时仍具有适当的油面高度,静止时的油面高度应高于运转时的油面高度,至于高出多少合适,一般应视减速器大小由实验确定,对中小型减速器通常取 5 ~ 10 mm。油标的安装高度应能测出最高和最低油面为宜。油面指示器分为油标尺和油标两类,下面分别进行介绍。

表 4 – 4　通气帽(经一次过滤)　　　　　　　　mm

d	D_1	D_2	D_3	D_4	B	h	H	H_1
M27 × 1.5	15	36	32	18	30	15	45	32
M36 × 2	20	48	42	24	40	20	60	42
M48 × 3	30	62	56	36	45	25	70	52

d	a	δ	k	b	h_1	b_1	S	孔数
M27 × 1.5	6	4	10	8	22	6	32	6
M36 × 2	8	4	12	11	29	8	41	6
M48 × 3	10	5	15	13	32	10	55	8

有过滤网,适合于有尘的工作环境

表 4 – 5　通气器(经两次过滤)　　　　　　　　mm

d	d_1	d_2	d_3	d_4	D	a	b	c
M18 × 1.5	M33 × 1.5	8	3	16	40	12	7	16
M27 × 1.5	M48 × 1.5	12	4.5	24	60	15	10	22

d	h	h_1	D_1	R	k	e	f	S
M18 × 1.5	40	18	25.4	40	6	2	2	22
M27 × 1.5	54	24	39.6	60	7	2	2	32

此通气器经两次过滤,防尘性能好

1. 油标尺

　　油标尺的结构简单,故减速器中使用较普遍,如图 4 – 6 所示。为了便于加工和节省材料,油标尺的手柄和尺杆常由两个元件铆接或焊接在一起。油标尺在减速器上的安装,可采用螺纹连接,也可采用 H9/h8 配合装入。检查油面高度时拔出油标尺,以杆上油痕判断油面高度。油标尺上两条刻度线的位置,分别对应最高和最低油面。如果需要在运转过程中检查油面,为避免因油搅动影响检查效果,可在油标尺外装隔离套(图 4 – 6b)。设计时应合理确定油标尺插孔的位置及倾斜角度,既要避免箱体内的润滑油溢出,又要便于油标尺的插取及其插孔的加工,见图 4 – 7。油标尺座凸台的画法可参考图 4 – 8,油标尺的结构和尺寸见表 4 – 6。

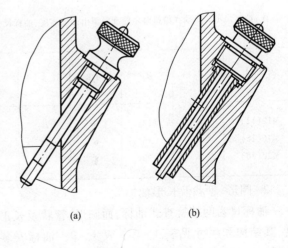

(a)　　　　　　(b)

图 4 – 6　油标尺

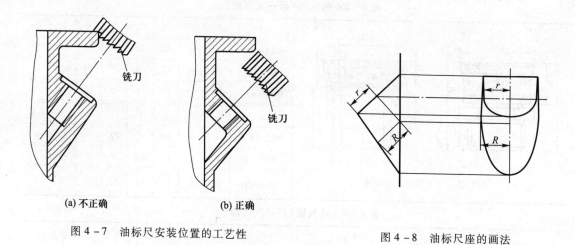

(a) 不正确　　　　　(b) 正确

图 4-7　油标尺安装位置的工艺性　　　　　图 4-8　油标尺座的画法

表 4-6　油标尺的结构和尺寸　　　　　　　　　　　　　　　　mm

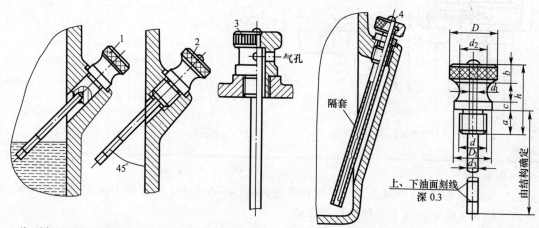

注：油标尺 1、2、3 须在停机时才能准确测出油面高度；油标尺 3 还兼有通气器作用。

$d\left(\dfrac{\text{H8}}{\text{h9}}\right)$	d_1	d_2	d_3	h	a	b	c	D	D_1
M12(12)	4	12	6	28	10	6	4	20	16
M16(16)	4	16	6	35	12	8	5	26	22
M20(20)	6	20	8	42	15	10	6	32	26

2. 圆形、管状及长形油标

　　油标尺为间接检查式油标,而圆形、管状及长形油标为直接观察式油标,可随时观察油面高度,其结构和尺寸见表 4-7～表 4-9。油标安装位置不受限制,当箱座高度较小时,宜选用油标。

表 4-7 压配式圆形油标尺寸（JB/T 7941.1—1995） mm

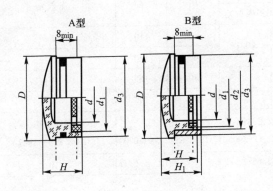

标记示例：

视孔 d=32 mm，A型压配式圆形

油标的标记：

油标 A32 JB/T 7941.1—1955

d	D	d_1		d_2		d_3		H	H_1	O 形橡胶密封圈（GB/T 3452.1—2005）
		基本尺寸	极限偏差	基本尺寸	极限偏差	基本尺寸	极限偏差			
12	22	12	−0.050 −0.160	17	−0.050 −0.160	20	−0.065 −0.195	14	16	15 × 2.65
16	27	18		22	−0.065 −0.195	25				20 × 2.65
20	34	22	−0.065 −0.195	28		32	−0.080 −0.240	16	18	25 × 3.55
25	40	28		34	−0.080 −0.240	38				31.5 × 3.55
32	48	35	−0.080 −0.240	41		45		18	20	38.7 × 3.55
40	58	45		51		55	−0.100 −0.290			48.7 × 3.55
50	70	55	−0.100 −0.290	61	−0.100 −0.290	65		22	24	—
63	85	70		76		80				

表 4-8 管状油标结构及尺寸（JB/T 7941.4—1995） mm

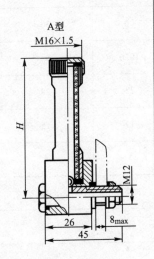

H	O 形橡胶密封圈（GB/T 3452.1—2005）	六角薄螺母（GB/T 6172.1—2000）	弹性垫圈（GB/T 859—1987）
80,100,125,160,200	11.8 × 2.65	M12	12

标记示例：

H = 200，A 型管状油标的标记：油标 A200 JB/T 7941.4—1995

注：B 型管状油标尺寸见 JB/T 7941.4—1995

表 4－9　长形油标结构及尺寸（JB/T 7941.3—1995）　　　　　　　　mm

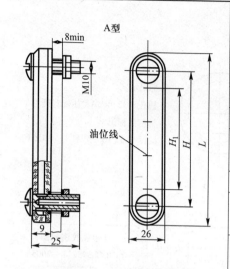

H		H_1	L	条数 n
基本尺寸	极限偏差			
80	±0.17	40	110	2
100		60	130	3
125	±0.20	80	155	4
160		120	190	5

O 形橡胶密封圈 （GB/T 3452.1—2005）	六角螺母 （GB/T 6172.2—2000）	弹性垫圈 （GB/T 859—1987）
10×2.65	M10	10

标记示例：

H = 80、A 形长形油标的标记：油标 A80JB/T 7941.3—1995

注：B 型长形油标见 JB/T 7941.3—1995

四、放油孔及放油螺塞

为了换油及清洗箱体时排出油污，在减速器箱座底部的油池最低处设有放油孔，并安置在减速器不与其他部件靠近的一侧，以便于放油（图 4－9）。箱体底面常向放油孔方向倾斜 1°～1.5°，并在其附近做出一凹坑，以便于攻螺纹及污油的汇集和排放。平时用带细牙螺纹的螺塞和密封垫圈将其堵住，以防止漏油；也可用锥形螺纹的放油螺塞直接密封。放油孔不能高于油池底面，以避免排油不净，图 4－9a 所示的结构不正确，图 4－9b、c 所示的两种结构均可，但图 4－9c 有半边螺孔，其攻螺纹工艺性较差。为了安装螺塞，箱体放油孔外侧应有 3～5 mm 的凸起部分，以利于加工。放油螺塞的结构和尺寸见表 4－10 和表 4－11。

表 4－10　外六角螺塞及封油垫　　　　　　　　mm

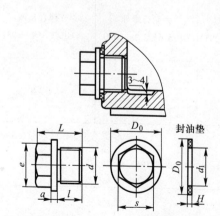

d	M14×1.5	M16×1.5	M20×1.5
D_0	22	26	30
e	19.6	19.6	25.4
L	22	23	28
l	12	12	15
a	3	3	4
s	17	17	22
d_1	15	17	22
H	2		

注：封油垫材料为耐油橡胶、工业用革；螺塞材料为 Q235。

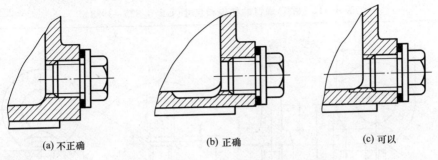

(a) 不正确 (b) 正确 (c) 可以

图 4 – 9 放油孔的位置

表 4 – 11 锥螺纹螺塞 (GB/T 7306.1—2000) mm

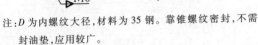

尺寸代号	基准直径 $d = D$	基准距离 h	有效螺纹长度 H	b	s
$R1/2$	20.955	8.2	13.2	4	8
$R3/4$	26.441	9.5	14.5	4.5	12
$R1$	33.249	10.4	16.8	5	14

注:D 为内螺纹大径,材料为 35 钢。靠锥螺纹密封,不需封油垫,应用较广。

五、吊环螺钉、吊耳及吊钩

为了便于拆卸和搬运箱盖,应在箱盖上铸出或焊上吊耳或安装吊环螺钉。吊环螺钉为标准件,按减速器的重量由表 4 – 12 中选取。为保证足够的承载能力,装配时必须将螺钉完全拧入箱盖,使台肩抵紧支承面。箱盖安装吊环螺钉处应设置凸台,以使吊环螺钉有足够的深度。加工螺纹时,应避免钻头半边切削的行程过长,以免钻头折断(图 4 – 10),其中图 4 – 10c 所示螺钉孔的工艺性更好。为了减少螺孔及支承面等部位的机械加工工序,常在箱盖上铸出吊耳来代替吊环螺钉,其结构尺寸见表 4 – 13。

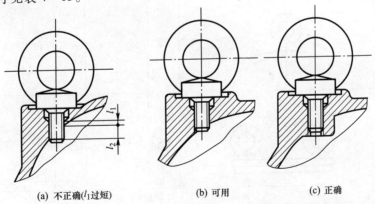

(a) 不正确(l_1过短) (b) 可用 (c) 正确

图 4 – 10 吊环螺钉螺孔尾部的结构

为了便于起吊或搬运整个减速器,则应在箱座两端连接凸缘的下部铸出或焊上吊钩,其结构尺寸见表 4 – 13。当减速器很轻时,也可不必设置上述起吊装置。设计时可根据具体条件进行适当修改。

表 4 – 12　吊环螺钉的结构和尺寸（GB/T 825—1988）　　　　　　　mm

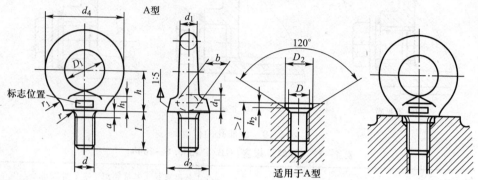

标记示例

　　螺纹规格 M20、材料为 20 钢、经正火处理、不经表面处理的 A 型吊环螺钉的标记：

　　螺钉 GB/T 825—1988—M20

$d(D)$			M8	M10	M12	M16	M20	M24	M30	M36
d_1（max）			9.1	11.1	13.1	15.2	17.4	21.4	25.7	30
D_1（公称）			20	24	28	34	40	48	56	67
d_2（max）			21.1	25.1	29.1	35.2	41.4	49.4	57.7	69
h_1（max）			7	9	11	13	15.1	19.1	23.2	27.4
h			18	22	26	31	36	44	53	63
d_4（参考）			36	44	52	62	72	88	104	123
r_1			4	4	6	6	8	12	15	18
r（min）			1	1	1	1	1	2	2	3
l（公称）			16	20	22	28	35	40	45	55
a（max）			2.5	3	3.5	4	5	6	7	8
b（max）			10	12	14	16	19	24	28	32
D_2（公称 min）			13	15	17	22	28	32	38	45
h_2（公称 min）			2.5	3	3.5	4.5	5	7	8	9.5
最大起吊重量（kN）	单螺钉起吊		1.6	2.5	4	6.3	10	16	25	40
	双螺钉起吊		0.8	1.25	2	3.2	5	8	12.5	20

减速器重量 W/kN（供参考）

一级圆柱齿轮减速器						二级圆柱齿轮减速器				
a	100	160	200	250	315	a	100×140	140×200	180×250	200×280	250×355
W	0.26	1.05	2.1	4	8	W	1	2.6	4.8	6.8	12.5

　　注：1. 材料为 20 或 25 钢；

　　　　2. d（螺纹的公称直径）为商品规格。

表 4 – 13　吊耳及吊钩的结构尺寸　　　　　　　　　　　　　mm

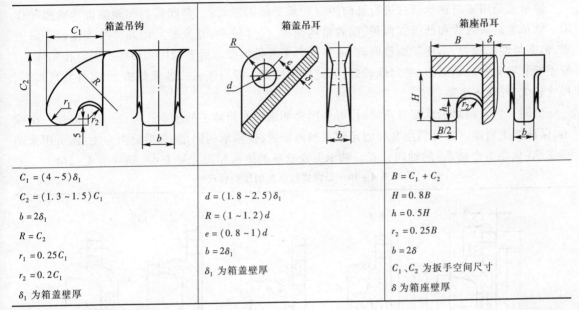

箱盖吊钩	箱盖吊耳	箱座吊耳
$C_1 = (4 \sim 5)\delta_1$	$d = (1.8 \sim 2.5)\delta_1$	$B = C_1 + C_2$
$C_2 = (1.3 \sim 1.5)C_1$	$R = (1 \sim 1.2)d$	$H = 0.8B$
$b = 2\delta_1$	$e = (0.8 \sim 1)d$	$h = 0.5H$
$R = C_2$	$b = 2\delta_1$	$r_2 = 0.25B$
$r_1 = 0.25C_1$	δ_1 为箱盖壁厚	$b = 2\delta$
$r_2 = 0.2C_1$		C_1、C_2 为扳手空间尺寸
δ_1 为箱盖壁厚		δ 为箱座壁厚

六、定位销和起盖螺钉

为了保证剖分式箱体轴承座孔的加工与安装精度,应于镗孔前在箱体连接凸缘长度方向两侧各安装一个圆锥定位销。为了加强定位的效果,两销孔的距离应尽可能远,但又不宜作对称布置,以提高定位精度。定位销孔应在箱盖和箱座的剖分面加工完成并用螺栓紧固后进行钻、铰,其位置应便于进行钻、铰和装拆,不应与邻近箱壁和螺钉相碰。定位销的直径可取 $d = (0.7 \sim 0.8)d_2$ (d_2 为凸缘上连接螺栓的直径),长度应大于连接凸缘的总厚度。并且装配成上、下两头均有一定长度的外伸量(一般取 3 ~ 5 mm),以便于装拆,如图 4 – 11 所示。圆锥销的尺寸可根据表 14 – 5 和表 14 – 6 选取。

减速器装配时,为了防止润滑油沿上、下箱体的剖分面渗出,通常需要在剖分面上涂以水玻璃或密封胶,以增强密封效果。但这给拆卸箱体带来了困难。为了便于开启箱盖,一般应在箱盖侧边的连接凸缘上安装 1 或 2 个起盖螺钉,以便拆卸时通过拧动起盖螺钉而顶起箱盖 (图 4 – 12)。为了便于钻孔,最好将起盖螺钉与箱盖凸缘连接螺栓布置在同一中心线上。起盖螺钉的直径一般等于凸缘连接螺栓直径,其螺纹有效长度要大于箱盖凸缘厚度,螺钉端部应做成圆柱形并光滑倒角或做成半球形,以免顶坏螺纹。也可在箱座凸缘上制出起盖用螺纹孔,螺纹孔直径等于凸缘连接螺栓直径,这样必要时可用凸缘连接螺栓旋入起盖螺纹孔顶起箱盖。

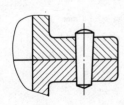

图 4 – 11　定位销结构

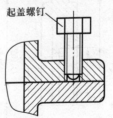

起盖螺钉

图 4 – 12　起盖螺钉结构

七、轴承盖与套杯

轴承盖是用来对轴承部件进行轴向固定和承受轴向载荷的,并起密封和调整轴承间隙的作用。轴承盖有嵌入式和凸缘式两种,前者结构简单,尺寸较小,且安装后使箱体外表比较平整美观,但密封性能较差,不便于调整间隙,故多适合于成批生产。后者利用六角螺钉固定在箱体上,便于拆装和调整轴承间隙,密封性较好,因此使用较多。但与嵌入式轴承盖相比,零件数目较多、尺寸较大、外观不平整。

当同一转轴两端轴承型号不同时,可利用套杯结构使箱体上的轴承孔直径一致,以便一次镗出,保证加工精度。也可利用套杯固定轴承轴向位置,使轴承的固定、装拆更为方便,还可用来调整支承(包括整个轴系)的轴向位置。轴承盖及套杯的结构和尺寸见表4-14~表4-16。

表4-14　凸缘式轴承盖的结构和尺寸　　　　　　　　　　　　mm

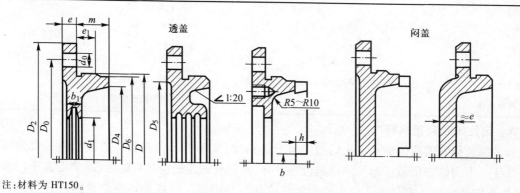

注:材料为HT150。

$d_0 = d_3 + 1$	$D_4 = D - (10 \sim 15)$ mm	轴承外径 D	螺钉直径 d_3	螺钉数
$D_0 = D + 2.5d_3$	$D_5 = D_0 - 3d_3$			
$D_2 = D_0 + 2.5d_3$	$D_6 = D - (2 \sim 4)$ mm	45 ~ 65	6	4
$e = 1.2d_3$	b_1、d_1 由密封件尺寸确定	70 ~ 100	8	4
$e_1 \geqslant e$	$b = 5 \sim 10$ mm	110 ~ 140	10	6
m 由结构确定	$h = (0.8 \sim 1)b$	150 ~ 230	12 ~ 16	6

表4-15　嵌入式轴承盖的结构和尺寸　　　　　　　　　　　　mm

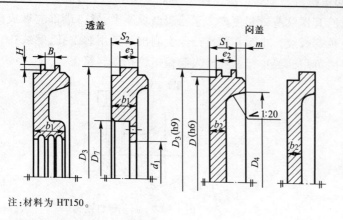

注:材料为HT150。

$S_1 = 15 \sim 20$ mm

$S_2 = 10 \sim 15$ mm

$e_2 = 8 \sim 12$ mm

$e_3 = 5 \sim 8$ mm

m 由结构确定

$D_3 = D + e_2$,装有O形密封圈时,按O形圈外径取整

$b_2 = 8 \sim 10$

其余尺寸由密封尺寸确定

表 4 – 16　轴承套杯的结构和尺寸　　　　　　　　　　　　　　　　mm

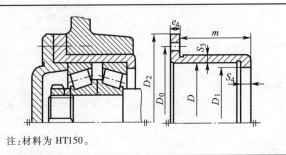

注:材料为 HT150。

S_3、S_4、$e_4 = 7 \sim 12$ mm

$D_0 = D + 2 S_3 + 2.5 d_3$

D_1 由轴承安装尺寸确定

$D_2 = D_0 + 2.5 d_3$

m 由结构确定

d_3 见表 4 – 14

第四节　减速器的润滑

　　减速器内的传动零件和轴承都需要良好的润滑,这样不仅可以减小摩擦磨损、提高传动效率,还可以防止锈蚀、冷却散热及降低噪声。减速器的润滑对其结构设计有直接影响,如油面高度和需油量的确定,关系到箱体高度的设计;轴承的润滑方式影响轴承的轴向位置和阶梯轴的轴向尺寸等。因此在设计减速器结构前,应先确定减速器润滑的有关问题。表 4 – 17 中列出了减速器内传动零件的润滑方式,表 4 – 18 中列出了减速器滚动轴承的常用润滑方法。表中涉及的结构图可参看图 4 – 13 ～ 图 4 – 15。

表 4 – 17　减速器内传动件的润滑方式及应用

	润滑方式		应用说明
浸油润滑	单级圆柱齿轮减速器	当 $m < 20$ 时,浸油深度 h 约为 1 个齿高,但不小于 10 mm 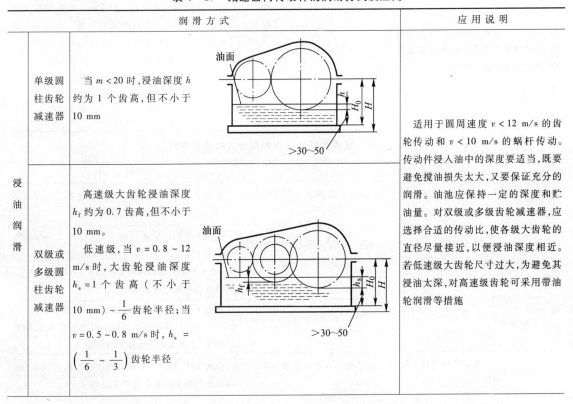	适用于圆周速度 $v < 12$ m/s 的齿轮传动和 $v < 10$ m/s 的蜗杆传动。传动件浸入油中的深度要适当,既要避免搅油损失太大,又要保证充分的润滑。油池应保持一定的深度和贮油量。对双级或多级齿轮减速器,应选择合适的传动比,使各级大齿轮的直径尽量接近,以便浸油深度相近。若低速级大齿轮尺寸过大,为避免其浸油太深,对高速级齿轮可采用带油轮润滑等措施
	双级或多级圆柱齿轮减速器	高速级大齿轮浸油深度 h_f 约为 0.7 齿高,但不小于 10 mm 低速级,当 $v = 0.8 \sim 12$ m/s 时,大齿轮浸油深度 $h_s = 1$ 个齿高(不小于 10 mm)$\sim \frac{1}{6}$ 齿轮半径;当 $v = 0.5 \sim 0.8$ m/s 时, $h_s = \left(\frac{1}{6} \sim \frac{1}{3} \right)$ 齿轮半径	

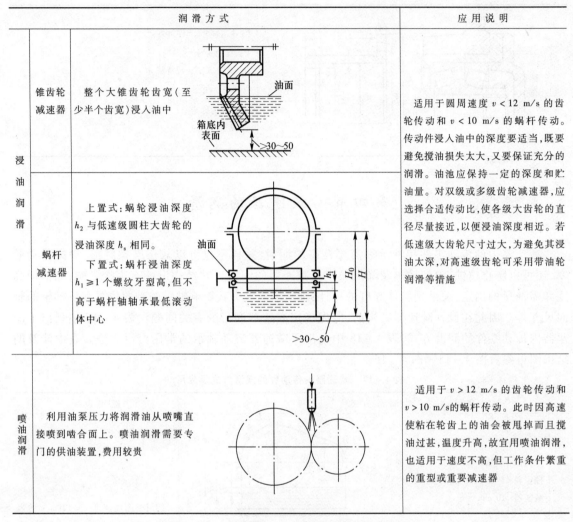

润滑方式			应 用 说 明
浸油润滑	锥齿轮减速器	整个大锥齿轮齿宽(至少半个齿宽)浸入油中	适用于圆周速度 $v < 12$ m/s 的齿轮传动和 $v < 10$ m/s 的蜗杆传动。传动件浸入油中的深度要适当,既要避免搅油损失太大,又要保证充分的润滑。油池应保持一定的深度和贮油量。对双级或多级齿轮减速器,应选择合适传动比,使各级大齿轮的直径尽量接近,以便浸油深度相近。若低速级大齿轮尺寸过大,为避免其浸油太深,对高速级齿轮可采用带油轮润滑等措施
	蜗杆减速器	上置式:蜗轮浸油深度 h_2 与低速级圆柱大齿轮的浸油深度 h_s 相同。 下置式:蜗杆浸油深度 $h_1 \geqslant 1$ 个螺纹牙型高,但不高于蜗杆轴轴承最低滚动体中心	
喷油润滑		利用油泵压力将润滑油从喷嘴直接喷到啮合面上。喷油润滑需要专门的供油装置,费用较贵	适用于 $v > 12$ m/s 的齿轮传动和 $v > 10$ m/s的蜗杆传动。此时因高速使粘在轮齿上的油会被甩掉而且搅油过甚,温度升高,故宜用喷油润滑,也适用于速度不高,但工作条件繁重的重型或重要减速器

表 4 - 18   减速器滚动轴承的润滑方式及其应用

润滑方式		应 用 说 明
脂润滑		润滑脂直接填入轴承室。图 4 - 13 所示为利用旋盖式油杯压入润滑油	适用于 $v < 1.5 \sim 2$ m/s 齿轮减速器。可用旋盖式、压注式油杯向轴承室加注润滑脂
油润滑	飞溅润滑	利用齿轮溅起的油形成油雾进入轴承室或将飞溅到箱盖内壁的油汇集到输油沟内,再流入轴承进行润滑,如图 4 - 14 所示	适用于浸油齿轮圆周速度 $v \geqslant 1.5 \sim 2$ m/s 的场合。当 v 较大($v > 3$ m/s)时,飞溅油可以形成油雾;当 v 不够大或油的粘度较大时,不易形成油雾,应设置输油沟等引油结构
	刮板润滑	利用刮板将油从轮缘端面刮下后经输油沟流入轴承,如图 4 - 15 所示	适用于不能采用飞溅润滑的场合(浸油齿轮 $v < 1.5 \sim 2$ m/s);同轴式减速器中间轴承的润滑;蜗轮轴承、上置式蜗杆轴轴承的润滑
	浸油润滑	使轴承局部浸入油中,但油面应不高于最低滚动体的中心	适用于中、低速如下置式蜗杆轴的轴承润滑。高速时因搅油剧烈易造成严重过热

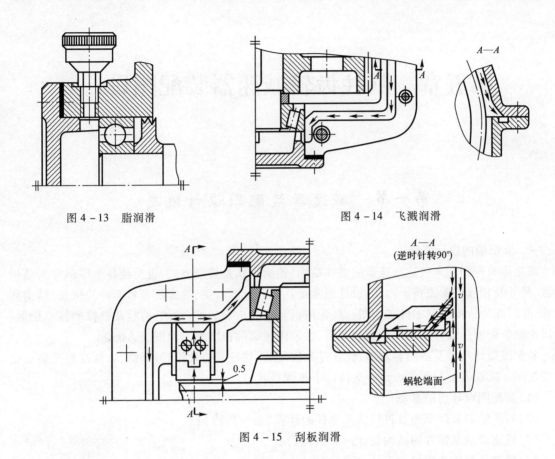

图 4 - 13　脂润滑

图 4 - 14　飞溅润滑

图 4 - 15　刮板润滑

思　考　题

4 - 1　减速器箱体有哪些结构型式？各有哪些特点？

4 - 2　铸造箱体和焊接箱体各有何特点？使用条件有什么不同？

4 - 3　箱体上有关尺寸如何确定？需要考虑哪些问题？

4 - 4　窥视孔的作用是什么？如何确定其位置？

4 - 5　通气器、油标和螺塞的作用是什么？有哪些结构型式？各有哪些特点？

4 - 6　吊环、吊钩有哪些结构型式？设计时应考虑哪些问题？

4 - 7　为什么要安装起盖螺钉？其大小如何确定？

4 - 8　定位销的作用是什么？其位置如何确定？

4 - 9　嵌入式轴承盖和凸缘式轴承盖各有何特点？

4 - 10　当利用箱体油池中的油润滑轴承时,润滑油可以通过哪些方式进入轴承？

4 - 11　减速器内部传动件常用润滑方式有哪些？采用浸油润滑时,传动件的浸油深度如何确定？

4 - 12　减速器滚动轴承的常用润滑方式有哪些？各适用于什么场合？

第五章 圆柱齿轮减速器装配图设计

第一节 减速器装配图设计概述

一、装配图的设计步骤

减速器装配图用来表达减速器的整体结构、轮廓形状及传动方式,也反映各个零部件的结构形状、尺寸及相互位置关系。因此,设计通常是从画装配图着手,确定所有零部件的位置、结构和尺寸,并以此为依据绘制零件工作图。装配图也是指导机器装配、调试、检验及维修的技术依据,所以绘制装配图是设计过程中的重要环节,必须用足够的视图和剖面图表达清楚。

装配图设计所涉及的内容较多,设计过程较复杂,往往要边计算、边画图、边修改直至最后完成装配图。减速器装配图的设计一般按以下步骤进行:

(1)装配图设计前的准备;

(2)初步绘制装配草图及进行轴系零件的计算(第一阶段);

(3)减速器轴系部件的结构设计(第二阶段);

(4)减速器箱体和附件的设计(第三阶段);

(5)完成装配图(第四阶段)。

装配图设计的各个阶段不是绝对分开的,会有交叉和反复。在进行某些零件设计时,可能会对前面已经进行的设计作必要的修改。为了保证装配图的设计质量,初次设计时,先在草图纸上绘制装配草图。经设计中的不断修改完善并检查无误后,再在图纸上重新绘制正式的装配图。

二、装配图设计前的准备

在画装配图之前,应翻阅有关资料,参观或拆装实际减速器,了解各零部件的功能、类型和结构,以及相互之间的关系,认真读懂几张典型的减速器装配图样,做到对设计内容心中有数。此外,还要根据任务书上的技术数据,按前文所述的要求,计算并选择出有关零部件的结构和主要尺寸,具体内容如下:

(1)选出电动机的类型和型号,并查出其轴径、伸出长度和中心高等。

(2)确定各传动零件的主要尺寸数据,如齿轮分度圆直径、齿顶圆直径、齿宽、中心距、锥齿轮锥距、带轮或链轮的几何尺寸等。

(3)按工作情况和转矩选出联轴器的类型和型号、两端毂孔直径和长度及有关安装尺寸。

(4)初选滚动轴承的类型,如向心轴承或角接触轴承等,具体型号暂不确定。

(5)确定箱体的结构形式(剖分式或整体式)和轴承端盖型式(凸缘式或嵌入式)。

绘图时,应选好比例尺,尽量采用 1:1 或 1:2 的比例尺,用 A0 或 A1 图纸绘制 3 个视图,以加强设计的真实感。

三、装配图设计注意事项

减速器装配图设计应由内向外进行,先画内部传动零件,然后再画箱体、附件等。3 个视图设计要穿插进行,不能抱住一个视图画到底。

装配图的设计过程中既包括结构设计,又有校核计算。计算和画图需要交叉进行,边画图,边计算,反复修改以完善设计。

装配图上某些结构如螺栓、螺母和滚动轴承等,可以按机械制图国家标准关于简化画法的规定绘制。对同类型、尺寸、规格的螺栓连接可只画一组,但所画的这一组必须在各视图上表达完整,其他组用中心线表示。

下面介绍圆柱齿轮减速器装配图的设计步骤和方法。

第二节　初步绘制减速器装配草图(第一阶段)

初绘减速器装配草图是减速器装配图设计的第一阶段,其基本内容为:在选定箱体结构形式的基础上,确定各传动零件之间及箱体内壁的位置;通过绘图设计轴的结构尺寸并初选轴承型号;确定轴承位置、轴的跨度和轴上所受各力作用点的位置;对轴、轴承及键连接进行校核计算。

一、视图选择与布置图面

减速器装配图通常用 3 个视图并辅以必要的局部视图来表达,同时还要考虑标题栏、明细表、技术要求和尺寸标注等所需的图面位置。绘制装配图时,应根据传动装置的运动简图和由计算得到的减速器内部齿轮的直径和中心距,参考同类减速器图纸,估计减速器的外形尺寸,合理布置 3 个主要视图,可参考图 5-1 所示布置图面,视图的大小可按表 5-1 进行估算。

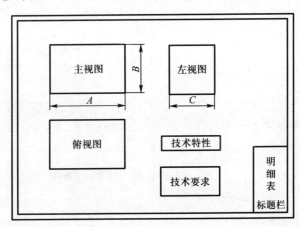

图 5-1　视图布置参考图(图中 A、B、C 见表 5-1)

二、确定齿轮位置和箱体内壁线

圆柱齿轮减速器装配图设计时,一般从主视图和俯视图开始。在主视图和俯视图上画出齿轮的中心线,再根据齿轮直径和齿宽画出齿轮的节圆、齿顶圆和齿宽轮廓。为保证全齿宽接触,应使小齿轮比大齿轮宽 5~10 mm。

表 5 − 1　视图大小估算表

	A	B	C
一级圆柱齿轮减速器	$3a$	$2a$	$2a$
二级圆柱齿轮减速器	$4a$	$2a$	$2a$
圆锥—圆柱齿轮减速器	$4a$	$2a$	$2a$
一级蜗杆减速器	$2a$	$3a$	$2a$

注:a 为传动中心距。对于二级传动 a 为低速级的中心距。

为了避免因箱体铸造误差造成齿轮与箱体间的距离过小产生运动干涉,应使大齿轮齿顶圆至箱体内壁之间、齿轮端面至箱体内壁之间分别留有适当距离 Δ_1 和 Δ_2(表 5 − 2)。高速级小齿轮一侧的箱体内壁线先不画,待箱体结构设计时,由主视图按投影关系确定。

在设计二级展开式齿轮减速器时,还应注意使两个大齿轮端面之间留有一定的距离 Δ_4;并使中间轴上大齿轮与输出轴之间保持一定距离 Δ_5,若不能保证,则应调整齿轮传动的参数。通常输入轴与输出轴上的齿轮最好布置在远离外伸轴端的位置。

减速器各零件之间的位置尺寸见表 5 − 2。

表 5 − 2　减速器零件的位置尺寸　　　　　　　　　　　　　　　　　mm

代号	名　　称	荐用值	代号	名　　称	荐用值
Δ_1	齿轮顶圆至箱体内壁的距离	$\geq 1.2\delta$,δ 为箱座壁厚	Δ_7	箱底至箱底内壁的距离	≈ 20
Δ_2	齿轮端面至箱体内壁的距离	$>\delta$(一般取 ≥ 10)	H	减速器中心高	$\geq r_a + \Delta_6 + \Delta_7$
Δ_3	轴承端面至箱体内壁的距离 轴承用脂润滑时 轴承用油润滑时	$\Delta_3 = 10 \sim 15$ $\Delta_3 = 3 \sim 5$	L_1	箱体内壁至轴承座孔端面的距离	$= \delta + C_1 + C_2 + (5 \sim 10)$,$C_1$,$C_2$ 见表 4 − 1
Δ_4	旋转零件间的轴向距离	$10 \sim 15$	e	轴承端盖凸缘厚度	见表 4 − 14
Δ_5	齿轮顶圆至轴表面的距离	≥ 10	L_2	箱体内壁轴向距离	
Δ_6	大齿轮顶圆至箱底内壁的距离	$>30 \sim 50$	L_3	箱体轴承座孔端面间的距离	

三、确定箱体轴承座孔端面位置

对于剖分式齿轮减速器,箱体轴承座内端面常为箱体内壁。轴承座的宽度 L_1(即轴承座内、外端面间的距离)取决于箱体壁厚 δ、轴承旁连接螺栓所需扳手空间的尺寸 C_1、C_2 以及区分加工面与毛坯面所留出的尺寸(5 ~ 10 mm),如图 5 − 2 所示。因此,轴承座宽度 $L_1 = \delta + C_1 + C_2 +$

(5 ~ 10)mm,式中 δ、C_1、C_2 的值见表 4 - 1,据此可画出箱体轴承座孔外端面线。

但对于嵌入式轴承端盖或当轴承宽度(T)较大时(一般为低速级轴承),也有可能由轴承座孔中的零件轴向尺寸和位置决定,如图 5 - 2 所示。即 $\Delta_3 + T + m > \delta + C_1 + C_2 + (5 ~ 10)$ mm(Δ_3 见表 5 - 2),此时最好先画低速级的轴及轴承部件,定出该轴承座外端面后,其他轴承座的外端面则应布置在同一平面上,以利于加工。

至此,绘出的图形如图 5 - 3 和图 5 - 4 所示。

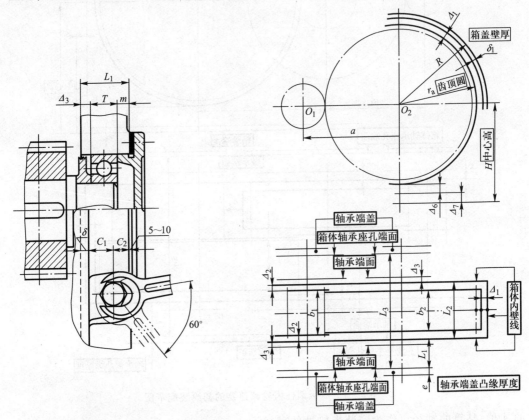

图 5 - 2 轴承座端面位置的确定　　　图 5 - 3 单级圆柱齿轮减速器的初绘装配草图

四、初算轴的直径

当轴的支承距离未定时,不能确定轴上所受弯矩的大小和分布情况,因而不能按轴的实际载荷确定直径。通常可先根据轴所传递的转矩,按扭转强度初步估算各轴的直径,即

$$d \geq A \sqrt[3]{\frac{P}{n}} \quad \text{mm} \qquad (5-1)$$

式中:P——轴所传递的功率,kW;

　　n——轴的转速,r/min;

　　A——由材料的许用扭转应力所确定的系数,其值见《机械设计基础》教材。

利用上式估算轴径时,应注意以下几点:

(1)对于外伸轴,由上式求出的直径,为外伸轴段的最小直径;对于非外伸轴,计算时应取较

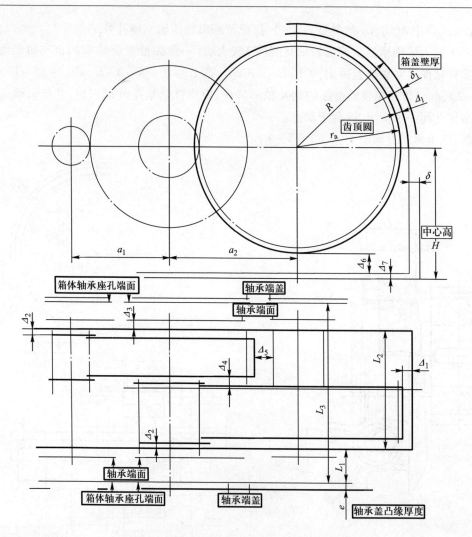

图 5-4　双级圆柱齿轮减速器的初绘装配草图

大的 A 值,估算的轴径可作为安装齿轮处的直径。

（2）计算轴径处有键槽时,则应考虑键槽对轴强度的削弱。一般若有一个键槽时,d 值应增大 3%～5%；若有两个键槽时,d 值应增大 7%～10%,最后将轴径圆整为标准值。

（3）外伸轴段装有联轴器时,外伸段的轴径应与联轴器毂孔直径相适应；外伸轴段用联轴器与电动机轴相连时,应注意外伸段的直径与电动机轴的直径不能相差太大；外伸轴段装有带轮时,则其直径应与带轮孔径相同；必要时可改变轴径 d。

五、轴的结构设计

轴的结构设计是在初算轴径的基础上进行的。为满足轴上零件的定位、固定和装拆方便,并有良好的加工工艺性,通常将轴设计成阶梯轴。轴结构设计的任务是合理确定轴的径向尺寸、轴向尺寸及键槽的尺寸和位置等。现利用图 5-5 来说明轴的结构设计过程。

1. 确定轴的各段直径

（1）轴上装有齿轮、带轮和联轴器处的直径,如图 5-5a 中的 d_3 和 d 应取标准值

(表11-3)。而装有密封元件和滚动轴承处的直径,如 d_1、d_2、d_5,则应与密封元件和轴承的内孔径尺寸一致。初选滚动轴承的类型及尺寸,则与之相配合的轴颈尺寸即被确定下来。轴上两个支点的轴承,应尽量采用相同的型号,以便于轴承座孔的加工。考虑轴要有足够的强度,一般都制成中部大两端小的阶梯状结构。因此,受较大载荷齿轮处的轴段直径 d_3 应取较大值。

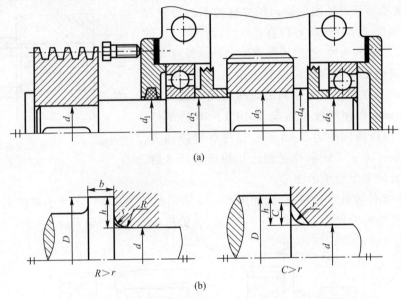

图5-5　轴的结构设计

(2)相邻轴段的直径不同即形成轴肩。当轴肩用于轴上零件定位和承受轴向力时,应具有一定的高度,如图5-5a中 $d-d_1$、d_3-d_4、d_4-d_5 所形成的轴肩。一般的定位轴肩,轴肩高度可取$(0.07\sim0.1)d$。用作滚动轴承内圈定位时,轴肩的直径应按轴承的安装尺寸要求取值(表15-1~表15-5),以便于轴承的拆卸。

如果两相邻轴段直径的变化仅是为了轴上零件装拆方便或区分加工表面时,两直径略有差值即可,如取 $1\sim5$ mm(如图5-5a中 d_1-d_2、d_2-d_3 的变化),也可以采用相同公称直径而取不同的公差数值。

(3)为了降低应力集中,轴肩处的过渡圆角不宜过小。用作零件定位的轴肩,零件毂孔的倒角(或圆角半径)应大于轴肩处过渡圆角半径,以保证定位的可靠(图5-5b)。一般配合表面处轴肩和零件孔的圆角、倒角尺寸见表11-7。装滚动轴承处轴肩的过渡圆角半径应按轴承的安装尺寸要求取值(表15-1~表15-5)。

(4)需要磨削加工的轴段常设置砂轮越程槽(越程槽尺寸见表11-8);车制螺纹的轴段应留出退刀槽(螺纹退刀槽尺寸见表13-4)。

应该注意,直径相近的轴段,其过渡圆角、越程槽和退刀槽等尺寸应一致,以便于加工。

2. 确定轴的各段长度

轴的各段长度主要取决于轴上零件的宽度以及相关零件(箱体轴承座和轴承端盖)的轴向位置和结构尺寸,确定轴向长度时应考虑以下几点:

(1)对于安装齿轮、带轮和联轴器的轴段,应使轴段的长度略短于相配轮毂的宽度。一般取轮毂宽度与轴段长度之差 $\Delta = 2 \sim 3$ mm,以保证传动件在用其他零件轴向固定时,能顶住轮毂,而不是顶在轴肩上,使固定可靠,如图 5-6a 所示轴的上半部分。图 5-6b 所示轴的下半部分为错误结构,当制造有误差时,这种结构不能保证零件的轴向固定及定位。轮毂宽度与孔径有关,可查有关零件的结构尺寸。

（2）安装滚动轴承处轴段的轴向尺寸由轴承的位置和宽度来确定。根据以上对轴的各段直径尺寸设计和已选的轴承类型,可初选轴承型号,查出轴承宽度和轴承外径等尺寸。轴承内侧端面至箱体内壁应留有一定的间距,其大小取决于轴承的润滑方式。采用脂润滑时所留间距较大,一般取为 $10 \sim 15$ mm,以便置放封油盘,如图 5-16 所示;若采用油润滑,一般所留间距为 $3 \sim 5$ mm,以便放置挡油盘,如图 5-17 所示。确定了轴承位置和已知轴承的尺寸后,即可在轴承座孔内画出轴承的图形。

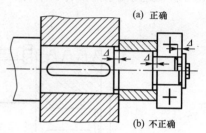

图 5-6　轴段长度与定位要求

（3）当轴上零件彼此靠得很近时,如图 5-7a 所示的 C 很小时,不利于零件的拆卸,需要适当增加有关轴段的轴向尺寸。如图 5-7b 所示,将轴段长度 l 增加到 l'。

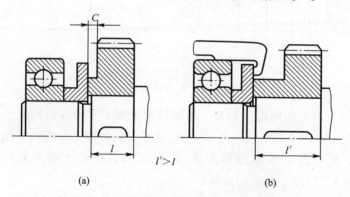

图 5-7　轴上零件的设置应利于装拆

轴的外伸段长度取决于外伸轴段上安装的传动件尺寸和轴承盖的结构。如轴端装有联轴器,则必须留有足够的装配尺寸,如弹性套柱销联轴器(图 5-8a)就要求有装配尺寸 A。采用不同的端盖结构,将影响轴外伸的长度。当用凸缘式端盖(图 5-8b)时,轴外伸段长度必须考虑拆卸端盖螺钉所需的足够长度 L,以便在不拆卸联轴器的情况下,可以打开减速器机盖。若外接零件的轮毂不影响螺钉的拆卸(图 5-8c)或采用嵌入式端盖时,则 L 可取小些,但一般不小于 $15 \sim 20$ mm。

3. 轴上键槽的尺寸和位置

平键的剖面尺寸根据相应轴段的直径确定,键的长度应比轴段长度短,一般短 $5 \sim 10$ mm。键槽应靠近轮毂装入侧轴段端部,一般取其距离为 $2 \sim 5$ mm,以利于装配时轮毂上的键槽容易对准轴上的键。键槽不要太靠近轴肩处,以避免加重轴肩过渡圆角处的应力集中。

当轴上有多个键时,若轴径相差不大,应尽可能采用相同的剖面尺寸;同时,轴上各键槽应布置在轴的同一母线上,以便于轴上键槽的加工。

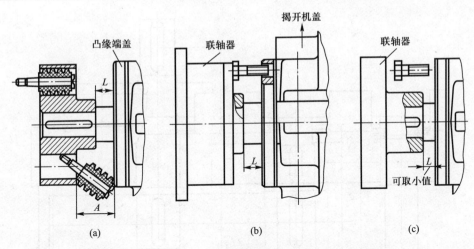

图 5 - 8　轴外伸段长度的确定

　　按照以上所述方法,可设计轴的结构,并在图 5 - 3 或图 5 - 4 的基础上,初绘出减速器装配草图。图 5 - 9 所示为完成轴系设计后单级圆柱齿轮减速器的装配草图。图 5 - 10 所示为完成轴系设计后双级圆柱齿轮减速器的装配草图。

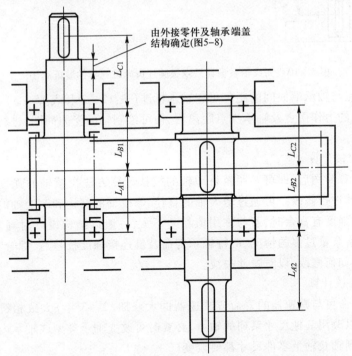

图 5 - 9　完成轴系设计后单级圆柱齿轮减速器的装配草图

六、轴、轴承及键连接的校核计算

1. 确定轴上力作用点及支点跨距

　　根据初绘装配草图,可确定轴上传动件力作用点的位置和轴承支点间的距离(图 5 - 9 和图 5 - 10)。传动件的力作用点可取在轮缘宽度的中部,向心轴承的支点可取轴承宽度的中点位

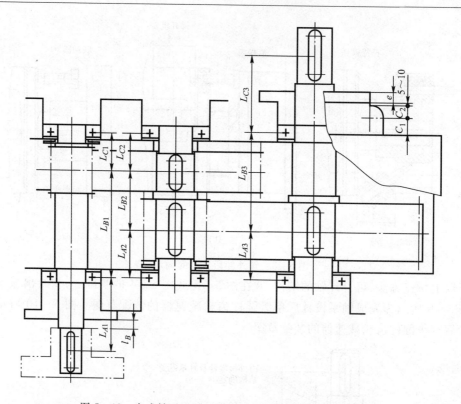

图 5 - 10　完成轴系设计后双级圆柱齿轮减速器的装配草图

置,角接触轴承支点与轴承端面间的距离可查轴承标准(表 15 - 2 和表 15 - 3)。

确定出传动件的力作用点及轴承支点距离后,便可绘制轴的受力简图,进行轴和轴承的校核计算。

2. 轴的强度校核计算

在绘出轴的计算简图后,即可参照教材中轴的校核计算方法校核轴的强度。若校核后强度不够,应对轴的设计进行修改。可通过增大轴的直径、修改轴的结构和改变轴的材料等方法提高轴的强度。当轴的强度有富余时,若与许用值相差不大,一般以结构设计时确定的尺寸为准,不再修改;对于强度富余量过多的情况,应待轴承寿命及键连接强度校核后,综合考虑刚度、结构等各方面要求再决定如何修改,以防顾此失彼。

3. 轴承寿命校核计算

滚动轴承的寿命可与减速器的寿命或减速器的大修期(2 ~ 3 年)大致相符。若计算出的寿命达不到要求,可以改用其他尺寸系列的轴承,必要时可改变轴承类型或轴承内径。但不要轻易改动轴承内径,否则轴及轴上零件尺寸都要改变。

4. 键连接强度校核计算

键连接的强度校核计算,主要是校核其挤压强度是否满足要求。许用挤压应力应按连接键、轴和轮毂三者中材料最弱的选取。若强度不够,可通过增加键长、改用双键或花键、加大轴径等措施来满足强度要求。

根据验算结果,必要时应对装配草图进行修改。上述过程常要反复多次,直至满意。

课程设计中至少要对一根轴及其上的轴承和键进行校核计算,具体要求由指导教师规定。

第三节　轴系部件的结构设计(第二阶段)

这一阶段的主要任务是对减速器的轴系部件进行结构细化设计,即设计传动零件,轴上其他零件及与轴承支点结构有关零件的具体结构。

一、齿轮的结构设计

齿轮的结构设计与齿轮的几何尺寸、毛坯、材料、加工方法、使用要求及经济性等因素有关。进行齿轮的结构设计时,必须综合考虑上述各方面的因素。通常是先按齿轮的直径大小,选取合适的结构形式,然后再根据推荐的经验公式和数据,进行结构设计。

当分度圆直径与轴径相差不大、齿根圆与键槽底部距离 $x \leqslant 2.5m_n$(m_n 为法面模数)时,可将齿轮与轴作成一体,称为齿轮轴。当 $x > 2.5m_n$,齿顶圆 $d_a \leqslant 150$ mm 时,除用锻造毛坯外,也可用轧制圆钢毛坯,做成实心结构的齿轮。

当齿顶圆直径 $d_a = 150 \sim 500$ mm 时,为减轻质量而采用腹板式结构,腹板上加工孔是为了便于吊运;当 $d_a > 500$ mm 时,可采用轮辐式结构。自由锻毛坯齿轮适用于单件、小批量生产;模锻毛坯齿轮适用于具备模锻设备,并进行成批、大量生产的场合。

具体结构和尺寸参见本书第三章有关齿轮结构设计的资料和图例。画图时要注意轮齿啮合区的正确画法。

二、滚动轴承的组合设计

1. 轴的支承结构型式和轴系的轴向固定

按照对轴系轴向位置的不同限定方法,轴的支承结构可分为 3 种基本形式,即两端固定支承,一端固定、一端游动支承和两端游动支承。它们的结构特点和应用场合可参阅机械设计基础教材。

普通齿轮减速器,其轴的支承跨距较小,常采用两端固定支承。轴承内圈在轴上可用轴肩或套筒作轴向定位,轴承外圈用轴承盖作轴向固定。

设计两端固定支承时,应留适当的轴向间隙,以补偿工作时轴的热伸长量。对于固定间隙轴承(如深沟球轴承),可在轴承盖与箱体轴承座端面之间(采用凸缘式轴承盖时见图 5-11a)或在轴承盖与轴承外圈之间(采用嵌入式轴承盖时见图 5-13)设置调整垫片,在装配时通过调整来

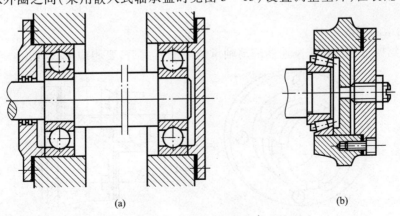

(a)　　　　　　　　　　　　　(b)

图 5-11　两端固定支承

控制轴向间隙。对于可调间隙的轴承(如圆锥滚子轴承或角接触球轴承),则可利用调整垫片或调整螺钉来调整轴承游隙,以保证轴系的游动和轴承的正常运转,如图 5 – 11b 所示。

2. 轴承盖的结构设计

轴承盖用于固定轴承、承受轴向载荷、调整轴系位置和轴承间隙、密封轴承座孔等。其类型有凸缘式和嵌入式两种,每一种形式按是否有通孔,又可分为透盖和闷盖。

凸缘式轴承盖用螺钉固定在箱体上,调整轴系位置或轴承游隙方便(不需开箱盖),密封性能好,因此使用较多。这种端盖大多采用铸铁件,设计制造时要考虑铸造工艺性,尽量使整个端盖的厚度均匀。当端盖的宽度 L 较大时,为减少加工量,可对其端部进行加工,使其端部直径 $D' < D$,但端盖与箱体的配合段必须保留有足够的长度 l,否则拧紧螺钉时容易使端盖歪斜,一般取 $l = (0.1 \sim 0.15)D$,如图 5 – 12b 所示。凸缘式轴承盖的结构尺寸见表 4 – 14。

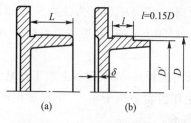

图 5 – 12　凸缘式轴承盖

图 5 – 13　嵌入式轴承盖

嵌入式轴承盖(图 5 – 13)无需用螺钉连接,其结构简单紧凑,但密封性能较差(一般需在端盖与机体间放置 O 形密封圈以改善密封效果,见图 5 – 14),调整轴承间隙不方便,故多用于不调整间隙的轴承处(如深沟球轴承)。若用于角接触轴承时,应增加调整垫片,用调整螺钉调整轴承间隙。嵌入式轴承盖多用于要求重量轻且结构紧凑的场合。嵌入式轴承盖的结构尺寸见表 4 – 15。

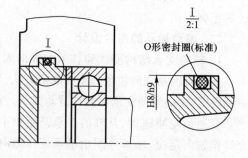

图 5 – 14　嵌入式轴承盖的密封

当轴承用箱体内的油润滑时,轴承盖的端部直径应略小些并在端部开槽,使箱体剖分面上输油沟内的油可经轴承盖上的槽流入轴承,如图 5 – 15 所示。

3. 滚动轴承的润滑

按第四章第四节所述选定减速器滚动轴承的润滑方式后,要相应地设计出合理的轴承组合

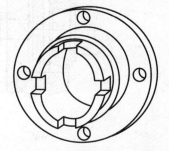
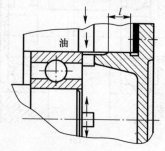

图 5 – 15　轴承用油润滑时的轴承盖结构

结构,保证可靠的润滑和密封。

当轴承用润滑脂润滑时,为了防止轴承中的润滑脂被箱内齿轮啮合时挤出的油冲刷、稀释而流失,通常在箱体轴承座内侧端面设置封油盘。其结构尺寸和安装位置见图 5-16。

当轴承采用油润滑时,若轴承旁小齿轮的齿顶圆小于轴承的外径,为防止齿轮啮合时(特别是斜齿轮啮合时)所挤出的热油大量冲向轴承内部,增加轴承的阻力,常设置挡油盘。图 5-17a所示挡油盘为冲压件,适用于成批生产,这种挡油盘的厚度大约取为 2~3 mm;图 5-17b 所示挡油盘由车制而成,适用于单件或小批量生产,这种挡油盘的厚度一般取为 3~5 mm。

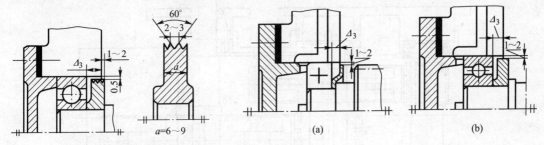

图 5-16 封油盘的结构尺寸和安装位置   图 5-17 挡油盘的结构尺寸和安装位置

4. 轴外伸处的密封

在减速器输入轴和输出轴的外伸处,为防止润滑剂外漏及外界灰尘、水分和其他杂质渗入,造成轴承的磨损或腐蚀,应在轴承盖轴孔内设置密封件。

密封装置分为接触式和非接触式两类,并有多种形式,其密封效果也不同。为了提高密封效果,必要时可以采用两个或两个以上的密封件或不同类型的密封构成的组合式密封装置。

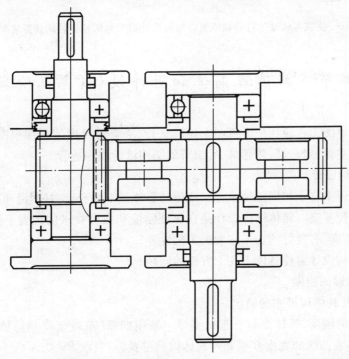

图 5-18 完成各轴系零件和轴承组合结构设计后单级圆柱齿轮减速器装配草图

设计时可参阅机械设计基础教材和表 16 – 8 选择适当的密封形式,确定有关结构尺寸并绘出其结构。

按照上述设计内容和方法逐一完成减速器各轴系零件的结构设计和轴承组合结构设计。图 5 – 18、图 5 – 19 所示为这一阶段所绘装配图的基本内容。

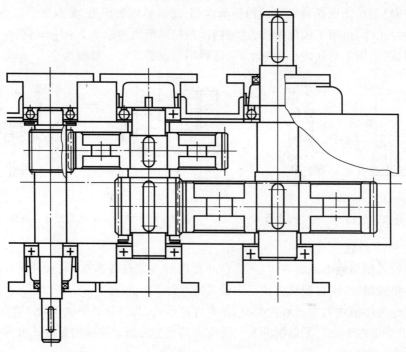

图 5 – 19   完成各轴系零件和轴承组合结构设计后双级圆柱齿轮减速器装配草图

第四节   减速器箱体和附件设计(第三阶段)

本阶段的设计绘图工作应在三个视图上同时进行,必要时可增加局部视图。绘图时应按照先箱体、后附件,先主体、后局部,先轮廓、后细节的结构设计顺序进行。

一、箱体的结构设计

减速器箱体是用来支承和固定轴承并保证传动零件正常啮合、良好润滑和密封的重要零件,其结构和受力都比较复杂。箱体结构设计是在保证刚度和强度要求的前提下进行的,同时应考虑密封可靠、结构紧凑、有良好的加工和装配工艺性等。

减速器箱体结构设计需注意以下几个方面的问题。

1. 箱体要有足够的刚度

(1)箱体壁厚及其结构尺寸的确定。

为了保证箱体的刚度,箱体要有合理的壁厚。箱座壁厚、箱盖壁厚和箱体凸缘厚度可参照表 4 – 1 确定。箱座底凸缘的宽度 B 应超过箱体内壁位置,一般取 $B = C_1 + C_2 + 2\delta$,如图 5 – 20 所示。需要注意的是,地脚螺栓孔间距不应过大,一般为 150 ~ 200 mm,以保证其连接刚度,螺栓数目一般为 4、6、8 个。

（2）轴承座要有足够的刚度。

为了保证轴承座的支承刚度,轴承座孔应有一定的壁厚。当轴承座孔采用凸缘式轴承盖时,根据安装轴承盖螺钉的需要,所确定的轴承座壁厚就可以满足刚度要求。使用嵌入式轴承盖的轴承座,一般也采用与凸缘式轴承盖时相同的壁厚,如图 5 – 21 所示。

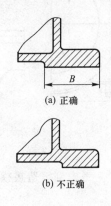

(a) 正确

(b) 不正确

图 5 – 20　箱座底凸缘的宽度

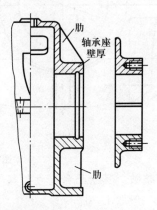

肋

轴承座壁厚

肋

图 5 – 21　轴承座厚度

为了提高轴承座刚度,一般减速器采用平壁式箱体加外肋结构,见图 5 – 22a。大型减速器也可以采用凸壁式箱体结构(图 5 – 22b),其刚度大,外表整齐光滑,但箱体制造工艺复杂。肋板厚度可参照表 4 – 1 确定。

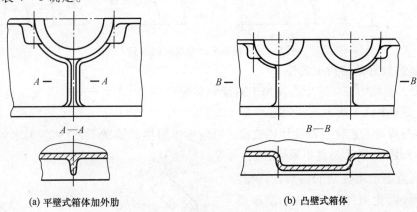

(a) 平壁式箱体加外肋

(b) 凸壁式箱体

图 5 – 22　提高轴承座刚度的箱体结构

为了提高剖分式箱体轴承座的连接刚度,轴承座孔两侧的连接螺栓应尽量靠近一些,并在两侧设置凸台。

1)轴承旁螺栓位置的确定。轴承座孔两侧连接螺栓的间距 s 可近似取为轴承盖外径 D_2（图 5 – 23a),但要注意不能与轴承盖螺孔及输油沟干涉(图 5 – 23b)。当两轴承座孔之间安装不下两个螺栓时,可在两个轴承座孔间距的中间安装一个螺栓。

2)凸台高度的确定。凸台高度由连接螺栓中心线位置和保证有足够的扳手操作空间 C_1、C_2 来确定,C_1、C_2 由表 4 – 1 按连接螺栓直径确定。根据 C_1 用作图法先确定最大的轴承座孔的凸台高度尺寸,具体的确定方法见图 5 – 24。用这种方法确定的凸台高度不一定为整数,可向大的

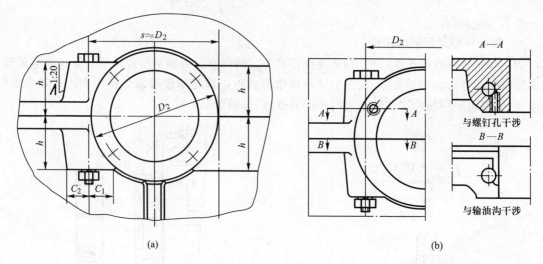

图 5 - 23　轴承座凸台结构

方向圆整为整数。其余凸台高度与其尽量保持一致,以便于加工。考虑到铸造拔模的需要,凸台侧面的斜度一般取 1∶20。

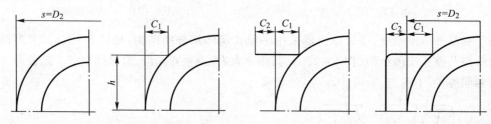

图 5 - 24　轴承座凸台高度的确定

2. 箱体要有良好的结构工艺性

箱体结构工艺性的好坏对于提高加工精度和装配质量,提高生产率以及便于检修维护等有很大影响,主要考虑以下两方面的问题。

(1)箱体的铸造工艺性。在设计铸造箱体时应考虑箱体的铸造工艺特点,力求外形简单,壁厚均匀,过渡平缓,金属无局部积聚,起模容易等。

1)考虑到液态金属流动的畅通性,铸件壁厚不宜太薄,以免浇铸不足,最小壁厚要求见表 11 - 13。采用砂模铸造时,为便于液态金属的流动,箱体铸造圆角半径一般取 $R \geqslant 5$ mm。

2)为避免缩孔或应力裂纹,薄厚壁之间应采用平缓的过渡结构,尺寸见表 11 - 17。

3)为避免金属积聚,两壁间不宜采用锐角连接,如图 5 - 25a 为正确结构,图 5 - 25b 为不正确结构。

4)为了便于造型时取模,铸件表面沿起

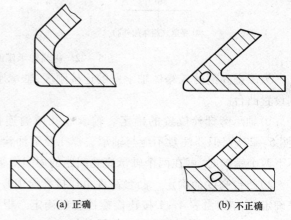

(a) 正确　　　　(b) 不正确

图 5 - 25　两壁连接

模方向应有1:10~1:20的拔模斜度。应尽量减少沿拔模方向的凸起结构,以利于拔模。

5)箱体上应尽量避免出现狭缝,以免砂型强度不够,在浇铸和取模时易形成废品。图5-26a中两凸台距离太小而形成狭缝,因而砂型易碎裂,浇铸时铁水不易流进狭缝,故应将凸台连在一起,如图5-26b所示。

(2)箱体的机加工工艺性。在设计箱体结构时,还应保证机械加工工艺要求。尽可能减少机加工面积和更换刀具的次数,加工面和非加工面必须严格分开等,从而提高劳动生产率,并减小刀具磨损。

1)减少机加工面积。如图5-27所示箱座底面的结构形状中,其中图5-27a加工面积太大,

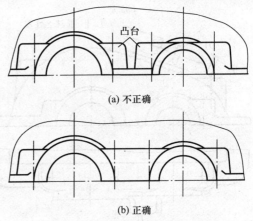

图5-26　避免有狭缝的铸件结构

难以保证装配精度;图5-27b、c所示结构较好。其中图5-27b适用于中小型箱体,图5-27c适用于大型箱体。

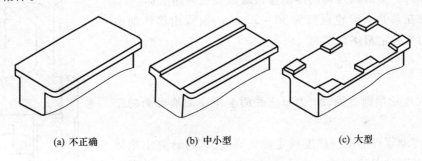

图5-27　减速器箱座的底面结构

2)减少换刀次数。在设计轴承座孔时,位于同一轴线上的两轴承座孔直径应尽量取同一尺寸,以便于镗孔和保证加工精度。同一方向的平面,应尽量一次调整来加工完成,因此各轴承座孔端面都应在同一平面上,两侧轴承座孔端面应与箱体中心平面对称,以便于加工和检验,如图5-28所示。同时还应考虑机械加工时走刀不要互相干涉(图5-28a),在加工检查孔端面时,刀具将与吊环螺钉座相撞,故应改为图5-28b所示结构。

3)加工面与非加工面应分开。箱体任何一处加工面与非加工面必须严格分开,并且不应在同一平面内。如箱体轴承座孔端面需要加工,因而一般应凸出5~10 mm,如图5-29所示。另外,窥视孔盖、通气器、油标和油塞等的接合面处,与螺栓头部或螺母接触处都应做出凸台,凸起高度为3~5 mm。也可将与螺栓头部或螺母的接触处锪出沉头座坑,一般取下凹深度以锪平为准,或取2~3 mm。图5-30为凸台、沉头座坑的铣平及锪平加工方法。

3. 应便于机体内零件的润滑、密封及散热

(1)箱座高度。对于传动零件采用浸油润滑的减速器,箱座高度除了应满足齿顶圆到油池底面的距离不小于30~50 mm外,还应使箱体能容纳一定量的润滑油,以保证润滑和散热。

对于单级减速器,每传递1 kW功率所需油量约为350~700 cm³(小值用于低粘度油,大值

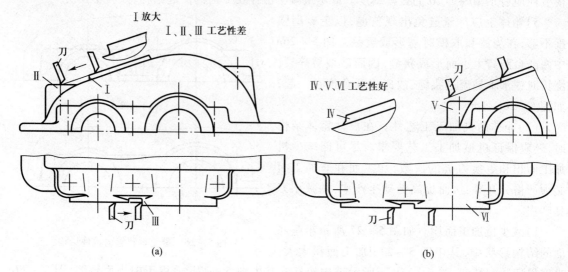

图 5-28　同一方向上的平面位置

用于高粘度油）。多级减速器的需油量按级数成比例地增加。

设计时，在离开大齿轮顶圆为 30～50 mm 处，画出箱体油池底面线，并初步确定箱座高度为

$$H \geqslant \frac{d_{a2}}{2} + (30 \sim 50) + \Delta_7$$

式中，d_{a2} 为大齿轮顶圆直径，Δ_7 为箱座底面至箱座油池底面的距离（表 5-2）。

再根据传动零件的浸油深度确定油面高度，即可计算出箱体的贮油量。若贮油量不能满足要求，应适当将箱底面下移，增加箱座高度。

当减速器输入轴与电动机轴用联轴器直接相连时，减速器中心高最好与电动机中心高相等，以利于机座的制造与安装。

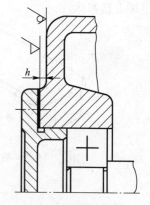

图 5-29　加工表面与非加工表面应分开

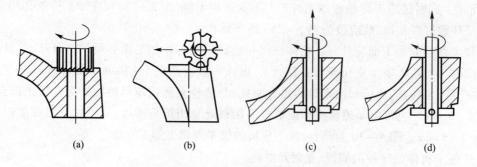

图 5-30　凸台、沉头座坑的铣平及锪平加工

（2）输油沟的形式和尺寸。当轴承利用箱体内的油润滑时，通常在箱座的凸缘面上开设输油沟，使飞溅到箱盖内壁上的油经输油沟和端盖的缺口进入轴承，如图 5-31 所示。

　　输油沟的布置和油沟尺寸见图5-31。输油沟可以铸造而成(图5-32a),也可以铣制而成。图5-32b所示为用圆柱端铣刀铣制的油沟,图5-32c为用盘铣刀铣制的油沟。铣制油沟由于加工方便、油流动阻力小,故较常应用。

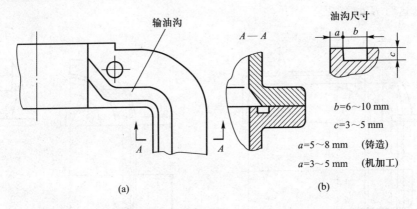

图5-31　输油沟的布置和油沟尺寸

　　(3)箱体的密封。

　　为了保证箱盖与箱座连接处的密封,连接凸缘应有足够的宽度。连接表面应精刨,其表面粗糙度值 Ra 应小于 $1.6~\mu m$,密封要求高的表面要经过刮研。为了提高密封性,确保分箱面不漏油,可在箱座连接凸缘上面铣出回油沟,使渗入凸缘连接缝隙面上的油沿回油沟重新流入箱内,如图5-33所示。图5-31中的输油沟尺寸可

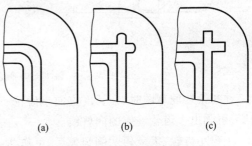

图5-32　输油沟的形状

供参考。此外,凸缘连接螺栓之间的距离不宜太大,一般中小型减速器不大于 $100\sim150~mm$,大型减速器可取 $150\sim200~mm$。尽量采用对称布置,以保证剖分面处的密封性,并注意不要与吊耳、吊钩和定位销等发生干涉。

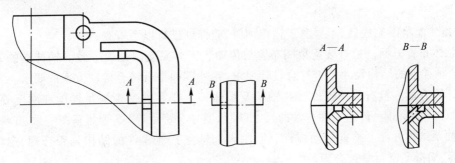

图5-33　回油沟的结构

4. 确定箱盖顶部外表面轮廓

　　对于铸造箱体,箱盖顶部外轮廓常以圆弧和直线组成。在大齿轮一侧,可以轴心为圆心,以 $R = r_{a_2} + \Delta_1 + \delta_1$ (单级)或 $R = r_{a_4} + \Delta_1 + \delta_1$ (双级)为半径画出圆弧作为箱盖顶部外表面的部分轮廓。在一般情况下,大齿轮轴承座旁螺栓凸台均在此圆弧之内。而在小齿轮一侧,用上述方法画

出的圆弧往往会使小齿轮轴承座旁螺栓凸台超出圆弧,一般最好使小齿轮轴承座螺栓凸台在圆弧以内(图 5-34a),这时应使圆弧半径 $R \geqslant R' + 10$ mm(R' 为小齿轮轴心到凸台处的距离),以 R 为半径画出小齿轮处箱盖的部分轮廓。当然,也有使小齿轮轴承座螺栓凸台在圆弧以外的结构(图 5-34b),这时 R 小于 R'。

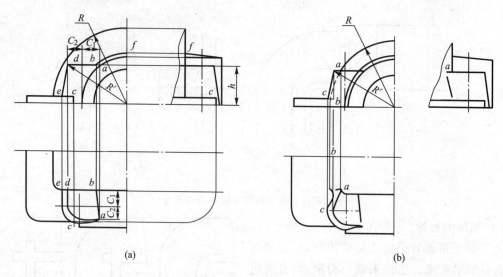

图 5-34 小齿轮一侧箱盖圆弧的确定和凸台三视图

在初绘装配草图时,在长度方向小齿轮一侧的内壁线还未确定,这时根据主视图上的内圆弧投影,可画出小齿轮一侧的内壁线。

画出小齿轮、大齿轮两侧圆弧后,可作两圆弧切线。这样,箱盖顶部轮廓便完全确定了。

二、减速器附件设计

减速器各附件的作用在前面已经作了介绍,设计时应选择和确定这些附件的结构,并将其设置在箱体的合适位置。具体结构和尺寸参见第四章第三节。

箱体及其附件的设计完成后,可画出如图 5-35 和图 5-36 所示单级、双级圆柱齿轮减速器的装配草图。

减速器装配草图完成后,不要急于描粗加深,应仔细进行以下检查:

(1)总体布置方面。检查装配草图布置与传动装置方案简图是否一致,轴伸端的方位是否符合要求,轴伸端的结构尺寸是否符合设计要求,箱外零件是否符合传动方案的要求。

(2)计算方面。检查传动零件、轴、轴承及箱体等主要零件是否满足强度和刚度等要求,计算结果(如齿轮中心距、传动零件与轴的尺寸、轴承型号与跨距等)是否与草图一致。

(3)轴系结构方面。检查传动零件、轴、轴承和轴上其他零件的结构是否合理,定位、固定、调整、装拆、润滑和密封是否合理。

(4)箱体和附件结构方面。箱体的结构和加工工艺性是否合理,附件的布置是否恰当,结构是否正确。

(5)绘图规范方面。视图选择是否恰当,投影是否正确,是否符合机械制图国家标准的规定。

通过检查,对装配草图认真进行修改,使之完善到能作装配工作底图的程度。

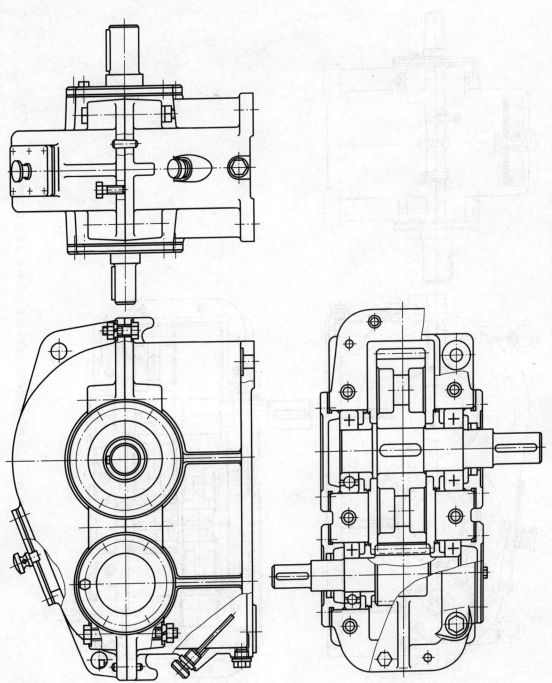

图 5 - 35 完成箱体和附件设计后单级圆柱齿轮减速器装配草图

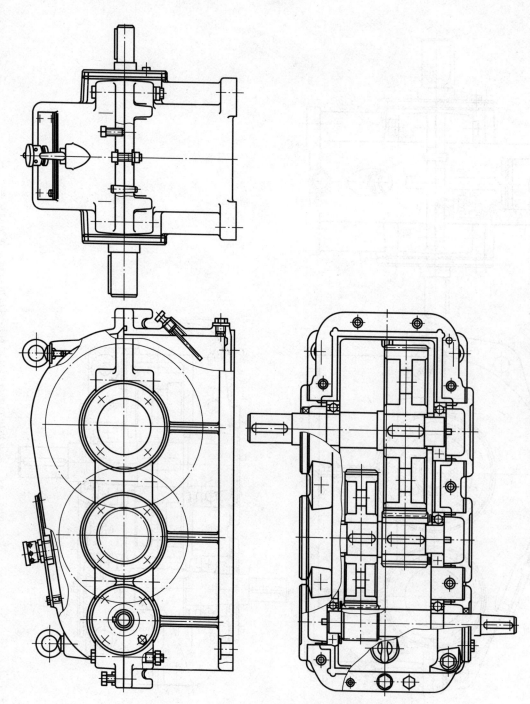

图 5－36　完成箱体和附件设计后双级圆柱齿轮减速器装配草图

第五节 完成减速器装配图(第四阶段)

本阶段的工作包括:完善装配图中各个视图;标注尺寸和配合;编写减速器的技术特性和技术要求;对零件进行编号、编制零件明细表和标题栏;检查装配工作图及加深视图等。

一、完善装配图视图关系

在已经绘制的装配草图的基础上,对表达减速器结构的各个视图应进行修改和完善,使视图完整、清晰并符合制图规范。装配图上应尽量避免用虚线表示零件结构,必须表达的内部结构或某些附件的结构,可采用局部视图或局部剖视图加以表示。装配特征应尽量集中表示在主要视图上,在其他视图上,主要表示减速器的结构特点和附件安装位置等。

画剖视图时,同一零件在各剖视图中的剖面线方向应一致,相邻的不同零件,其剖面线方向或间距应取不同,以示区别。对于厚度≤2 mm的零件,其剖面可以涂黑(不剖视不应涂黑)。

装配图上某些结构可以采用机械制图标准中规定的简化画法,如螺栓、螺母和滚动轴承等。对于相同类型、尺寸和规格的螺栓连接可以只画一个(画出的那个必须在所有的视图上完整表达),其余用中心线表示。

装配图绘制好后,先不要加深,待零件工作图设计完成后,修改装配图中某些不合理的结构或尺寸,然后再加深完成装配图设计。

二、标注尺寸

根据使用要求,在装配图中应标注以下几类尺寸:

(1)外形尺寸。表明减速器总长、总宽和总高的尺寸。以供包装运输和车间布置时参考。

(2)特性尺寸。表明减速器性能和规格的尺寸,如传动零件中心距及其偏差。

(3)安装尺寸。表明减速器安装在基础上或安装其他零、部件所需的尺寸。如减速器的中心高,轴外伸端配合轴段的长度和直径,地脚螺栓孔的中心距、直径和定位尺寸,箱座底面尺寸等。

(4)配合尺寸。表明减速器内各零件之间装配关系的尺寸。主要零件的配合处都应标出尺寸、配合性质和精度等级。如轴与传动零件、轴承、联轴器的配合尺寸,轴承与轴承座孔的配合尺寸等。配合与精度的选择对于减速器的工作性能、加工工艺及制造成本影响很大,应根据设计资料认真选定。减速器主要零件的荐用配合见表5-3,可供设计时参考。

表5-3 减速器主要零件的荐用配合

配合零件	荐用配合	适用特性	装拆方法
一般齿轮、蜗轮、带轮、联轴器与轴的配合	$\dfrac{H7}{r6}$	所受转矩及冲击、振动不大,大多数情况下不需要承受轴向载荷的附加装置	用压力机装配(零件不加热)
大、中型减速器内的低速级齿轮(蜗轮)与轴的配合,并附加键连接;轮缘与轮芯的配合	$\dfrac{H7}{s6}$、$\dfrac{H7}{r6}$	受重载、冲击载荷及大的轴向力,使用期间内需保持配合零件的相对位置	不论零件加热与否,都用压力机装配

配合零件	荐用配合	适用特性	装拆方法
要求对中良好的齿(蜗)轮传动,并附加键连接	$\dfrac{H7}{n6}$	受冲压、振动时能保证精确地对中;很少装拆相配的零件	用压力机或木槌装配
小锥齿轮与轴,或较常装拆的齿轮、联轴器与轴的配合,并附加键连接	$\dfrac{H7}{m6}$、$\dfrac{H7}{k6}$	较常拆卸相配的零件	
轴套、挡油环、溅油轮等与轴的配合	$\dfrac{D11}{k6}$、$\dfrac{F9}{k6}$、$\dfrac{F9}{m6}$、$\dfrac{F8}{h7}$	较常拆卸相配的零件,且工具难于达到	用木槌或徒手装配
滚动轴承内圈与轴的配合	轻载荷 js6、k6 正常载荷 k5、m5、m6	不常拆卸相配的零件	用压力机装配
滚动轴承外圈与箱体孔的配合	H7、J7、G7	较常拆卸相配的零件	
轴承套杯与箱体孔的配合	$\dfrac{H7}{h6}$、$\dfrac{H7}{js6}$	较常拆卸相配的零件	用木槌或徒手装配
轴承盖与箱体孔(或套杯孔)的配合	$\dfrac{H7}{h8}$、$\dfrac{H7}{f6}$	较常拆卸相配的零件	
嵌入式轴承盖与箱体孔槽的配合	$\dfrac{H11}{h11}$	配合较松	

标注尺寸时,应使尺寸线的布置整齐、清晰,尺寸应尽量标注在视图外面,并尽可能集中标注在反应主要结构关系的视图上。

三、注明减速器的技术特性

减速器的技术特性常写在减速器装配图上的适当位置(图5-1),可采用表格形式,其内容见表5-4。

表5-4 技术特性

输入功率 /kW	输入转速 /(r·min^{-1})	效率 η	总传动比 i	传动特性							
				高速级				低速级			
				m_n	z_2/z_1	β	精度等级	m_n	z_4/z_3	β	精度等级

四、编写技术要求

装配图上应写明在视图上无法表示的有关装配、调整、润滑、密封、检验和维护等方面的技术要求。一般减速器的技术要求,通常包括以下几个方面的内容。

1. 对零件的要求

装配前所有零件均应清除铁屑,并用煤油或汽油清洗干净。箱体内应清理干净,不许有任何杂物存在,箱体内壁应涂上防侵蚀的涂料。

2. 对润滑剂的要求

技术要求中应写明传动件及轴承所用润滑剂的牌号、用量、补充及更换时间等。选择传动零件的润滑剂时,应考虑传动特点,载荷性质、大小及运转速度。对于多级传动,应按高速级和低速级对润滑剂粘度要求的平均值来选择润滑剂。

传动件和轴承所用润滑剂的选择方法参见第十六章。换油时间取决于油中杂质的多少及被氧化、污染的程度,一般为半年左右。

3. 对滚动轴承轴向间隙及其调整的要求

对可调游隙的轴承(如角接触球轴承和圆锥滚子轴承),其轴向游隙值可查机械设计手册,并应在技术要求中注明。对不可调游隙的轴承(如深沟球轴承),在两端固定的轴承结构中,可在端盖与轴承外圈端面间留有适当的轴向间隙 Δ,以允许轴的热伸长,一般取 $\Delta = 0.25 \sim 0.4$ mm。跨度尺寸越大,该间隙取值应越大,反之应取较小值。

4. 对传动侧隙和接触斑点的要求

传动侧隙和接触斑点的要求是根据传动零件的精度等级确定的,查出后标注在技术要求中,供装配时检查用。对于多级传动,当各级传动的侧隙和接触斑点要求不同时,应分别在技术要求中注明。

检查传动侧隙的方法可用塞尺测量,或用铅丝放进传动零件啮合的间隙中,转动齿轮将铅丝压扁,然后测量铅丝变形后的厚度即为侧隙大小。

检查接触斑点的方法是在主动轮齿面上涂色,使其转动,观察从动轮齿面上的着色情况,由此分析接触区的位置及接触面积的大小是否符合精度要求。

当传动侧隙及接触斑点不符合要求时,可对齿面进行刮研、跑合或调整传动件的啮合位置等来解决。表 5 - 5 为圆柱齿轮、锥齿轮和蜗轮接触斑点部位及调整方法。

表 5 - 5　接触斑点部位及调整方法

接触部分	原因分析	调整、改进方法
	—	正常接触
	中心距偏大	对机体进行返修
	中心距偏小	对机体进行返修
	两齿轮轴线歪斜等	对机体进行返修等

续表

接触部分	原因分析	调整、改进方法
	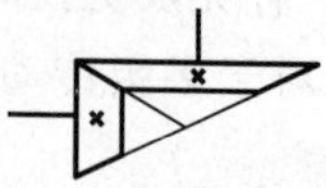 两齿轮锥顶正常接触	—
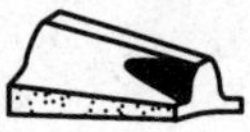 a轮	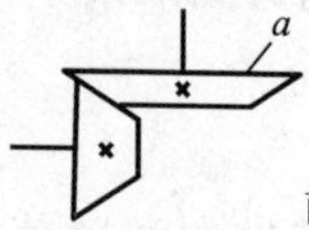 两齿轮锥顶不重合，a轮小端接触	调整大小齿轮位置使锥顶重合
 a轮	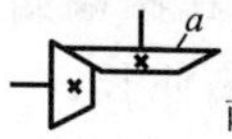 两齿轮锥顶不重合，a轮大端接触	同上
	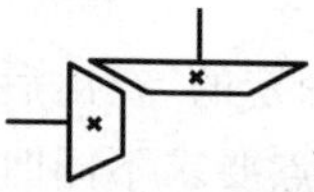 两齿轮过分分开，侧隙大	同上
	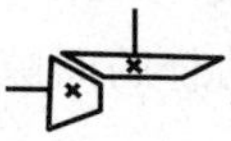 两齿轮过分靠近，侧隙小	同上
	正常蜗轮中心面与蜗杆中间平面重合（接触斑点偏向啮合出口端）	—
	蜗轮中间平面与蜗杆中心面不重合	调整蜗轮位置，使蜗轮中间平面与蜗杆中心面重合

5. 减速器的密封

减速器箱体的剖分面、各接触面及密封处均不允许出现漏油和渗油现象。剖分面上允许涂密封胶或水玻璃，不允许使用任何垫片或填料；轴伸处密封应涂上润滑脂。

6. 对试验的要求

减速器装配好后应做空载试验，在额定转速下，正反转各 1 小时，要求运转平稳、噪声小，连接固定处不得松动。然后做负载试验，在额定转速和额定功率下运转，油池温升不得超过 35℃，轴承温升不得超过 40℃。

7. 对外观、包装和运输的要求

箱体未加工面应涂漆,外伸轴及其他零件需涂油并包装严密。减速器在包装箱内应固定牢靠,运输和装卸时不可倒置。

在减速器装配图上写出的技术要求条目和内容可参考第十章减速器装配图示例。

五、零件编号

在装配图上应对所有零件进行编号,不能遗漏,也不能重复,图中完全相同的零件只能有一个编号。零件编号时可不区分标准件和非标准件而统一编号,也可以分别编号。

对零件编号时,可按顺时针或逆时针顺序依次排列引出指引线,各指引线不应相交,并尽量不与剖面线平行。对装配关系清楚的零件组(如螺栓、螺母及垫圈)可用一条公共的指引线分别编号,如图 5 - 37 所示。对各独立的部件(如滚动轴承、通气器或油标等)可作为一个零件编号。编号的数字高度应比图中所标注尺寸数字的高度大一号。

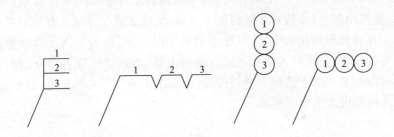

图 5 - 37 公共指引线

六、编写零件明细表和标题栏

减速器装配图的所有零件均应列入明细表中。对于每个编号的零件,在明细表上都要按序号列出其名称、数量、材料及规格,对于标准件,还应注明其标准代号。对齿轮应注明模数 m、齿数 z 和螺旋角 β 等主要参数。

标题栏应布置在图纸的右下角,用来注明减速器的名称、比例、图号、数量、重量和设计者姓名等。

课程设计所用的明细表和标题栏可按机械制图课程中推荐的使用。

完成以上工作后即可得到完整的装配工作图。图 10 - 1 和图 10 - 5 分别为单级和双级圆柱齿轮减速器装配图示例。

七、检查装配图

完成装配图后,应再仔细地进行一次检查,其主要内容包括:

(1)视图的数量是否足够,减速器的工作原理、结构和装配关系是否表达清楚。

(2)各零件的结构是否合理,加工、装拆和调整是否可能,维修和润滑是否方便。

(3)尺寸标注是否正确和完整,配合与精度的选择是否恰当,重要零件的位置及尺寸是否符合设计计算要求,是否与零件图一致,相关零件的尺寸是否协调。

(4)技术要求和技术特性是否正确和完善,有无遗漏。

(5)零件编号是否齐全,有无遗漏或重复。

(6)明细表所列项目是否正确,标题栏格式及内容是否符合要求。

图纸经检查及修改后,待画完零件工作图再加深描粗,应注意保持图面整洁。

八、计算机绘制装配图

随着计算机技术的普及和发展，计算机辅助绘图已经被引入到机械设计基础课程设计中。目前，常用的计算机绘图方法包括二维交互式绘图、由三维装配模型生成二维装配图等。其中，二维交互式绘图是目前普遍应用的一种方法。

使用计算机绘图需要注意以下几个问题：

（1）前述装配草图的设计是必不可少的，它可以弥补计算机直接绘图时，由于计算机屏幕显示较小而造成的不能兼顾全局的缺陷，同时也是对学生徒手绘制结构图能力的必要训练环节。经验算轴系主要零件的工作能力并满足设计要求后，可以将装配草图移入二维计算机绘图系统。

（2）应对图形进行有效管理。通常对图素赋予一些特征参数，如图层、颜色和线宽等，这样有利于图形的修改和输出。

（3）正确使用图形软件所具有的编辑功能，可使设计工作事半功倍地完成。如有些结构和标准件在图中反复使用时，可以将这些结构定义为块，既便于成组复制又有利于减少文件的存储空间。又如，对于具有对称结构的图形，可先绘制其中的一半，然后采用镜像功能进行操作。另外，由于计算机屏幕较小，使设计人员缺乏对全局的考察，所以为保证各部分结构在各视图中正确的投影关系，可以在某一层中绘制一些结构线，表示图中的一些特征位置，如中心线、齿轮端面和箱体边界等，待图形完成后将其删除。

思　考　题

5-1　减速器装配图设计之前应确定哪些参数和结构？

5-2　减速器装配图设计时，箱内传动零件距离箱体内壁为何要留有一定距离？如何确定？

5-3　设计装配图时，轴的各段直径和长度如何确定？确定轴的外伸段长度时要考虑哪些问题？

5-4　轴承在箱体轴承座中的位置如何确定？

5-5　如何确定箱体剖分面连接凸缘的宽度和轴承座宽度？

5-6　齿轮有哪些结构形式？锻造齿轮和铸造齿轮在结构上有什么区别？

5-7　当利用箱体油池中的油润滑轴承时，润滑油可以通过哪些方式进入轴承？

5-8　减速器传动零件的润滑有哪些方式？采用浸油润滑时，传动零件的浸油深度如何确定？

5-9　轴的支承结构基本型式有哪些？两端固定支承结构和一端固定、一端游动支承结构各有何特点？

5-10　如何确定减速器箱座的高度？它与保证良好的润滑及散热有何关系？

5-11　在设计箱体结构时，可采用哪些措施来提高箱体刚度？

5-12　减速器装配图上应标注哪些尺寸？需要写出的技术要求通常有哪些？

第六章 锥齿轮及蜗杆减速器装配图设计

第一节 锥齿轮减速器装配图设计的特点

锥齿轮减速器装配图设计的内容和步骤,与圆柱齿轮减速器大致相同。与圆柱齿轮减速器相比,锥齿轮减速器设计的特性内容,主要是小锥齿轮轴系部件设计;其次还有传动零件与箱壁位置的确定以及大锥齿轮的结构设计等。因此,在设计圆锥-圆柱齿轮减速器时,涉及的共性问题应仔细参阅圆柱齿轮减速器设计的有关内容。

在结构视图表达方面,圆锥-圆柱齿轮减速器要以最能反映轴系部件特征的俯视图为主,兼顾其他视图。锥齿轮减速器有关箱体结构尺寸见表 4-1。

减速器结构设计与减速器的润滑方式有关。开始画装配图前,应按第四章第四节减速器润滑所述内容,先确定出传动零件及轴承的润滑方式。

下面以常见的圆锥-圆柱齿轮减速器装配图设计为例,着重介绍这类减速器设计的特性内容。

一、确定齿轮、箱体内壁和轴承座外端面位置

1. 确定传动零件中心线位置

根据计算所得锥距和中心距数值,估计所设计减速器的长、宽、高外形尺寸(表 5-1),并考虑标题栏、明细表、技术特性、技术要求以及编号、尺寸标注等所占幅面,确定出 3 个视图的位置,画出各视图中传动零件的中心线,其中交点 O_1 为两分度圆锥顶点的重合点。

2. 按大锥齿轮确定箱体两侧内壁位置

按所确定的中心线位置,首先画出锥齿轮的轮廓尺寸,如图 6-1 所示。估取大锥齿轮轮毂长度为 $B_2 = (1.1 \sim 1.2)b$,b 为锥齿轮齿宽。当轴径 d 确定后,必要时再对 B_2 值作调整。然后按表 5-2 推荐的 Δ_2 值,画出大锥齿轮一侧箱体的内壁线。

当大锥齿轮一侧的箱体内壁确定后,在俯视图中以小锥齿轮中心线作为箱体宽度方向的中线,便可确定箱体另一侧内壁的位置。箱体采用对称结构,可以使中间轴及低速轴调头安装,以便根据工作需要改变输出轴的位置。

3. 按箱体内壁确定圆柱齿轮位置

根据小圆柱齿轮端面到箱体内壁的距离 Δ_2,并使小圆柱齿轮宽度大于大圆柱齿轮宽度 5~10 mm,在俯视图中画出圆柱齿轮轮廓,如图 6-1 所示。一般情况下,大圆柱齿轮端面与大锥齿轮之间应保持一定的距离 Δ_4,若间距太小,可适当加宽箱体。同时注意大锥齿轮与低速轴之间应保持一定距离 Δ_5。Δ_4、Δ_5 的取值见表 5-2。

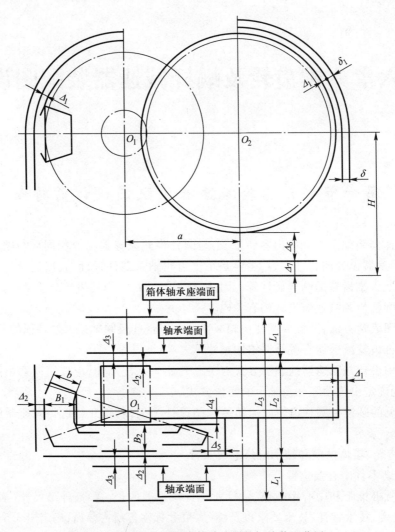

图 6-1　圆锥-圆柱齿轮减速器的初绘装配草图

4. 按小锥齿轮确定输入端箱体内壁位置

根据小锥齿轮背锥面距箱体内壁的距离 Δ_2，画出箱体内壁的位置。小锥齿轮轴承座外端面位置暂不考虑，待设计小锥齿轮轴系部件结构时再确定。

5. 确定其余箱壁位置

根据大圆柱齿轮顶圆距箱体内壁的距离 Δ_1，画出大圆柱齿轮一端箱盖及箱座的箱壁位置。箱体轴承座外端面位置及轴承内端面位置，可参照表 4-1 和表 5-2 确定。

二、进行轴的结构设计，确定轴上力作用点和支承点

1. 轴的结构设计

圆锥-圆柱齿轮减速器轴的结构设计与圆柱齿轮减速器基本相同，所不同的主要是小锥齿轮轴的轴向尺寸设计中支点跨距的确定。

因受空间限制，小锥齿轮一般多采用悬臂结构，如图 6-2 所示。为了使悬臂轴系有较大的刚度，轴承支点距离不宜过小，一般取轴承支点跨距 $L_{B1} \approx 2L_{C1}$ 或 $L_{B1} \approx 2.5d$，d 为轴承处轴径。为使轴系部件轴向尺寸紧凑,设计时应尽量减小悬臂长度 L_{C1} 。

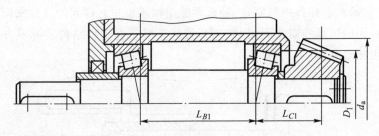

图 6-2　小锥齿轮的悬臂长度和支承跨距

2. 滚动轴承类型选择

滚动轴承类型选择与圆柱齿轮减速器基本相同,但锥齿轮轴向力较大,载荷大时多采用圆锥滚子轴承。

3. 确定轴上力作用点及校核轴、键和轴承

力作用点和支承点的确定如图 6-3 所示,轴、键及轴承的校核计算与圆柱齿轮减速器相同。

完成轴系结构设计后,圆锥-圆柱齿轮减速器装配草图如图 6-3 所示。

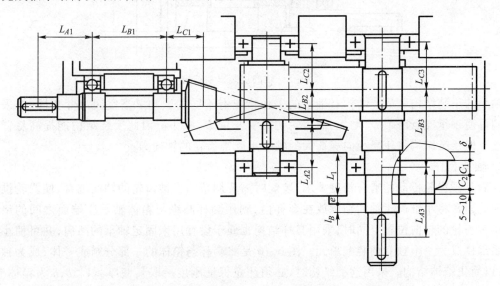

图 6-3　完成轴系结构设计后圆锥-圆柱齿轮减速器装配草图

三、小锥齿轮轴系部件设计

圆锥-圆柱齿轮减速器各轴系结构设计方法与圆柱齿轮减速器基本相同。这里仅就小锥齿轮轴系设计的一些问题介绍如下。

1. 轴的支承结构

小锥齿轮轴较短,常采用两端固定式支承结构。对于圆锥滚子轴承或角接触球轴承,轴承有两种不同的布置方案。

图 6-2、图 6-4 所示为两轴承外圈窄面相对安装,常称为正装。图 6-2 为齿轮与轴分开时的结构,当小锥齿轮顶圆直径大于套杯凸肩孔径时,采用齿轮与轴分开的结构装拆方便。

图6-4为齿轮与轴制成齿轮轴时的结构,适用于小锥齿轮顶圆直径小于套杯凸肩孔径的场合。这两种结构便于轴承在套杯外进行安装,轴承游隙用轴承盖与套杯间的垫片来调整。

图6-5所示为两轴承外圈宽面相对安装,常称为反装。这种结构装拆不方便;轴承游隙靠圆螺母来调整,也比较麻烦。

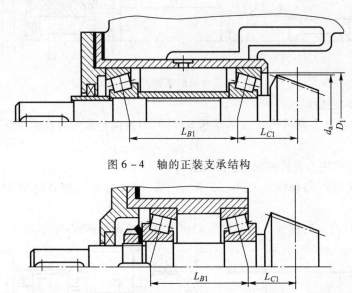

图6-4　轴的正装支承结构

图6-5　轴的反装支承结构

轴承的正装结构和反装结构对轴系的工作情况有不同的影响。当空间尺寸相同时,采用反装结构可使轴承支点跨距 L_{B1} 增大,而齿轮的悬臂长度 L_{C1} 减小。因此反装结构能提高悬臂轴系的刚性。但反装结构将使受径向载荷大的轴承承受锥齿轮的轴向力。

2. 轴承套杯

为满足锥齿轮传动的啮合精度要求,装配时需要调整两个锥齿轮的轴向位置,使两轮锥顶重合。因此通常将小锥齿轮轴和轴承放在套杯内,利用套杯凸缘与箱体轴承座端面之间的垫片来调整小锥齿轮的轴向位置。同时,采用套杯结构也便于设置用来固定轴承的凸肩,并可使小锥齿轮轴系部件成为一个独立的装配单元。图6-6是将套杯与箱体的一部分制成一体,成为独立部件,可以简化箱体结构。采用这种结构时,必须注意保证刚度。取其壁厚≥1.5δ,δ为箱体壁厚,同时增设加强肋。

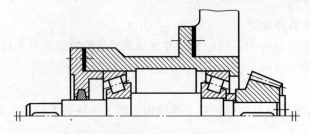

图6-6　轴承套杯与箱体的一部分制成一体

套杯常用铸铁制造,其结构尺寸可参考表4-16确定。

3. 轴承的润滑

小锥齿轮轴的轴承采用脂润滑时,应设置封油盘。采用油润滑时,要在箱座剖分面上制出导油沟,并将套杯适当部位的直径车小和设置数个进油孔,以便将油导入套杯内润滑轴承,如图6-4所示。

完成轴承组合设计后,圆锥-圆柱齿轮减速器装配草图如图6-7所示。

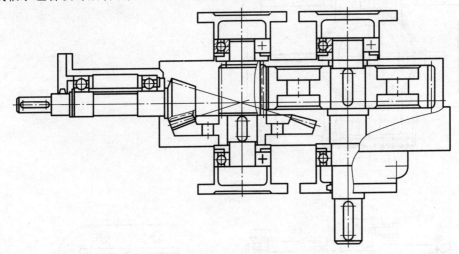

图6-7　完成轴承组合设计后圆锥-圆柱齿轮减速器装配草图

四、锥齿轮结构设计

小锥齿轮直径较小,一般可用锻造毛坯或轧制圆钢毛坯制成。当小锥齿轮齿根圆到键槽底面的距离 $x \leq 1.6m$ (m 为大端模数)时,应将齿轮和轴制成一体,称为齿轮轴,如图6-8a所示。当 $x > 1.6m$、$d_a \leq 200$ mm 时,齿轮与轴应分开制造,制成实心结构的齿轮,如图6-8b所示。当 $d_a = 200 \sim 500$ mm 时,为减轻质量而采用腹板式结构,腹板上加工孔是为了便于吊运。自由锻毛坯齿轮适用于单件和小批生产;模锻毛坯齿轮适用于具备模锻设备,并进行成批、大量生产的场合。具体结构和尺寸参见第三章第四节。

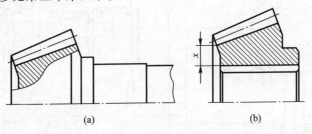

(a)　　　　　　　　(b)

图6-8　小锥齿轮结构

五、箱座高度的确定

箱座高度可按与圆柱齿轮减速器相似的方法确定。在确定油面高度时,对于单级锥齿轮减速器按大锥齿轮的浸油深度(表4-17);对于圆锥-圆柱齿轮减速器,则要综合考虑大锥齿轮和低速级大圆柱齿轮两者的浸油深度。可按大锥齿轮必要的浸油深度确定油面位置,然后检查是否符合低速级大圆柱齿轮的浸油深度要求。

圆锥-圆柱齿轮减速器箱体及附件的结构设计与圆柱齿轮减速器基本相同。图6-9所示

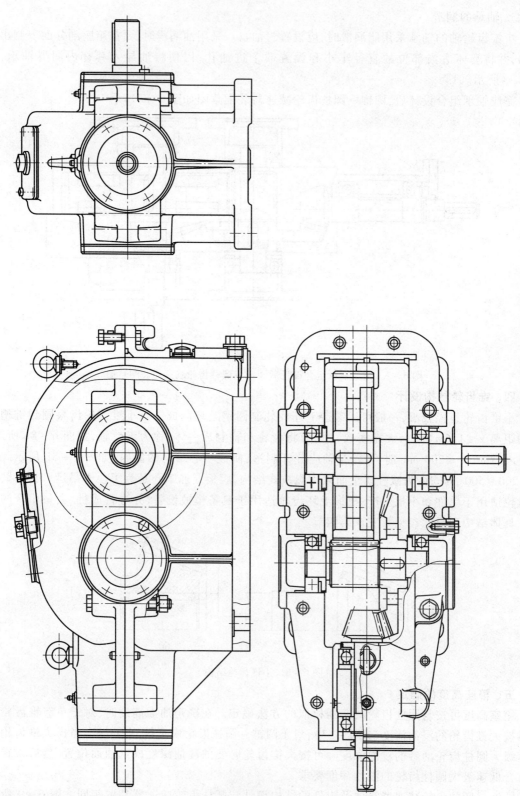

图 6 - 9 完成箱体和附件设计后圆锥 - 圆柱齿轮减速器装配草图

为完成箱体和附件设计后的圆锥－圆柱齿轮减速器装配草图。

第二节　蜗杆减速器装配图设计的特点

蜗杆减速器装配图的设计与圆柱齿轮减速器基本相同。与圆柱齿轮减速器相比,蜗杆减速器设计的特性内容主要是蜗杆轴系部件、箱体某些结构以及蜗轮结构等。因此,在设计蜗杆减速器时,涉及的共性问题须仔细参阅圆柱齿轮减速器设计的有关内容。

在结构视图表达方面,齿轮减速器以俯视图为主,而蜗杆减速器则以最能反映轴系部件及减速器箱体结构特征的主、左视图为主。蜗杆减速器有关箱体结构尺寸见表4-1。

减速器的结构与减速器的润滑方式有关。在开始画装配图之前,应按第四章第四节减速器润滑所述内容,先确定蜗杆传动副及轴承的润滑方式。

下面以常见的下置式蜗杆减速器为例,着重介绍圆柱蜗杆减速器装配图设计的特性内容。

一、按蜗轮外圆确定箱体内壁和蜗杆轴承座位置

1. 确定传动零件中心线位置

根据计算所得中心距数值,估计所设计减速器的长、宽、高外形尺寸(表5-1),并考虑标题栏、明细表、技术特性、技术要求以及零件编号、尺寸标注等所占幅面,确定3个视图的位置,画出各视图中传动零件的中心线。

2. 按蜗轮外圆确定蜗杆轴承座位置

按所确定的中心线位置,首先画出蜗轮和蜗杆的轮廓尺寸,如图6-10所示。再由表4-1和表5-2推荐的δ和Δ_1值,在主视图上根据蜗轮外圆尺寸确定两侧内壁及外壁的位置。

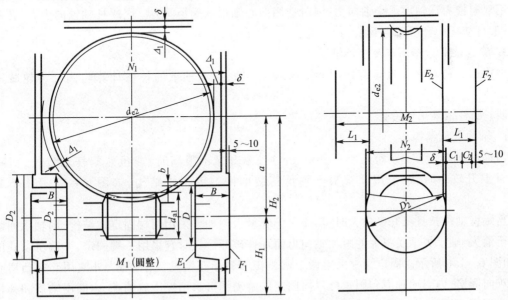

图6-10　蜗杆减速器的初绘装配草图

取蜗杆轴承座外端面凸台高5~10 mm,确定蜗杆轴承座外端面F_1的位置。M_1为蜗杆轴承座两外端面间距离。为了提高蜗杆轴的刚度,其支承距离应尽量减小,为此蜗杆轴承座需伸到箱

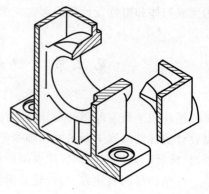

体内。内伸部分长度与蜗轮外径及蜗杆轴承外径或套杯外径有关,内伸轴承座的外径一般与轴承盖外径 D_2 相同。为使轴承座尽量内伸,可将圆柱形轴承座上部靠近蜗轮部分铸出一个斜面(图 6 – 10 和图 6 – 11),使其与蜗轮外圆间的距离为 Δ_1,再取 $b = 0.2(D_2 - D)$,从而确定轴承座内端面 E_1 的位置。

二、按蜗杆轴承座尺寸确定箱体宽度及蜗轮轴承座位置

通常取箱体宽度等于蜗杆轴承盖外径(等于蜗杆轴承座外径),即 $N_2 = D_2$,如图 6 – 10 左视图所示。由箱体外表面宽度可确定内壁 E_2 的位置,即蜗轮轴承座内端面位置。

图 6 – 11　蜗杆轴承座

按表 5 – 2 取蜗轮轴承座宽度 L_1,可确定蜗轮轴承座外端面位置 F_2。上箱壁的位置可按 Δ_1 确定。

三、进行轴的结构设计,确定轴上力的作用点和支承点

1. 轴的结构设计

蜗杆减速器轴的结构设计与圆柱齿轮减速器基本相同。

2. 滚动轴承类型选择

蜗轮轴轴承类型选择的考虑与圆柱齿轮减速器相同,这里只介绍蜗杆轴承类型的选择。蜗杆轴承支点与齿轮轴承支点受力情况不同。蜗杆轴承承受的轴向力较大,因此不宜选用深沟球轴承承受蜗杆的轴向力,一般可选用能承受较大轴向力的角接触球轴承或圆锥滚子轴承,其中角接触球轴承较相同直径系列的圆锥滚子轴承的极限转速高。当轴向力很大而且转速又不高时,可选用双向推力球轴承承受轴向力,同时选用向心轴承承受径向力。因蜗杆轴轴向力大、转速较高,一般可初选中窄(03)系列。

3. 确定轴上力作用点及校核轴、键和轴承

力作用点和支承点的确定如图 6 – 12 所示,轴、键和轴承的校核计算与圆柱齿轮减速器相同。

四、蜗杆轴系部件设计

1. 轴的支承结构

当蜗杆轴较短(支点跨距小于 300 mm)且温升又不很高时,或虽然蜗杆轴较长,但间歇工作且温升较小时,常采用圆锥滚子轴承正装的两端固定式结构,如图 6 – 12 及图 6 – 13 所示。

当蜗杆轴较长且温升又较大时,热膨胀伸长量大。如果采用两端固定式结构,则轴承间隙减小甚至消失,轴承将承受很大的附加轴向力而加速破坏。这时宜采用一端固定、一端游动式的结构,如图 6 – 14a 所示。固定端常采用两个圆锥滚子轴承正装的支承形式,外圈用套杯凸肩和轴承盖双向固定,内圈用轴肩和圆螺母双向固定。游动端可采用深沟球轴承,内圈用轴肩和弹性挡圈双向固定,外圈在座孔中轴向游动;或者采用圆柱滚子轴承(图 6 – 14b),内外圈双向固定,滚子在外圈内表面作轴向游动。

当用圆螺母固定正装的圆锥滚子轴承时(图 6 – 15),在圆螺母与轴承内圈之间,必须加一

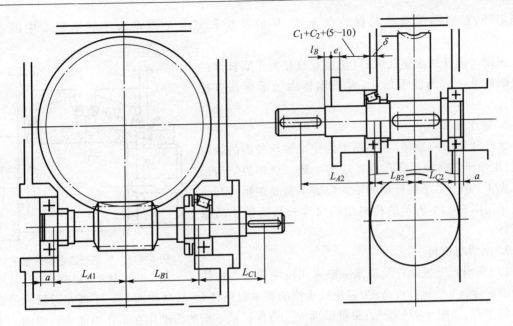

图 6-12　完成轴系设计后蜗杆减速器的装配草图

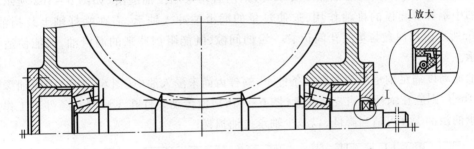

图 6-13　两端固定式蜗杆轴系结构

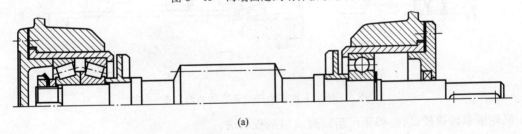

(a)

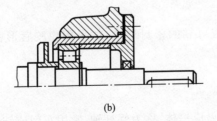

(b)

图 6-14　一端固定、一端游动式蜗杆轴系结构

个隔离环,否则圆螺母将与保持架干涉,环的外径和宽度见圆锥滚子轴承标准中的安装尺寸。

在设计蜗杆轴承座孔时,应使座孔直径大于蜗杆外径以便蜗杆装入。为便于加工,常使箱体两轴承座孔直径相同。

2. 轴承套杯

蜗杆轴系中的套杯,主要用于固定端轴承外圈的轴向固定,也便于使两轴承座孔直径取得一致。套杯的结构尺寸见表 4 – 16。由于蜗杆轴的轴向位置不需要调整,因此,可以采用图 6 – 14 所示的径向结构尺寸较紧凑的小凸缘式套杯。

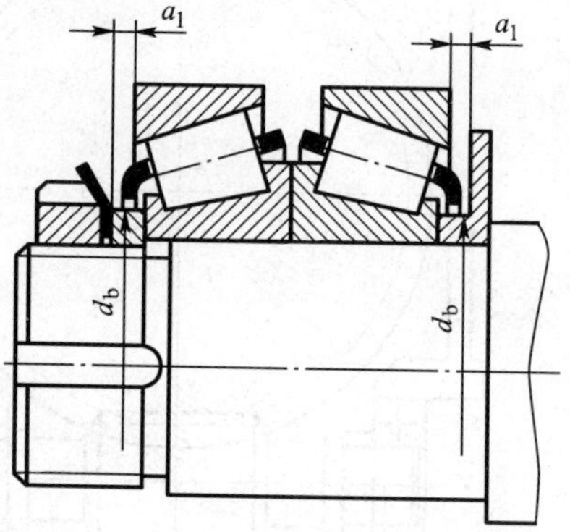

3. 润滑与密封

(1)润滑。下置蜗杆及轴承一般采用浸油润滑。蜗杆的浸油深度 ≥1 个蜗杆齿高;为避免轴承搅油功率损耗过大,最高油面 h_{0max} 不能超过轴承最低滚动体的中心,如图 6 – 16 所示;最低油面 h_{0min} 应保证最下面的滚动体在工作中能少许浸油。当油面高度同时满足轴承和蜗杆浸油深度要求时,则两者均采用浸油润滑,如图 6 – 16a 所示。为防止浸入油中蜗杆螺旋齿的排油作用,迫使过量的润滑油冲入轴承,需在蜗杆轴上装挡油盘,如图 6 – 16a 所示。挡油盘与箱座孔间留有一定的间隙,既能阻挡冲来的润滑油,又能使适量的油进入轴承。

图 6 – 15   圆螺母固定圆锥滚子
轴承的结构

在油面高度满足轴承浸油深度的条件下,蜗杆齿尚未浸入油中(图 6 – 16b)或浸油深度不足(图 6 – 16c),则应在蜗杆两侧装溅油盘(图 6 – 16b),使传动零件在飞溅润滑条件下工作。这时滚动轴承的浸油深度可适当降低,以减少轴承搅油损耗。

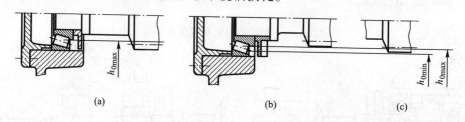

(a)   (b)   (c)

图 6 – 16   下置式蜗杆减速器的油面高度

蜗轮轴承转速较低,一般采用脂润滑或用刮板润滑。

上置式蜗杆靠蜗轮浸油润滑(浸油深度见表 4 – 17),其轴承则采用脂润滑,或采用刮板润滑(表 4 – 18)。

(2)密封。下置蜗杆应采用较可靠的密封形式,如采用橡胶唇形密封圈密封。蜗轮轴轴承的密封与圆柱齿轮减速器相同。

五、蜗杆和蜗轮的结构

1. 蜗杆的结构

多数蜗杆因直径不大,常与轴做成一体,称为蜗杆轴,常用车削或铣削加工。铣制蜗杆无退刀槽,且轴的直径 d 可大于蜗杆齿根直径 d_{f1};车制蜗杆有退刀槽,且要求 $d_{f1} - d \geq 2 \sim 4$ mm,以便车制蜗杆齿时退刀。具体结构尺寸见第三章第四节。

2. 蜗轮的结构

蜗轮结构分整体式和装配式两种。为节约有色金属,除铸铁蜗轮或直径 < 100 mm 的青铜蜗轮外,大多数蜗轮采用装配式结构,其轮缘用青铜等材料制造,轮芯用铸铁制造。具体结构尺寸见第三章第四节。

图 6 - 17 所示为完成轴承组合设计后蜗杆减速器装配草图。

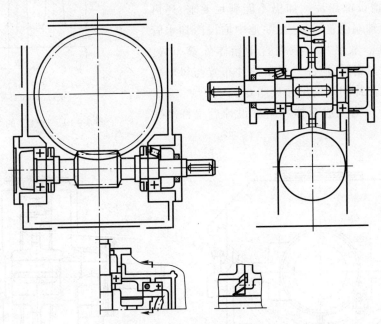

图 6 - 17　完成轴承组合设计后蜗杆减速器装配草图

六、箱体高度

蜗杆减速器工作时发热量较大,为了保证散热,对于下置式蜗杆减速器,常取蜗轮轴中心高 $H_2 \approx (1.8 \sim 2)a$,$a$ 为蜗杆传动中心距。此时蜗杆轴中心高 H_1 还需满足传动件润滑要求,中心高 H_1、H_2 均需要圆整。

七、整体式箱体

剖分式蜗杆减速器箱体结构设计,除前面所述蜗杆、蜗轮轴承座确定方法之外,其他结构与齿轮减速器设计相似;其附件结构设计也与圆柱齿轮减速器相似。

整体式箱体结构简单,重量轻,外形也较整齐,但轴系的装拆及调整不如剖分式箱体方便,常用于小型蜗杆减速器。整体式箱体一般在其两侧设置两个大端盖孔(图 6 - 18),该孔径要稍大于蜗轮外圆的直径,以便于蜗轮轴系的装入。为保证传动啮合的质量,大端盖与箱体间的配合采用 H7/js6 或 H7/g6。为保证蜗轮轴承座的刚度,大端盖内侧可设加强肋。

设计时应使箱体顶部内壁与蜗轮外圆之间留有适当的间

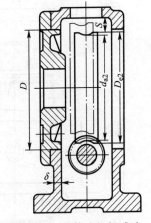

图 6 - 18　整体式蜗杆减速器箱体结构

距 $S\left(S>2m+\dfrac{D_{e2}-d_{a2}}{2},m\ \text{为模数}\right)$，以使蜗轮能跨过蜗杆进行装拆。

八、蜗杆减速器的散热

当箱体长、宽、高尺寸确定后，对于连续工作的蜗杆减速器，应进行热平衡计算。如散热能力不足，需采取增强散热的措施。通常可适当增大箱体尺寸(增加中心高)和在箱体上增设散热片。如仍不能满足要求，还可考虑采取在蜗杆轴端设置风扇、在油池中增设冷却水管等强迫冷却措施。散热片一般垂直于箱体外壁布置。当蜗杆轴端安装风扇时，应注意使散热片布置与风扇气流方向一致。散热片的结构尺寸见图 6 – 19。

图 6 – 20 所示为完成箱体和附件设计后蜗杆减速器的装配草图。

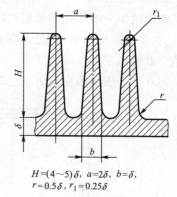

$H=(4\sim5)\delta,\ a=2\delta,\ b=\delta,$
$r=0.5\delta,\ r_1=0.25\delta$

图 6 – 19　散热片的结构尺寸

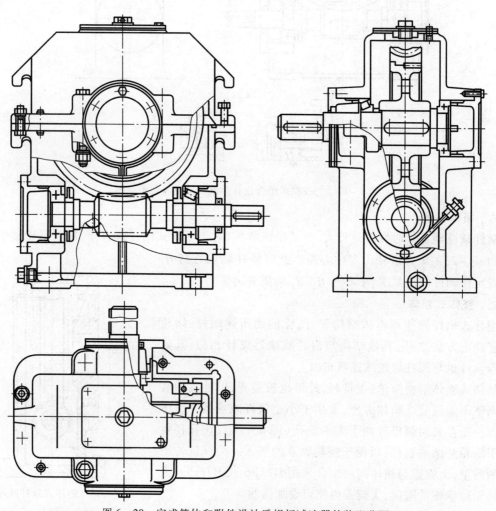

图 6 – 20　完成箱体和附件设计后蜗杆减速器的装配草图

思 考 题

6 – 1 小锥齿轮轴的支承跨距如何确定？轴承套杯起什么作用？

6 – 2 小锥齿轮轴采用圆锥滚子轴承或角接触球轴承支承时，轴承正装和反装结构有何区别？

6 – 3 如何调节小锥齿轮轴系的位置和轴承游隙？

6 – 4 蜗杆减速器装配图设计时，如何确定蜗杆轴的轴承座位置和蜗轮轴的轴承座位置？

6 – 5 下置式蜗杆减速器传动零件和轴承如何进行润滑？

6 – 6 整体式蜗杆减速器箱体有何特点？设计时应注意哪些问题？

6 – 7 蜗杆减速器箱体需要加设散热片时，如何合理布置散热片？

第七章 减速器零件工作图设计

零件工作图是零件制造、检验和制定工艺规程的基本技术文件,它既要反映出设计意图,又要考虑制造的可能性和合理性。正确设计零件图,可以起到减少废品、降低生产成本、提高生产效率和机械使用性能的作用。因此,一张完整的零件图应包括制造和检验零件所需要的全部内容,如零件的结构图形、尺寸及其偏差、形位公差和表面粗糙度,对材料和热处理的说明及其他技术要求等。零件图表达的结构和尺寸应与装配图一致,如必须更改,应对装配图作相应修改。

对零件工作图的具体要求是:

(1)零件图应单独绘制在一个标准图幅中,视图布局合理,并尽量采用1:1的比例。选择恰当的视图把零件各部分结构形状及尺寸表达清楚,对细小结构可用局部放大视图表示。

(2)尺寸标注及尺寸偏差标注应符合相关标准的规定,不要重复或漏标尺寸。标注尺寸应选好基准面,大部分尺寸应集中标注在最能反映零件特征的视图上。对所有倒角和圆角都应标注或在技术要求中说明。

(3)零件工作图上要标注必要的形位公差,其具体数值及标注方法见国标规定。

(4)零件的所有表面都要标注表面粗糙度,如果许多表面具有相同的粗糙度参数值要求,则可集中标注在图样的右下角并加"√"符号。粗糙度的选择可参看有关手册,在不影响正常工作的条件下,尽量选择较低的等级,以利于加工和降低加工费用,标注方法见国标规定。

(5)在零件图上提出必要的技术要求,如热处理方法及硬度等。

(6)对于齿轮、蜗轮和蜗杆等传动零件,还应列出其主要几何参数、精度等级和检验项目及其偏差等。

(7)在图样右下角应画出标题栏,并填写清楚。标题栏的格式与尺寸参见图7-1。

下面分别介绍轴类、齿轮类和减速器箱体等零件工作图的设计内容。

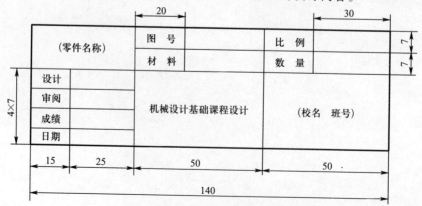

图 7 - 1 零件图的标题栏

第一节　轴类零件工作图

一、视图的安排

轴类零件工作图一般只需画出一个主视图,视图按轴线水平位置布置,在键槽和孔处加画辅助的剖面图。对于轴上不易表达清楚的结构,如螺纹退刀槽、砂轮越程槽和中心孔等,必要时画出局部放大图。

二、尺寸的标注

轴类零件的几何尺寸主要有:各轴段的径向尺寸和轴向尺寸,键槽尺寸和位置,其他细部结构尺寸(如退刀槽、砂轮越程槽、倒角和圆角)等。

标注径向尺寸时,可直接标注在相应各段的直径处,必要时可标注在引出线上。凡有配合要求处的轴径,都应标出尺寸及偏差值。偏差值按装配图中选定的配合性质从公差配合表中查取。同一尺寸的各段直径应分别标出,不得省略。

标注轴向尺寸时,应根据设计及工艺要求选好尺寸基准,采用合理的标注形式,尽可能使标注的尺寸反映加工工艺及测量要求,不允许出现封闭的尺寸链;轴向尺寸精度要求较高的轴段应直接标注,取加工误差不影响装配要求的轴段作为封闭环,其长度尺寸不标注。在普通减速器设计中,轴的轴向尺寸按自由公差处理,一般不必标注尺寸公差。

键槽除了要标注长度尺寸以外,还要标注轴向位置尺寸。键槽的剖面尺寸及公差按国标《平键和键槽的剖面尺寸及公差》的规定标注。对所有倒角、圆角和车槽等,都应标注或在技术要求中说明。

图 7-2 为一轴零件图的尺寸标注示例,其主要加工过程如表 7-1 所列。基准面①是齿轮与轴的定位面,为主要基准面,轴段长度 59、108、10 都以基准面①作为基准标注。$\phi 45$ 轴段长度 59 与保证齿轮轴向定位的可靠性有关,$\phi 50$ 轴段的长度 10 与控制轴承安装位置有关;基准面②作为辅助基准面,$\phi 30$ 轴段长度 69 为联轴器安装要求所确定;$\phi 35$ 轴段长度的加工误差不影响装配精度,因而取为封闭环,加工误差可积累在该轴段上,以保证主要尺寸的加工精度。

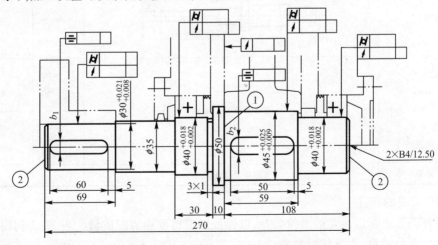

图 7-2　轴零件图的尺寸标注示例

表 7 – 1　轴零件的主要工序示例

序号	工序名称	工序草图	加工尺寸	
			轴向	径向
1	下料、车外圆、端面、打中心孔	2×B4/12.5→ ←2×B4/12.5 $\phi50$ 270	270	$\phi50$
2	中心孔定位卡住一头，车 $\phi45$	$\phi45$ 108	108	$\phi45$
3	车 $\phi40$	$\phi40$ 59	59	$\phi40$
4	调头，车 $\phi40$	$\phi40$ 10	10	$\phi40$
5	车 $\phi35$	$\phi35$ 30	30	$\phi35$
6	车 $\phi30$	$\phi30$ 69	69	$\phi30$
7	铣键槽 b_1、b_2	按零件图尺寸要求	$L_{b1}=60$ $L_{b2}=50$	$h_1=4.0$ $h_2=5.5$
8	磨 $\phi40$ 两处		$\geqslant 28$	$\phi40$
9	修整	按图样及技术要求	—	—

三、形位公差的标注

　　轴类零件图上应标出必要的形位公差，以保证加工精度和装配质量。表 7 – 2 列出了在轴上应标注的形位公差项目，供设计时参考。

表7-2　轴的形位公差推荐项目

公差类别	标注项目		符号	精度等级	对工作性能的影响
形状公差	与传动零件相配合的圆柱表面	圆柱度	⌭	7~8	影响传动零件及滚动轴承与轴配合的松紧,对中性及几何回转精度
	与滚动轴承相配合的轴颈表面			6	
位置公差	与传动零件相配合的圆柱表面	径向圆跳动	⌒	6~8	影响传动零件及滚动轴承的回转同心度
	与滚动轴承相配合的轴颈表面			5~6	
	滚动轴承的定位端面	垂直度或端面圆跳动	⊥或⌒	6	影响传动零件及轴承的定位及受载均匀性
	齿轮和联轴器等零件的定位端面			6~8	
	平键键槽两侧面	对称度	⟰	7~9	影响键的受载均匀性及装拆难易程度

轴的形位公差标注方法及公差值可参考设计手册,标注示例如图7-3所示。

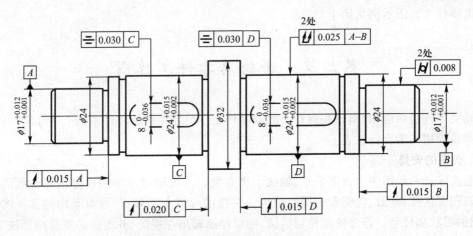

图7-3　轴的形位公差标注

四、表面粗糙度的标注

轴的所有表面都应注明表面粗糙度,轴的各部分精度要求不同,加工方法则不同,故其表面粗糙度也不应该相同。轴的表面粗糙度 Ra 值可参考表7-3选择。在满足设计要求的前提下,应取较大值。

表7-3　轴各部分不同的表面粗糙度值

加 工 表 面	$Ra/\mu m$	
与传动零件、联轴器配合的表面	3.2~0.8	
传动零件及联轴器的定位端面	6.3~1.6	
与普通精度滚动轴承配合的表面	1.0(轴承内径≤80mm)	1.6(轴承内径>80mm)

续表

加 工 表 面	$Ra/\mu m$		
普通精度滚动轴承的定位端面	2.0(轴承内径≤80mm)		2.5(轴承内径>80mm)
平键键槽	3.2(键槽侧面)		6.3(键槽底面)
密封处表面	毡圈	橡胶密封圈	油沟、迷宫式
	密封处圆周速度/(m·s⁻¹)		
	≤3 >3~5 >5~10		3.2~1.6
	1.6~0.8 0.8~0.4 0.4~0.2		

五、技术要求

轴类零件图上提出的技术要求一般有以下几项内容：

（1）对材料的力学性能和化学成分的要求，允许的代用材料等。

（2）材料的热处理方法、热处理后的硬度及渗碳层深度等要求。

（3）对图上未注明倒角和圆角的说明。

（4）对未注公差尺寸的公差等级要求。

（5）其他必要的说明，如是否要保留中心孔，若要保留中心孔，应在零件图上画出或按国标加以说明。

轴类零件工作图示例见第十章。

第二节   齿轮类零件工作图

齿轮类零件包括齿轮、蜗轮和蜗杆。此类零件工作图除了对轴零件图的上述要求外，还应有供加工和检验用的啮合特性表。

一、视图的安排

齿轮类零件一般用两个视图表示，轴线水平布置。主视图通常采用通过齿轮轴线的全剖或局部剖视图表达孔、轮毂、轮辐和轮缘的结构。左视图可以全部画出，也可采用局部视图表达毂孔、键槽的形状和尺寸。若齿轮是轮辐结构，则应详细画出左视图，并附加必要的局部视图，如轮辐的横剖面图。

对于组装的蜗轮，应分别画出齿圈、轮芯的零件工作图及蜗轮的组装图，也可以只画出组装图。

齿轮轴和蜗杆轴可按轴类零件工作图绘制方法绘出。

二、尺寸、公差和表面粗糙度的标注

齿轮类零件的各径向尺寸以齿轮轴线为基准标注，齿宽方向的尺寸以端面为基准标注。标注尺寸时要注意：齿轮的分度圆虽然不能直接测量，但它是设计的基本尺寸，必须在图上标注。齿根圆是按齿轮参数切齿后形成的，按规定在图上不标注。另外，还应标注键槽尺寸。

锥齿轮的锥角和锥距是保证啮合的重要参数，必须精确标注。标注时，对锥角应精确到秒，对锥距应精确到 0.01 mm。同时还应标注基准面到锥顶的距离。

　　轴孔是加工、测量和装配的重要基准,尺寸精度要求高,要标出尺寸偏差。圆柱齿轮常以齿顶圆作为齿面加工时定位找正的工艺基准或作为检验齿厚的测量基准,应标注齿轮顶圆尺寸公差和位置公差。形位公差的标注可参考表7-4。

表7-4　齿轮的形位公差推荐项目

内容	项　目	符号	精度等级	对工作性能的影响
形状公差	与轴配合的孔的圆柱度	⌀	7~8	影响传动零件与轴配合的松紧及对中性
位置公差	圆柱齿轮以顶圆为工艺基准时,顶圆的径向圆跳动	/	按齿轮、蜗杆、蜗轮和锥齿轮的精度等级确定	影响齿厚的测量精度,并在切齿时产生相应的齿圈径向跳动误差,使零件加工中心位置与设计位置不一致,引起分齿不均,同时会引起齿向误差
	锥齿轮顶锥的径向圆跳动			
	蜗轮顶圆的径向圆跳动			
	蜗杆顶圆的径向圆跳动			影响齿面载荷分布及齿轮副间隙的均匀性
	基准端面对轴线的端面圆跳动			
	键槽对孔轴线的对称度	=	8~9	影响键与键槽受载的均匀性及其装拆时的松紧

　　在齿轮类零件工作图上还应标注各加工表面的表面粗糙度,标注时可参考表7-5。

表7-5　齿轮(蜗轮)加工表面粗糙度 Ra 推荐值　　　　　　μm

加工表面		精度等级			
		6	7	8	9
轮齿工作面		<0.8	1.6~0.8	3.2~1.6	6.3~3.2
齿顶圆	是测量基面	1.6	1.6~0.8	3.2~1.6	6.3~3.2
	非测量基面	3.2	6.3~3.2	6.3	12.5~6.3
轮圈与轮心配合面		1.6~0.8		3.2~1.6	6.3~3.2
轴孔配合面		3.2~0.8		3.2~1.6	6.3~3.2
与轴肩配合的端面		3.2~0.8		3.2~1.6	6.3~3.2
其他加工面		6.3~1.6		6.3~3.2	12.5~6.3

注:原则上尺寸数值较大时选取大一些的 Ra 数值。

三、啮合特性表

　　在齿轮零件工作图右上角,应编有啮合特性表,其尺寸如图7-4所示。啮合特性表的内容由两部分组成:一部分是齿轮的基本参数和精度等级;另一部分是齿轮和传动检验项目及其偏差值或公差值,检验项目可以根据需要增减,按功能要求从标准中选取。精度等级、检验项目及具体数值见第十九章,表的格式见第十章图10-11。

四、技术要求

技术要求的内容主要包括对材料、热处理、加工及齿轮毛坯等方面的要求,具体如下:

(1)对铸件、锻件及其他类型毛坯件的要求,如铸件不允许有缺陷,锻件毛坯不允许有氧化皮及毛刺等。

(2)对材料力学性能和化学成分的要求及允许代用的材料。

(3)对热处理方法,热处理后的硬度,渗碳深度及淬火深度的要求等。

(4)未注明的圆角半径、倒角的说明及铸造或锻造斜度要求等。

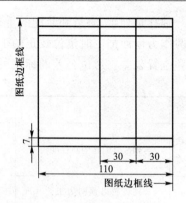

图 7-4　啮合特性表的位置和尺寸

(5)对未注公差尺寸的公差等级要求。

(6)对大型齿轮或高速齿轮的平衡试验要求。

齿轮的工作图示例见第十章。

第三节　箱体零件工作图

一、视图的安排

箱体(箱盖和箱座)零件的结构比较复杂,一般需要 3 个视图来表示。为了把它的内部和外部结构表达清楚,还需增加一些局部视图、局部剖视图和局部放大图等。主视图的选择可与箱体实际放置位置一致。

二、尺寸的标注

箱体零件的尺寸标注远较轴类零件和齿轮类零件复杂,形状多样,尺寸繁多。标注尺寸时,既要考虑铸造、加工及测量的要求,又要清晰正确、多而不乱。为此,需要注意以下几点:

(1)箱体尺寸可分为形状尺寸和定位尺寸。形状尺寸是箱体各部分形状大小的尺寸,如箱体的长、宽、高及壁厚,各种孔径及其深度,槽的宽度和深度,加强肋的厚度和高度等。这类尺寸应直接标出,而不应含有任何的运算。

箱体的定位尺寸是确定箱体各部位相对于基准的位置尺寸,如各部位曲线的中心、孔的中心线位置及其他有关部位的平面与基准的距离。定位尺寸都应从基准(或辅助基准)直接标注。这类尺寸最易遗漏,应特别注意。

(2)要选好基准。最好采用加工基准作为标注尺寸的基准,以便于加工和测量。如箱座或箱盖高度方向的尺寸最好以剖分面(加工基准面)为基准标注;箱体宽度方向的尺寸可以采用宽度的对称中心线为基准标注,如图 7-5 所示。对箱体长度方向的尺寸可取轴承孔中心线为主要基准进行标注,如图 7-6 所示为地脚螺栓孔长度方向孔距的尺寸标注。

(3)对于影响机器工作性能的尺寸应直接标出,以保证加工的准确性。如箱体孔的中心距及其偏差按齿轮中心距极限偏差 $\pm f_a$ 注出。

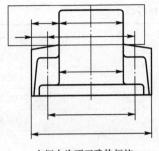

方框内为不正确的标注

图 7-5　箱体宽度尺寸的标注

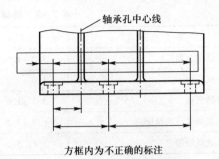

轴承孔中心线

方框内为不正确的标注

图 7-6　箱体长度尺寸的标注

（4）标注尺寸要考虑铸造工艺特点。箱体一般为铸件，因此标注尺寸要便于木模制作。木模常由许多基本形体拼接而成，在基本形体的定位尺寸标出后，其形状尺寸则以自己的基准标注，如图 7-7 所示窥视孔的尺寸标注。其他油标孔及放油孔等与此类似。

（5）各配合段的配合尺寸均应标注出尺寸偏差。

（6）所有圆角、倒角和拔模斜度等都必须标注或在技术要求中说明。

（7）在标注尺寸时应避免遗漏和重复，不能出现封闭尺寸链。

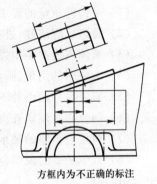

方框内为不正确的标注

图 7-7　窥视孔的尺寸标注

三、形位公差和表面粗糙度的标注

箱体零件的形位公差可参照表 7-6 选择标注。箱体零件主要加工表面的粗糙度 Ra 值可参照表 7-7 标注。

表 7-6　箱体零件的形位公差推荐项目

内容	项目	符号	精度等级	对工作性能的影响
形状公差	轴承座孔圆柱度	⌭	G 级轴承选 6~7 级	影响箱体与轴承的配合性及对中性
	箱体剖分面的平面度	▱	7~8 级	
位置公差	轴承座孔的中心线对其端面的垂直度	⊥	G 级轴承选 7 级	影响轴承固定及轴向受载的均匀性
	轴承座孔中心线对箱体剖分面在垂直平面上的位置度	⌖	公差值 ≤0.3 mm	影响镗孔精度和轴系装配。影响传动件的传动平稳性及载荷分布的均匀性
	轴承座孔中心线相互间的平行度	∥	以轴承支点跨距代替齿轮宽度，根据轴线平行度公差及齿向公差值查出	影响传动件的传动平稳性及载荷分布的均匀性
	锥齿轮减速器及蜗杆减速器的轴承孔中心线相互间的垂直度	⊥	根据齿轮和蜗轮精度确定	
	两轴承中心线的同轴度	◎	7~8 级	影响减速器的装配及传动零件的载荷分布均匀性

表 7 - 7   箱体的表面粗糙度 Ra 推荐值   μm

加 工 表 面	Ra	加 工 表 面	Ra
减速器剖分面	3.2 ~ 1.6	减速器底面	12.5 ~ 6.3
轴承座孔面	1.6 ~ 0.8	轴承座孔外端面	6.3 ~ 3.2
圆锥销孔面	3.2 ~ 1.6	螺栓孔座面	12.5 ~ 6.3
嵌入式端盖凸缘槽面	6.3 ~ 3.2	油塞孔座面	12.5 ~ 6.3
视孔盖接触面	12.5	其他表面	>12.5

四、技术要求

箱体零件工作图的技术要求一般包括以下内容:

（1）对铸件质量的要求,如不允许有缩孔、砂眼和渗漏现象等。

（2）铸造后应清砂,进行时效处理。

（3）箱体内表面需用煤油清洗,并涂防锈漆。

（4）未注明的倒角、圆角和铸造斜度的说明。

（5）组装后分箱面处不许有渗漏现象,必要时可涂密封胶等说明。

（6）剖分面定位销孔应在箱盖与箱座用螺栓连接后配钻和配铰。

（7）箱盖与箱座的轴承孔应在螺栓连接并装入定位销后镗孔。

（8）其他必要的说明,如轴承座孔中心线的平行度或垂直度在图中未标注时,可在技术要求中说明。

箱体零件工作图示例见第十章。

思 考 题

7 - 1 零件工作图设计包括哪些内容?

7 - 2 在零件图上标注尺寸时,应如何选取基准?

7 - 3 轴的尺寸标注如何考虑轴的加工工艺?

7 - 4 为什么尺寸链不能封闭?

7 - 5 分析轴表面粗糙度和工作性能及加工工艺的关系。

7 - 6 分析轴的形位公差对其工作性能的影响。

7 - 7 如何选择齿轮类零件的误差检验项目?它和齿轮精度的关系如何?

7 - 8 如何标注箱体零件工作图的尺寸?

7 - 9 箱体孔的中心距及其偏差如何标注?

7 - 10 分析箱体的形位公差对减速器工作性能的影响。

第八章 编写设计计算说明书和准备答辩

第一节 编写设计计算说明书

设计计算说明书是对整个设计过程的整理和总结,是图纸设计的理论依据,同时也是审核设计合理与否的重要技术文件。通过编写设计计算说明书,可以培养学生表达、归纳和总结的能力,为以后的毕业设计和实际工作打下良好的基础。因此,编写设计计算说明书是设计工作的一个重要环节。

一、设计计算说明书的内容

对于以减速器为主的机械传动装置设计,其设计计算说明书主要包括以下内容:

(1) 目录(标题及页码);

(2) 设计任务书(设计题目);

(3) 传动方案的拟定及说明(若传动方案已给定,则应对其进行分析和论证);

(4) 电动机的选择及传动装置各级传动比的分配;

(5) 计算传动装置的运动和动力参数(计算各轴的转速、功率和转矩);

(6) 传动零件的设计计算(确定传动件的主要参数和尺寸);

(7) 轴的设计计算及校核(初估轴径、结构设计和强度校核);

(8) 滚动轴承的选择及计算;

(9) 键连接的选择及校核计算;

(10) 联轴器的选择;

(11) 减速器附件的选择及箱体的设计;

(12) 润滑方法和密封形式,润滑油牌号的选择;

(13) 设计小结(简要说明课程设计的体会,本设计的优缺点及改进意见等);

(14) 参考资料目录(资料编号、作者名、书名、版本、出版地、出版单位和出版年)。

说明书中还可以包含一些其他技术说明,如装配和拆卸过程中的注意事项,维护保养的要求等。

二、编写说明书的基本要求

设计计算说明书应在全部计算及全部图纸完成后进行编写,编写时要注意以下基本要求:

(1) 设计计算说明书应按照设计过程进行编写,要求论述层次清楚,文字简练通顺,计算正确完整,书写整齐清晰,插图简明扼要。

(2) 说明书采用黑色墨水笔按规定的纸张格式及合理的顺序书写,采用统一格式的封面,编好目录,标出页码,最后装订成册。设计计算说明书的封面格式和书写格式可参照图 8 - 1 进行。

（3）计算过程应层次分明。一般可列出计算内容,写出计算公式,然后代入有关数据,略去具体演算过程,直接得出计算结果,并写上结论性用语,如"合格"、"安全"或"强度足够"等。对计算出的数据,需要标准化的应符合标准,需圆整的应予圆整,属于精确计算的不得随意圆整。

（4）为了清楚地说明计算内容,说明书中每一自成单元的内容,应有大小标题,使书写结构醒目突出,便于查阅;同时说明书中应附有必要的插图,如传动方案简图、轴的结构简图、受力图、弯矩和扭矩图以及轴承组合形式简图等。在简图中应对主要零件进行统一编号,以便在设计中称呼或作脚注使用。

（5）计算中所引用的公式和数据应注明其来源——即参考资料的编号、页码,公式号或图表号等。对所选主要参数、尺寸、规格及计算结果等,可写在每页右侧的"主要结果"一栏内,使其醒目突出。

（6）全部计算中所使用的参量符号和脚标,必须前后一致,不得混乱;各参量的数值应标明单位,且单位统一,写法前后一致。编写完成后,应检查设计计算说明书中所包含的内容是否完整。

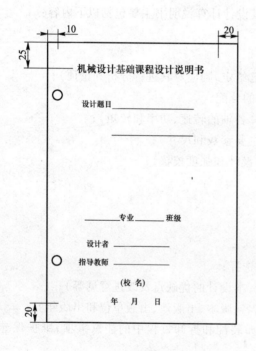

(a) 封面格式

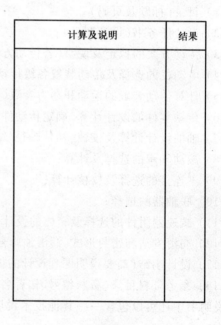

(b) 书写格式

图 8 - 1　设计计算说明书封面格式和书写格式

三、设计计算说明书书写示例

设计计算说明书书写示例如表 8 - 1 所列:

表 8-1 设计计算说明书书写示例

计算及说明	结 果
四、齿轮传动计算 1. 高速级齿轮传动的核验计算 （1）齿轮的主要参数和几何尺寸 模数 $m = 2$ mm，齿数 $z_1 = 29, z_2 = 101$ .... 中心距 $a = \dfrac{m(z_1 + z_2)}{2} = \dfrac{2 \times (29 + 101)}{2}$ mm $= 130$ mm 齿宽 $b_1 = 40$ mm；$b_2 = 35$ mm 齿数比 $i = 3.48$ .... （2）齿轮的材料和硬度 .... （3）许用应力 .... （4）小齿轮转矩 T_1 .... （5）载荷系数 K .... （6）齿面接触疲劳强度计 算接触应力 $\sigma_H = \cdots$ $= \cdots$ $= \cdots < [\sigma_H]$ （7）齿根弯曲疲劳强度计 算弯曲应力 $\sigma_F = \cdots$ $= \cdots$ $= \cdots \ll [\sigma_F]$ 检验结果：轮齿弯曲强度 裕度较大，但因模数不宜再 取小，故齿轮的参数和尺寸 维持原结果不变。 .... 六、轴的计算 .... 2. 中间轴的计算 轴的跨度、齿轮在轴上的位置及轴的受力如图 x 中图 a 所示。 .... （3）轴的弯矩 xAy 平面：	齿轮计算公式和有关数据皆引 自［×］ ××~××页 主要参数： $m = 2$ mm $z_1 = 29$ $z_2 = 101$ .... $a = 130$ mm $b_1 = 40$ mm $b_2 = 35$ mm $i = 3.48$ 公式引自［×］ $\sigma_H < [\sigma_H]$ 公式引自［×］ $\sigma_F \ll [\sigma_F]$ 轴的计算公式和有关数据皆引 自［×］××~××页

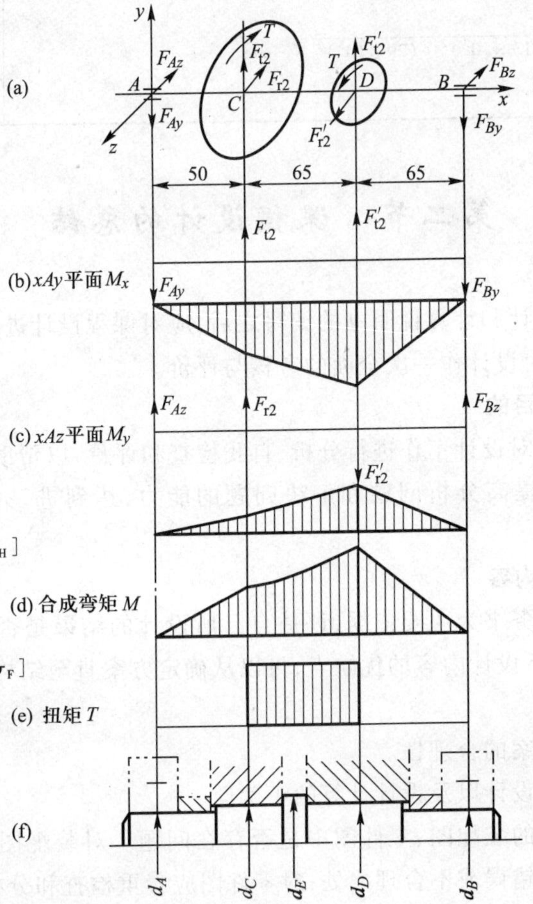

图 x

续表

计算及说明	结　果
C 断面 $M_{Cz} = F_{Ay} \times 50 = 1\ 490 \times 50$ N·mm $= 74.5 \times 10^3$ N·mm	
D 断面 $M_{Dz} = F_{By} \times 65 = 1\ 740 \times 65$ N·mm $= 113 \times 10^3$ N·mm	
xAz 平面：	
C 断面 $M_{Cy} = F_{Az} \times 50 = 76 \times 50$ N·mm $= 3.8 \times 10^3$ N·mm	
D 断面 $M_{Dy} = F_{Bz} \times 65 = 460 \times 65$ N·mm $= 29 \times 10^3$ N·mm	
合成弯矩：	
C 断面 $M_C = \sqrt{M_{Cz}^2 + M_{Cy}^2} = \sqrt{(74.5 \times 10^3)^2 + (3.8 \times 10^3)^2}$ N·mm $= 74.6 \times 10^3$ N·mm	$M_C = 74.6 \times 10^3$ N·mm
D 断面 $M_D = \sqrt{M_{Dz}^2 + M_{Dy}^2} = \sqrt{(113 \times 10^3)^2 + (29 \times 10^3)^2}$ N·mm $= 116 \times 10^3$ N·mm	$M_D = 116 \times 10^3$ N·mm

第二节　课程设计的总结

在完成全部图纸的设计和计算说明书的编写之后,应对课程设计进行一次系统地总结,并准备参加课程设计的答辩,对设计作一次全面的考核与评价。

一、课程设计总结的目的

课程设计总结主要是对设计工作进行分析、自我检查和评价,以帮助设计者进一步熟悉和掌握机械设计的一般方法,提高分析问题和解决问题的能力,达到进一步把问题弄懂及弄透的目的。

二、课程设计总结的内容

设计总结应以设计任务书为主要依据,评估自己所设计的结果是否满足设计任务书中的要求,客观地分析一下自己所设计内容的优缺点,可以从确定方案直至结构设计各个方面的具体问题入手,主要内容有:

(1)分析总体设计方案的合理性。

(2)分析零部件结构设计以及设计计算的正确性。

(3)认真检查所设计的装配图、零件图中是否存在问题。对装配图要着重检查和分析轴系部件结构设计中是否存在错误或不合理之处;对零件图应着重检查和分析尺寸及公差标注、表面粗糙度标注等是否存在错误。此外,还应检查箱体的结构设计、附件的选择和布置是否合理。

(4)对计算部分,应着重分析计算依据,所采用的公式及数据来源是否可靠,计算结果是否正确等。

(5)认真总结一下,通过课程设计自己在哪些方面取得明显的提高。还可以对自己的设计所具有的特点和不足进行分析与评价。

由于是初次进行设计,出现一些不合理的设计和错误是正常的。但是,在设计总结中,应该对不合理的设计和错误作进一步的分析,并提出改进性的设想,从而使自己的机械设计能力得到提高。

第三节　课程设计的答辩

一、课程设计答辩的目的

答辩是课程设计的最后一个重要环节。它不仅是为了考核和评估设计者的设计能力、设计质量与设计水平,而且通过总结与答辩,使设计者对自己的设计工作和设计结果进行一次全面系统的回顾、分析与总结,从而达到系统地分析课程设计的优缺点,发现计算和图纸中存在的问题,提高解决工程实际问题的能力,最终达到课程设计的目的与要求。学生完成设计后,应及时作好答辩前的准备工作。

二、答辩前的准备工作

(1)答辩前必须完成规定的全部设计工作量。

(2)必须整理好全部设计图纸及设计说明书。图纸必须按要求折叠整齐,说明书必须装订成册,然后与图纸一起装袋,由本人呈交给指导教师审阅。图纸的折叠方法参见图8-2。

(3)档案袋封面上应写出设计者的姓名、班级、学号、设计题目名称、袋内所装材料的清单及设计的完成时间等。

(4)答辩前参考本书各章的思考题,结合设计工作,认真地进行思考、回顾和总结。弄懂设计中的计算、结构和工艺等问题,巩固和提高设计收获。

答辩结束后,指导教师将根据学生的设计图纸、设计说明书的质量、答辩中回答问题的情况以及学生平时在课程设计各个阶段的表现情况,进行综合评估并确定学生的课程设计成绩。最终的设计成绩采用优、良、中、及格、不及格五级制进行评分。

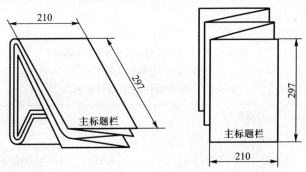

图8-2　图纸的折叠方法

第九章 机械设计基础课程设计选题

第一节 单级圆柱齿轮、锥齿轮及蜗杆减速器

第1题 设计一带式输送机传动用的 V 带传动及斜齿圆柱齿轮减速器。传动简图如图 9-1 所示,设计参数列于表 9-1 中。

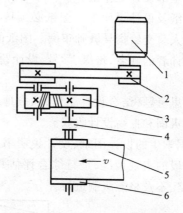

图 9-1 带式输送机传动简图

1—电动机;2—V 带传动;3—减速器;4—联轴器;

5—输送带;6—输送带鼓轮

表 9-1 带式输送机的设计参数

参数 \ 题号	1	2	3	4
输送带牵引力/kN	2	1.25	1.5	1.8
输送带速度 $v/(\text{m} \cdot \text{s}^{-1})$	1.3	1.8	1.7	1.5
输送带鼓轮的直径/mm	180	250	260	220

工作条件:带式输送机主要用于运送散粒物料,如谷物、型砂、煤等;工作时输送机运转方向不变,工作载荷稳定;输送带鼓轮的传动效率为 0.97;工作寿命 15 年,每年 300 个工作日,每日工作 16 小时。

第2题 设计一螺旋输送机传动用的 V 带传动及斜齿圆柱齿轮减速器。传动简图如图 9-2 所示,设计参数列于表 9-2 中。

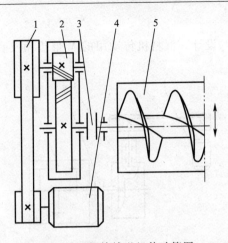

图 9 - 2　螺旋输送机传动简图

1—V 带传动;2—减速器;3—联轴器;4—电动机;5—螺旋输送机

表 9 - 2　螺旋输送机的设计参数

参数	题号	1	2	3	4
减速器输出轴转矩 $T/(\mathrm{N \cdot m})$		80	95	100	150
减速器输出轴转速 $n/(\mathrm{r \cdot min^{-1}})$		180	150	170	115

　　工作条件:螺旋输送机主要用于运送粉状或碎粒物料,如面粉、灰、砂、糖、谷物等,工作时运转方向不变,工作载荷稳定;工作寿命 8 年,每年 300 个工作日,每日工作 8 小时。

　　第 3 题　设计带式输送机传动装置,其传动简图如图 9 - 3 所示,设计参数列于表 9 - 3 中。

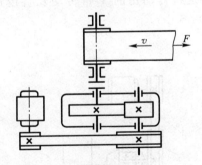

图 9 - 3　带式输送机传动简图

表 9 - 3　带式输送机的设计参数

参数	题号	1	2	3	4	5	6	7	8	9	10
输送带工作拉力 F/N		1 100	1 150	1 200	1 250	1 300	1 350	1 400	1 450	1 500	1 600
输送带工作速度 $v/(\mathrm{m \cdot s^{-1}})$		1.50	1.60	1.70	1.50	1.55	1.60	1.55	1.60	1.70	1.80
卷筒直径 D/mm		250	260	270	240	250	260	250	260	280	300

　　工作条件:连续单向运转,载荷平稳,空载起动,使用期 8 年,小批量生产,两班制工作,输送

带速度允许误差为 ±5% 。

　　第 4 题　如图 9 - 4 所示,设计一混料机传动用的 V 带传动及直齿锥齿轮减速器,设计参数列于表 9 - 4 中。

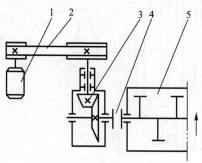

图 9 - 4　混料机传动简图

1—电动机;2—V 带传动;3—减速器;

4—联轴器;5—混料机

表 9 - 4　混料机的设计参数

参数 ＼ 题号	1	2	3	4
减速器输出轴转矩 $T/(\text{N} \cdot \text{m})$	37	52	70	80
减速器输出轴转速 $n/(\text{r} \cdot \text{min}^{-1})$	240	160	153	140

　　工作条件:混料机工作时运转方向不变,工作载荷稳定;工作寿命 20 年,每年 300 个工作日,每日工作 8 小时。

　　第 5 题　设计一链板式输送机传动用的 V 带传动及直齿锥齿轮减速器,其传动简图如图 9 - 5 所示,设计参数列于表 9 - 5 中。

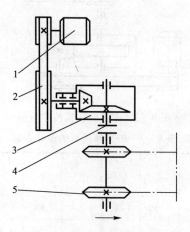

图 9 - 5　链板式输送机传动简图

1—电动机;2—V 带传动;3—减速器;

4—联轴器　5—输送机的链轮;

表 9 – 5　链板式输送机的设计参数

参数 \ 题号	1	2	3	4
输送链的牵引力 F/kN	1	1.2	1.4	1.5
输送链的速度 v/(m·s^{-1})	0.9	0.75	0.8	0.7
输送链链轮的节圆直径 d/mm	105	92	115	100

工作条件:链板式输送机主要用在仓库、行李房或装配车间运送成件物品,工作时运转方向不变,工作载荷稳定;工作寿命 15 年,每年 300 个工作日,每日工作 16 小时。

第 6 题　设计带式输送机传动装置中的一级蜗杆减速器,其传动简图如图 9 – 6 所示,设计参数列于表 9 – 6 中。

工作条件:单向运转,连续工作,空载启动,载荷平稳,每天三班制工作,减速器工作寿命不低于 10 年,每年 300 个工作日,输送带速度允许误差为 ±5%。

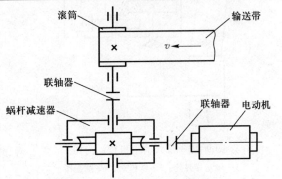

图 9 – 6　带式输送机传动简图

表 9 – 6　带式输送机的设计参数

参数 \ 题号	1	2	3	4	5
输送带拉力 F/N	2 000	2 200	2 500	3 000	4 100
输送带速度 v/(m·s^{-1})	0.8	0.9	1.0	1.1	0.85
滚筒直径 D/mm	350	320	300	275	380

第二节　双级圆柱齿轮、锥齿轮及圆柱齿轮减速器

第 7 题　设计一带式输送机传动用的双级圆柱齿轮展开式减速器,其传动简图如图 9 – 7 所示,设计参数列于表 9 – 7 中。

表 9 – 7　带式输送机的设计参数

参数 \ 题号	1	2	3	4
输送带的牵引力 F/kN	2.1	2.2	2.4	2.7
输送带的速度 v/(m·s^{-1})	1.4	1.3	1.6	1.1
输送带鼓轮的直径 D/mm	450	390	480	370

工作条件:带式输送机主要用于运送谷物、型砂、碎矿石和煤等;工作时输送机运转方向不变,工作载荷稳定;输送鼓轮的传动效率取为 0.97;工作寿命 15 年,每年 300 个工作日,每日工作

16 小时。

第 8 题　设计图 9-8 所示的链板式输送机用的圆锥-圆柱齿轮减速器,设计参数列于表 9-8 中。

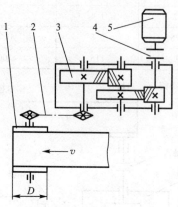

图 9-7　带式输送机传动简图

1—输送带鼓轮;2—链传动;3—减速器;
4—联轴器;5—电动机

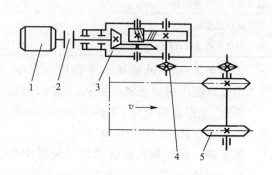

图 9-8　链板式输送机传动简图

1—电动机;2—联轴器;3—减速器;
4—链传动;5—输送机的链轮

表 9-8　链板式输送机的设计参数

参数	题号	1	2	3	4
输送链的牵引力 F/kN		5	6	7	8
输送链的速度 v/(m·s^{-1})		0.6	0.5	0.4	0.37
输送链链轮的节圆直径 d/mm		399	399	383	351

工作条件:链板式输送机主要用在仓库或装配车间运送成件物品,工作时运转方向不变,工作载荷稳定;工作寿命 15 年,每年 300 个工作日,每日工作 16 小时。

第 9 题　设计图 9-9 所示的用于带式输送机上的两级圆柱齿轮减速器。工作时有轻微振动,经常满载,空载起动,单向运转,单班制工作。输送带允许速度误差为 5%。减速器小批量生产,使用期限为 5 年,每年 300 个工作日。设计参数列于表 9-9 中。

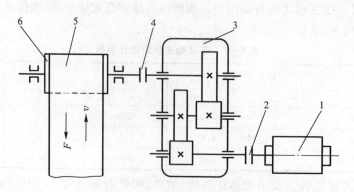

图 9-9　带式输送机传动简图

表 9 - 9　带式输送机设计参数

题号 参数	1	2	3	4	5	6	7
输送带拉力 F/N	2 000	1 800	2 400	2 200	1 600	2 100	2 600
卷筒直径 D/mm	300	350	300	300	400	350	300
输送带速度 v/(m·s^{-1})	0.9	1.1	1.2	0.9	1	1.2	1

第 10 题　设计如图 9 - 10 所示用于带式输送机上的圆锥圆柱齿轮减速器。工作经常满载,空载起动,工作时有轻微振动,不反转,单班制工作。运输机卷筒直径 $D = 320$ mm,输送带容许速度误差为 5%。减速器为小批生产,使用期限为 10 年,每年 300 个工作日。设计参数列于表 9 - 10 中。

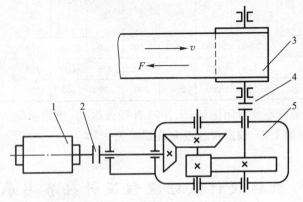

图 9 - 10　带式输送机传动简图

表 9 - 10　带式输送机设计参数

题号 参数	1	2	3	4	5	6
输送带工作拉力 F/N	2 000	2 100	2 200	2 300	2 400	2 500
输送带工作速度 v/(m·s^{-1})	1.2	1.3	1.4	1.5	1.55	1.6

第 11 题　设计图 9 - 11 所示的带式输送机传动装置,设计参数列于表 9 - 11 中。

表 9 - 11　带式输送机的设计参数

题号 参数	1	2	3	4	5	6	7	8	9	10
输送机工作轴转矩 T/(N·m)	800	750	690	670	630	600	760	700	650	620
输送带工作速度 v/(m·s^{-1})	0.7	0.75	0.8	0.85	0.9	0.95	0.75	0.8	0.85	0.9
卷筒直径 D/mm	300	300	320	320	380	360	320	360	370	360

工作条件:带式输送机连续单向运转,工作时有轻微振动,使用期限为 10 年,每年 300 个工作日,小批量生产,单班制工作,输送带速度允许误差为 ±5%。

第 12 题　设计图 9 - 12 所示的带式输送机传动装置,设计参数列于表 9 - 12 中。

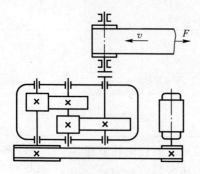

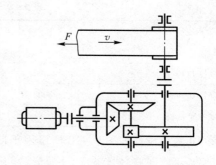

图 9 - 11　带式输送机传动简图　　　　　　图 9 - 12　带式输送机传动简图

表 9 - 12　带式输送机的设计参数

参数 ＼ 题号	1	2	3	4	5	6	7	8	9	10
输送带工作拉力 F/N	2 500	2 400	2 300	2 200	2 100	2 100	2 800	2 700	2 600	2 500
输送带工作速度 $v/(m \cdot s^{-1})$	1.4	1.5	1.6	1.7	1.8	1.9	1.3	1.4	1.5	1.6
卷筒直径 D/mm	250	260	270	280	290	300	250	260	270	280

工作条件:带式输送机连续单向运转,工作时有轻微振动,使用期限为 10 年,每年 300 个工作日,小批量生产,单班制工作,输送带速度允许误差为 ±5% 。

第三节　机械设计基础课程设计任务书参考格式

课程设计的题目应以设计任务书的形式下达给学生,设计任务书主要包括设计题目、原始数据、工作条件和设计工作量等。其格式一般如下:

机械设计基础课程设计任务书

班级＿＿＿＿＿＿＿＿　　姓名＿＿＿＿＿＿＿＿　　学号＿＿＿＿＿＿＿＿

设计题目:设计＿＿＿＿＿＿　级＿＿＿＿＿＿＿　减速器
　　　　　　（用于自动送料的带式输送机的传动装置）

传动简图:

（绘制传动简图）

原始数据：（参考）

　　　输送带工作拉力 $F =$ ＿＿＿＿＿＿＿＿＿＿　N

　　　输送带工作速度 $v =$ ＿＿＿＿＿＿＿＿＿＿　m/s

　　　输送机滚筒直径 $D =$ ＿＿＿＿＿＿＿＿＿　mm

工作条件：＿＿＿＿＿＿＿＿＿＿＿＿＿＿＿＿＿＿＿＿＿

　　　　　＿＿＿＿＿＿＿＿＿＿＿＿＿＿＿＿＿＿＿＿＿

设计工作量： 1. 减速器装配图 1 张（A0 或 A1 图纸）；

　　　　　　　 2. 零件工作图 1～2 张（A3 图纸）；

　　　　　　　 3. 设计说明书 1 份。

　　　开始日期＿＿＿＿＿＿年＿＿＿＿＿＿月＿＿＿＿＿日

　　　完成日期＿＿＿＿＿＿年＿＿＿＿＿＿月＿＿＿＿＿日

　　　　　　（本设计任务书编入说明书内首页）

第十章　减速器

第一节　减速器

一、单级圆柱齿轮减速器之一（图 10 –1）

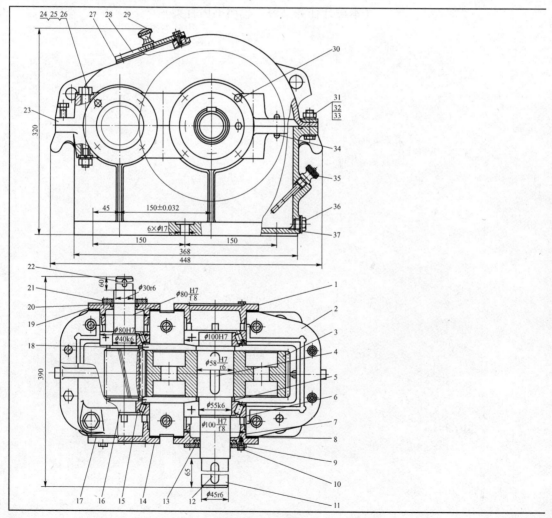

图 10 –1　单级圆柱

设计参考图例

装配图示例

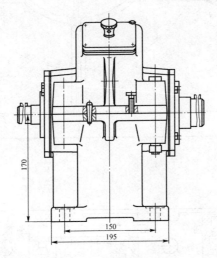

技术特性

输入功率 kW	高速轴转速 r·min⁻¹	效率 η	传动比 i
4	572	92%	3.95

技术要求

1. 啮合侧隙大小用铅丝检验，保证侧隙不小于0.16mm。铅丝直径不得大于最小侧隙的两倍。

2. 用涂色法检验轮齿接触斑点，要求齿高接触斑点不少于40%，齿宽接触斑点不少于50%。

3. 应调整轴承的轴向间隙，φ40 mm为0.05～0.1mm，φ55 mm为0.08～0.15 mm。

4. **箱内装全损耗系统用油L-AN68至规定高度。**

5. 箱座、箱盖及其他零件未加工的内表面，齿轮的未加工表面涂底漆并涂红色耐油油漆。箱盖、箱座及其他零件未加工的外表面涂底漆并涂浅灰色油漆。

6. 运转过程中应平稳、无冲击、无异常振动和噪声。各密封处、接合处均不得渗油、漏油。剖分面允许涂密封胶或水玻璃。

序号	名称	数量	材料	标准	备注
37	垫片	1		衬垫石棉板	
36	螺塞	1	Q235A	JB1130-1970	组合件
35	油标尺	1			
34	销A8×30	2		GB/T117-2000	
33	垫圈10	2		GB/T93-1987	
32	螺母M10	2		GB/T41-2000	
31	螺栓M10×40	3		GB/T5780-2000	
30	螺钉M8×25	16		GB/T5780-2000	
29	通气器	1			
28	窥视孔盖	1	Q215		
27	垫片	1		衬垫石棉板	
26	垫圈12	6		GB/T93-1987	
25	螺母M12	6		GB/T41-2000	
24	螺栓M12×120	6		GB/T5780-2000	
23	箱盖	1	HT200		
22	键8×50	1		GB/T1096-2003	
21	密封盖	1	Q235		
20	毡圈	1	细毛毡		
19	轴承端盖	1	HT150		
18	挡油环	2	Q215		
17	调整垫片	2组	08F		
16	齿轮轴	1	45		
15	滚动轴承30208	2		GB/T297-1994	
14	轴承端盖	1	HT150		
13	毡圈	1	细毛毡		
12	键14×50	1		GB/T1096-2003	
11	轴	1	45		
10	螺钉M6×16	12		GB/T5782-2000	
9	密封盖	1	Q235		
8	调整垫片	2组	08F		
7	轴承端盖	1	HT150		
6	滚动轴承30211	2		GB/T297-1994	
5	套筒	1	Q235		
4	键16×63	1		GB/T1096-2003	
3	齿轮	1	40		
2	箱座	1	HT200		
1	轴承端盖	1	HT150		

一级圆柱齿轮减速器		图号		比例	
		重量		共 张	
		数量		第 张	
设计					
审图		机械设计课程设计			
日期					

一级圆柱齿轮减速器

二、单级圆柱齿轮减速器之二（图 10 – 2）

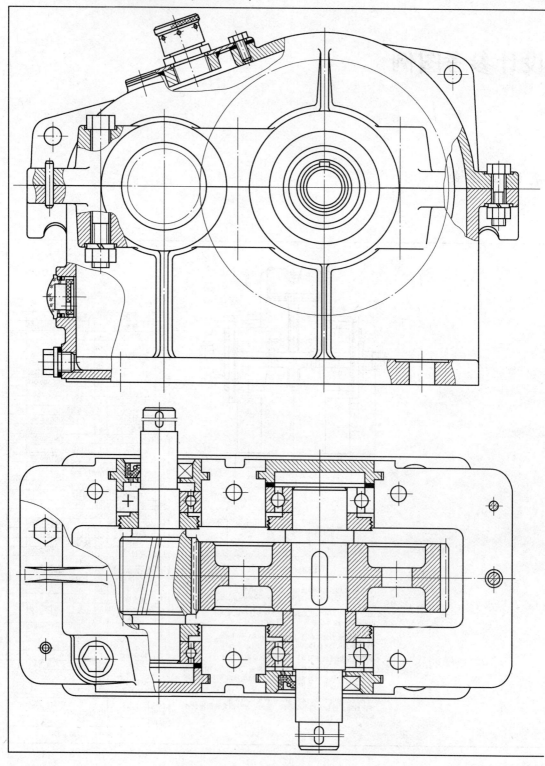

图 10 – 2 单级圆柱

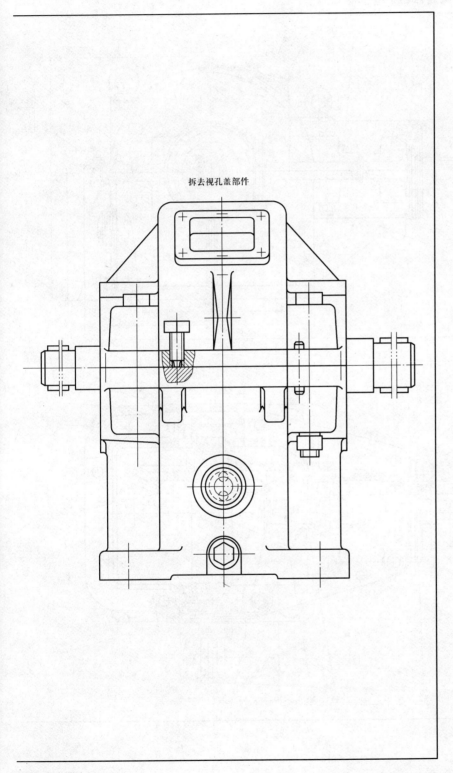

拆去视孔盖部件

齿轮减速器之二

三、单级锥齿轮减速器（图 10 - 3）

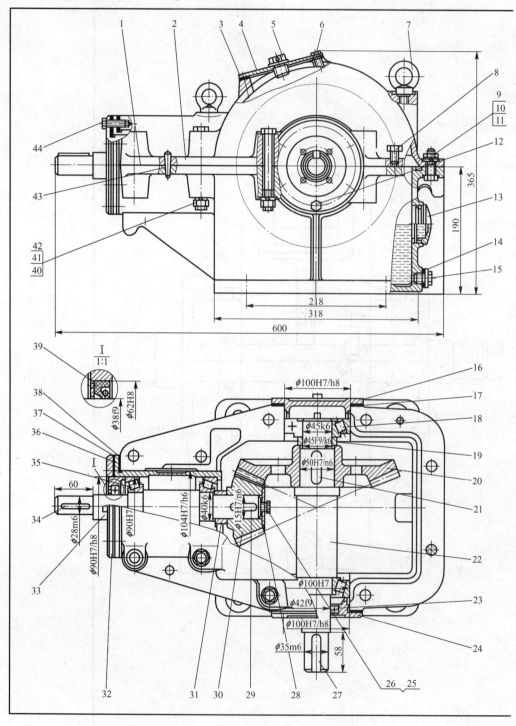

图 10 - 3　单级

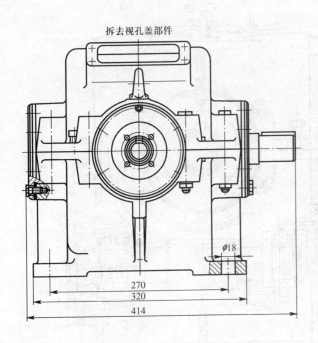

拆去视孔盖部件

$\phi18$

270
320
414

技术特性

输入功率 /kW	输入转速 /(r·min⁻¹)	传动比 i	效率 η	m	传动特性		
						齿数	精度等级
4.0	480	2.38	0.93	5	z_1	21	8c GB/T11365—1989
					z_2	52	8c GB/T11365—1989

技术要求

1. 装配前,所有零件需进行清洗,箱体内壁涂耐油油漆,减速器外表面涂灰色油漆。
2. 齿轮啮合侧隙不得小于0.1 mm,用铅丝检查时其直径不得大于最小侧隙的两倍。
3. 齿面接触斑点沿齿面高度不得小于50%,沿齿长不得小于50%。
4. 齿轮副安装误差检验:齿圈轴向位移极限偏差±f_{AM}为0.1 mm, 轴间距极限偏差±f_a为0.036 mm,轴交角极限偏差±E_{Σ}为0.045 mm。
5. 圆锥滚子轴承的轴向调整游隙为0.05~0.10 mm。
6. 箱盖与箱座接触面之间禁止使用任何垫片,允许涂密封胶和水玻璃,各密封处不允许漏油。
7. 减速器内装CKC150工业齿轮油至规定的油面高度。
8. 按减速器试验规程进行试验。

44	螺栓 M8×30	Q235-A	6	GB/T 5783—2000
43	锥销 B8×30	35钢	2	GB/T 117—2000
42	螺栓 M12×120	Q235-A	8	GB/T 5782—2000
41	弹簧垫圈12	65Mn	8	GB/T 93—1987
40	螺母M12	35钢	8	GB/T 6170—2000
39	唇形密封圈		1	GB/13871—1992
38	调整垫片	08F	1组	
37	调整垫片	08F	1组	
36	套环	HT200	1	
35	圆锥滚子轴承 30308		2	GB/T 297—1994
34	键 8×50	45钢	1	GB/T 1096—2003
33	轴	45钢	1	
32	轴承盖	HT200	1	
31	套筒	45钢	1	
30	小锥齿轮	45钢	1	
29	键 10×40	45钢	1	GB/T 1096—2003
28	挡圈 B45	Q235-A	1	GB/T 892—1986
27	键 C10×56	45钢	1	GB/T 1096—2003
26	螺栓 M6×20	Q235-A	1	GB/T 5783—2000
25	弹簧垫圈	65Mn	1	GB/T 93—1987
24	轴承盖	HT200	1	
23	唇形密封圈		1	GB9877.1—1988
22	轴	45钢	1	
21	键 14×50	45钢	1	GB/T 1096—2003
20	小锥齿轮	45钢	1	
19	套筒	45钢	1	
18	圆锥滚子轴承 30309		2	GB/T 297—1994
17	调整垫圈	08F	2组	
16	轴承盖	HT200	1	
15	油塞 M16×1.5	Q235-A	1	
14	封油圈	工业用革	1	
13	油标 A32		1	GB/T 1160.1—1989 组件
12	螺栓 M8×20	Q235-A	6	GB/T 5783—2000
11	螺母 M10	35钢	3	GB/T 6170—2000
10	弹簧垫圈16	65Mn	2	GB/T 93—1987
9	螺栓 M10×40	Q235-A	2	GB/T 5782—2000
8	启盖螺钉 M10×25	Q235-A	1	GB/T 5783—2000
7	吊环螺钉 M10	20	2	GB/T 825—1988
6	螺栓 M6×16	Q235-A	4	GB/T 5783—2000
5	通气器	Q235-A	1	
4	视孔盖	Q235-A	1	
3	垫片	石棉橡胶纸	1	
2	箱盖	HT200	1	
1	箱座	HT200	1	
序号	名 称	材 料	数量	标准及规格	备注

单级锥齿轮减速器		比例		图号		重量		共 张
								第 张
设计			年 月	机械设计			(校名)	
绘图				课程设计			(班名)	
审核								

锥齿轮减速器

四、单级蜗杆减速器（蜗杆下置式）（图 10 – 4）

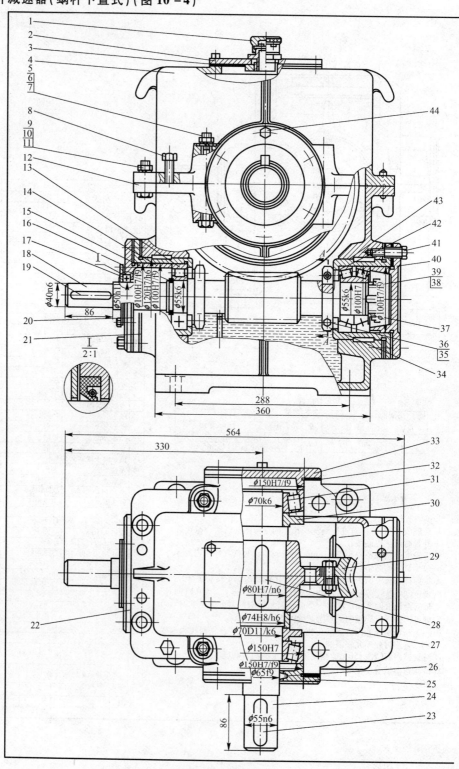

图 10 – 4　单级蜗杆减

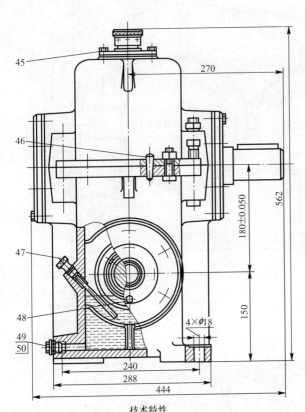

A—A

45

46

47

48

49

50

270

562

180±0.050

150

4×Φ18

240

288

444

技术特性

输入功率 /kW	输入转速 /(r·min⁻¹)	传动比 i	效率 η	传动特性				精度等级
				γ	m	头数齿数		
6.5	970	19.5	0.81	4°2′10″	8	z_1 2 z_2 39		传动8c GB/T10089—1988

技术要求

1. 装配之前，所有零件均用煤油清洗，滚动轴承用汽油清洗，未加工表面涂灰色油漆，内表面涂红色耐油油漆。

2. 啮合侧隙用铅丝检查，侧隙值不得不于0.1 mm。

3. 用涂色法检查齿面接触斑点，按齿高不得小于55%，按齿长不得小于50%。

4. 30211轴承的轴向游隙为0.05～0.10 mm，30314轴承的轴向游隙为0.08～0.15 mm。

5. 箱盖与箱座的接触面涂密封胶或水玻璃，不允许使用任何填料。

6. 箱座内装CKE320蜗轮蜗杆油至规定高度。

7. 装配后进行空载试验时，高速轴转速为100 r/min，正、反各运转一小时，运转平稳，无撞击声，不漏油。负载试验时，油池温升不超过60℃。

50	封油垫	1	工业用革	油封30×20 ZB 70—1962	
49	油塞	1	Q235-A	M20×1.5	
48	螺栓	4	Q235-A	螺栓GB/T 5782—2000—M6×16	
47	油尺	1	Q235-A		
46	圆锥销	2	35	销GB/T 117—2000—B8×40	
45	螺栓	6	Q235-A	螺栓GB/T 5782—2000—M6×20	
44	螺栓	12	Q235-A	螺栓GB/T 5782—1986—M8×25	
43	套杯	2	HT150		
42	圆锥滚子轴承	2		滚动轴承30211GB/T 297—1994	
41	螺栓	12	Q235-A	螺栓GB/T 5782—2000—M8×35	
40	轴承端盖	1	HT200		
39	止动垫圈	1	Q235-A	垫圈GB/T 858—2000—50	
38	圆螺母	1	Q235-A	螺母GB/T 812—1988—M50×1.5	
37	挡圈	1	Q235-A		
36	螺母	4	Q235-A	螺母GB/T 6170—2000—M6	
35	螺栓	4	Q235-A	螺栓GB/T 5782—2000—M6×20	
34	甩油板	2	Q235-A		
33	轴承端盖	1	HT200		
32	调整垫片	2组	08F		
31	圆锥滚子轴承	2		滚动轴承30314 GB/T 297—1994	
30	挡油盘	2	HT150		
29	蜗轮	1			组合件
28	键	1	45	键22×100 GB/T 1096—1979	
27	套筒	1	Q235-A		
26	毡圈	1	半粗羊毛毡	毡圈65 JB/ZQ 4606—1986	
25	轴承端盖	1	HT200		
24	轴	1	45		
23	键	1	45	键16×80 GB/T 1096—1979	
22	轴承端盖	1	HT200		
21	调整垫片	2组	08F		
20	调整垫片	2组	08F		
19	键	1	45	键12×70 GB/T 1096—1979	
18	蜗杆轴	1	45		
17	J形油封	1	橡胶1-1	50×75×12 HC 4—338—1966	
16	密封盖	1	Q235-A		
15	弹性挡圈	1	65Mn	GB/T 894.1—1986—55	
14	套筒	1	Q235-A		
13	圆柱滚子轴承	1		滚动轴承N211E GB/T 283—1994	
12	箱座	1	HT200		
11	弹簧垫圈	4	65Mn	垫圈GB/T 93—1987—12	
10	螺母	4	Q235-A	螺母GB/T 6170—2000—M12	
9	螺栓	4	Q235-A	螺栓GB/T 5782—2000—M12×45	
8	启盖螺钉	1	Q235-A	螺栓GB/T 5782—2000—M12×30	
7	弹簧垫圈	4	65Mn	垫圈GB/T 6170—2000—M16	
6	螺母	4	Q235-A	螺母GB/T 6170—2000—M16	
5	螺栓	4	Q235-A	螺栓GB/T 5782—2000—M16×120	
4	箱盖	1	HT200		
3	垫片	1	软钢纸板		
2	视孔盖	1	Q235-A		
1	通气器	1			组合件
序号	名称	数量	材料	标准及规格	备注

蜗杆减速器

比例	图号	重量	共 张
			第 张

设计		年月	机械设计	（校名）
绘图			课程设计	（班名）
审核				

五、双级圆柱齿轮减速器(展开式)(图10-5)

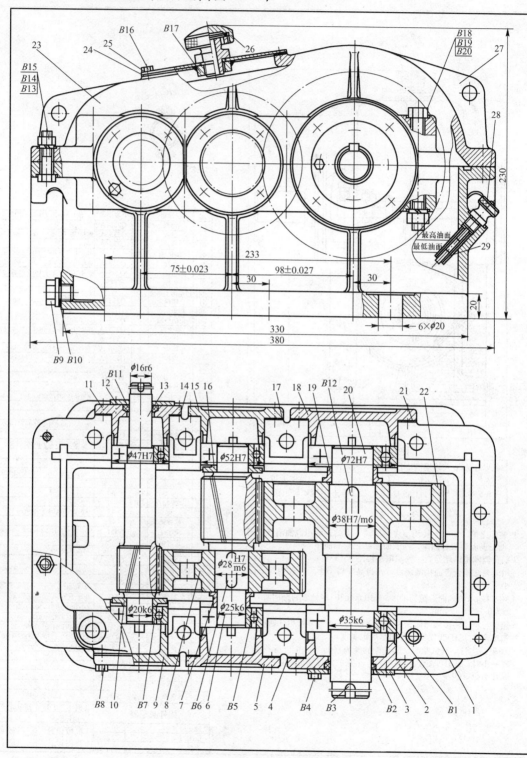

图 10-5　双级圆柱齿

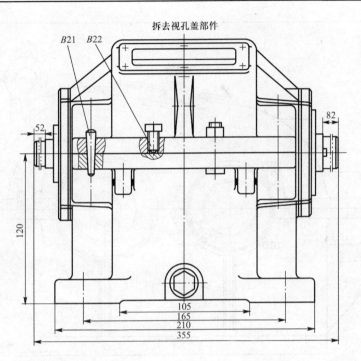

拆去视孔盖部件

技术特性

输入功率/kW	输入轴转速/(r·min⁻¹)	效率η	总传动比i	传动特性			
				第一级		第二级	
				m_n/mm	β	m_n/mm	β
4	1440	0.93	11.99	2	13°43′48″	2.5	11°2′38″

技术要求

1. 装配前箱体与其他铸件不加工面应清理干净，除去毛边毛刺，并浸涂防锈漆。
2. 零件在装配前用煤油清洗，轴承用汽油清洗干净，晾干后表面应涂油。
3. 齿轮装配后应用涂色法检查接触斑点，圆柱齿轮沿齿高不小于40%，沿齿长不小于50%。
4. 调整、固定轴承时应留有轴向间隙0.2～0.5 mm。
5. 减速器内装N220工业齿轮油，油量达到规定深度。
6. 箱体内壁涂耐油油漆，减速器外表面涂灰色油漆。
7. 减速器剖分面、各接触面及密封处均不允许漏油，箱体剖分面应涂以密封胶或水玻璃，不允许使用其他任何填充料。
8. 按试验规程进行试验。

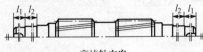

高速轴方案

高速轴采用两端全对称结构，当一端齿轮损坏时，便于调头继续使用。

B13	螺栓	1	Q235	GB/T 5782—2000 M10×35
B12	键	1	45	键8×40 GB/T 1096—2003
B11	毡圈	1	半粗羊毛毡	毡圈30FJ145—79
B10	封油圈	1	软钢纸板	
B9	油塞	1	Q235	
B8	螺钉	24	Q235	GB/T 5783—2000 M8×12
B7	角接触球轴承	2		36204 GB/T 292—2007
B6	键	1	45	键8×28 GB/T 1096—2003
B5	角接触球轴承	2		36205 GB/T 292—2007
B4	螺钉	4	Q235	GB/T 5782—2000 M5×10
B3	键	1	45	键C8×52 GB/T 1096—2003
B2	毡圈	1	半粗羊毛毡	毡圈30FJ145—79
B1	角接触球轴承	2		36207 GB/T 292—2007

12	密封盖	1	Q235	
11	轴承盖	1	HT200	
10	挡油盘	1	Q235	
9	轴承盖	1	HT200	
8	大齿轮	1	45	
7	套筒	1	Q235	
6	轴	1	45	
5	轴承盖	1	HT200	
4	调整垫片	2组	08F	
3	密封盖	1	Q235	
2	轴承盖	1	HT200	
1	箱座	1	HT200	
序号	零件名称	数量	材料	规格及标准代号　备注
双级圆柱齿轮减速器		比例		图号
		数量		重量
设计		年月	机械设计课程设计	（校名）
审核				（班名）

轮减速器（展开式）

六、锥齿轮－圆柱齿轮减速器（图10－6）

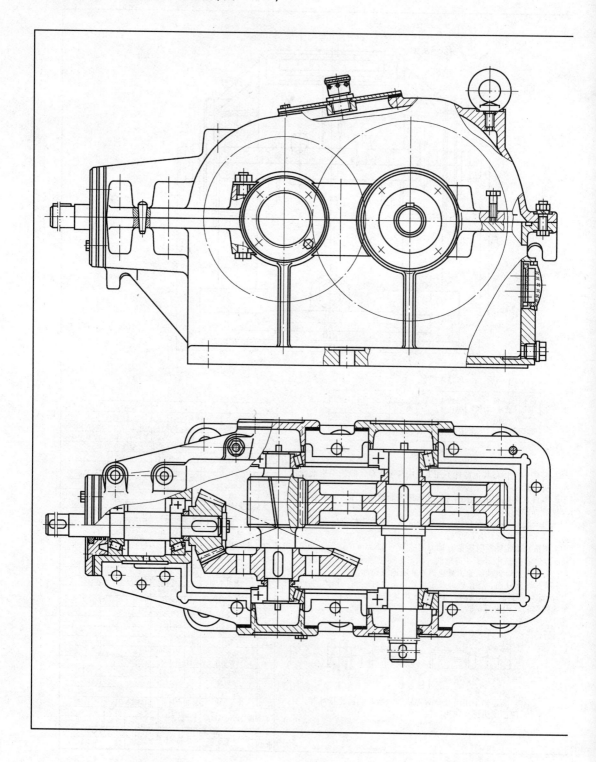

图 10 – 6　锥齿轮 – 圆

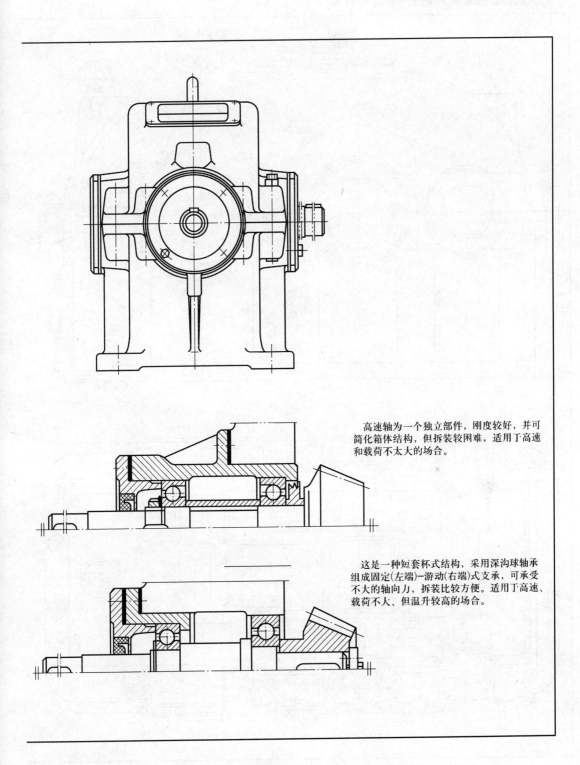

高速轴为一个独立部件，刚度较好，并可简化箱体结构，但拆装较困难，适用于高速和载荷不太大的场合。

这是一种短套杯式结构，采用深沟球轴承组成固定(左端)-游动(右端)式支承，可承受不大的轴向力，拆装比较方便。适用于高速、载荷不大、但温升较高的场合。

柱齿轮减速器

七、双级圆柱齿轮减速器(分流式)(图 10 – 7)

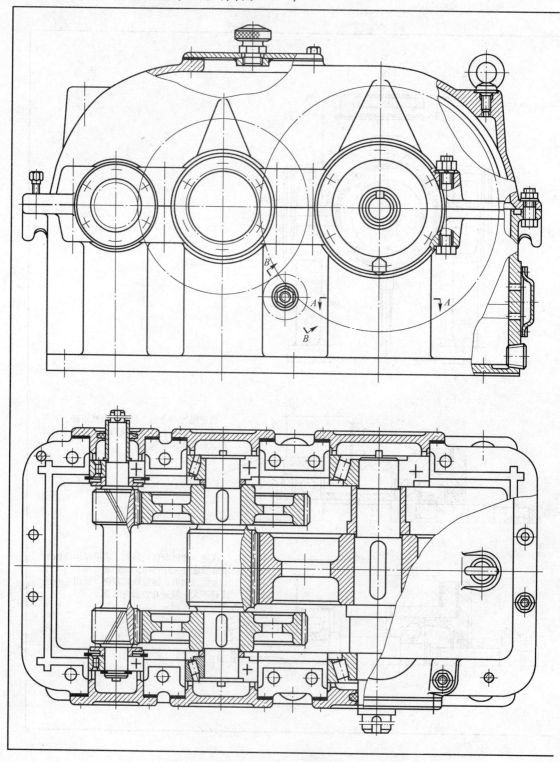

图 10 – 7　双级圆柱齿

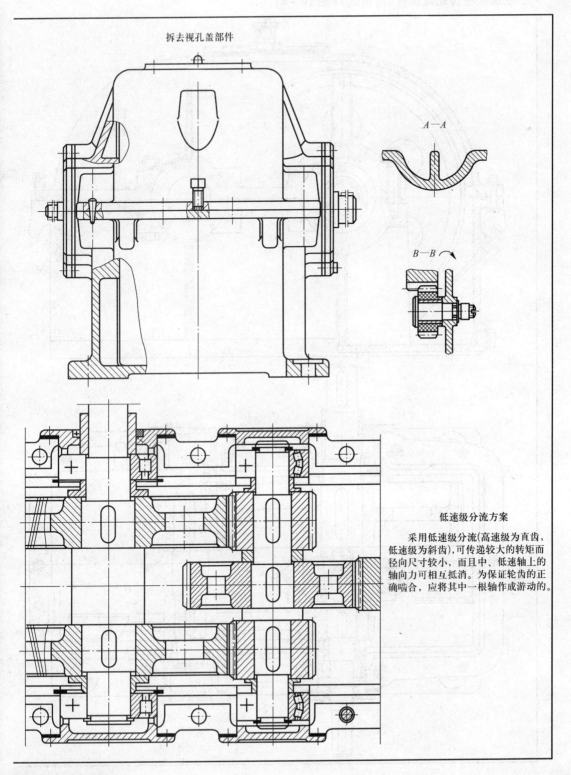

拆去视孔盖部件

$A—A$

$B—B$

低速级分流方案

采用低速级分流(高速级为直齿，低速级为斜齿)，可传递较大的转矩而径向尺寸较小，而且中、低速轴上的轴向力可相互抵消。为保证轮齿的正确啮合，应将其中一根轴作成游动的。

轮减速器(分流式)

八、双级圆柱齿轮减速器(同轴式)(图 10 – 8)

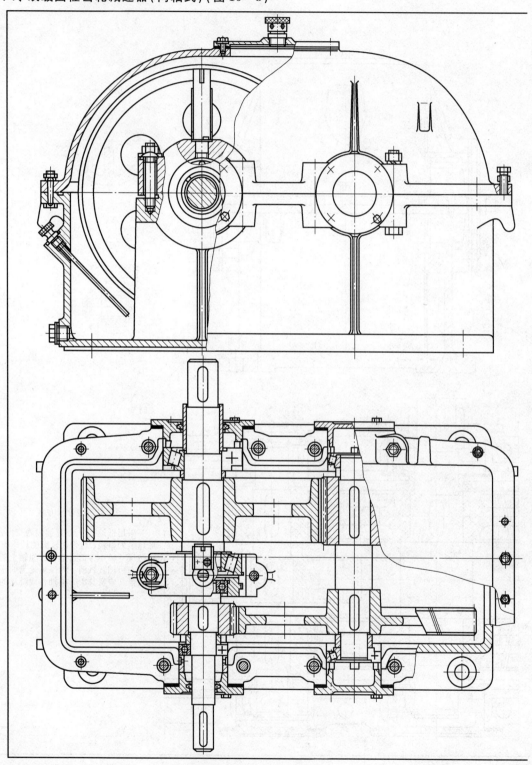

图 10 – 8　双级圆柱齿

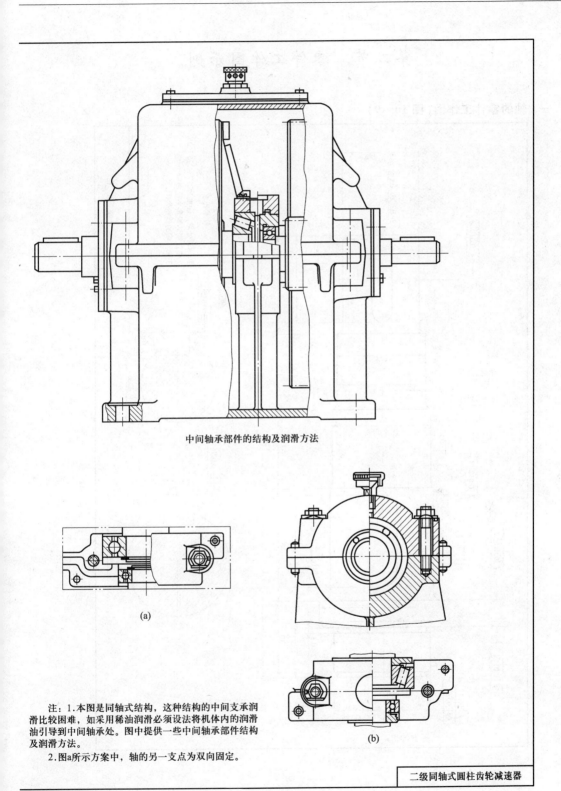

中间轴承部件的结构及润滑方法

(a)

(b)

　　注：1.本图是同轴式结构，这种结构的中间支承润滑比较困难，如采用稀油润滑必须设法将机体内的润滑油引导到中间轴承处。图中提供一些中间轴承部件结构及润滑方法。

　　2.图a所示方案中，轴的另一支点为双向固定。

二级同轴式圆柱齿轮减速器

轮减速器（同轴式）

第二节　零件工作图示例

一、轴的零件工作图(图10-9)

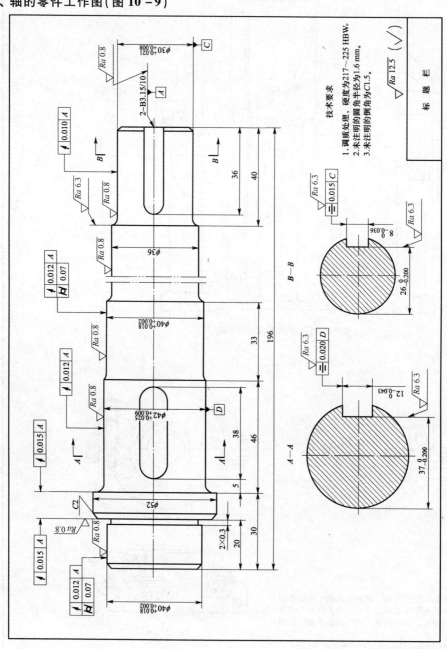

图10-9　轴的零件工作图

二、圆柱齿轮轴零件工作图（图 10 - 10）

法向模数	m_n	3
齿数	z	19
压力角	α	20°
齿顶高系数	h_a^*	1
螺旋角	β	11°28′42″
螺旋方向		右旋
径向变位系数	x	0
齿厚		$4.712^{-0.084}_{-0.140}$
精度等级		8 GB/T 10095.1—2008
齿轮副中心距及其极限偏差	$a \pm f_a$	150±0.032
配对齿轮	图号	
	齿数	79
齿轮径向跳动偏差	F_r	0.056
齿距累积总偏差	F_p	0.07
齿廓总偏差	F_α	0.025
螺旋线总偏差	F_β	0.029

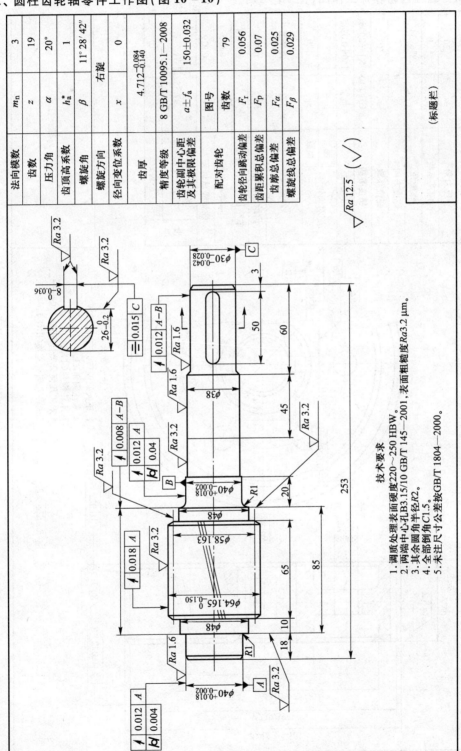

$\sqrt{Ra\,12.5}\ (\sqrt{\ })$

技术要求

1. 调质处理表面硬度220～250 HBW。
2. 两端中心孔B3.15/10 GB/T 145—2001，表面粗糙度Ra3.2 μm。
3. 其余圆角半径$R2$。
4. 全部倒角C1.5。
5. 未注尺寸公差按GB/T 1804—2000。

图 10 - 10　圆柱齿轮轴零件工作图

三、斜齿圆柱齿轮零件工作图(图 10 – 11)

		项目符号	公差值
法向模数	m_n		3
齿数	z_2		79
压力角	α		20°
齿顶高系数	h_a^*		1.0
螺旋角	β		8°6′34″
螺旋方向			右
变位系数	x		0
精度等级			8 GB/T10095.1—2008
中心距	$a\pm f_a$		150±0.0315
配对齿轮	图号		
	齿数	z_1	20
公差项目		项目符号	公差值
齿距累积总偏差		F_p	0.070
单个齿距极限偏差		$\pm f_{pt}$	±0.018
齿廓总偏差		F_α	0.025
螺旋线总偏差		F_β	0.029
齿厚	公法线长度及其上、下偏差		$87.552^{-0.107}_{-0.213}$
	跨齿数	k	10

(标题栏)

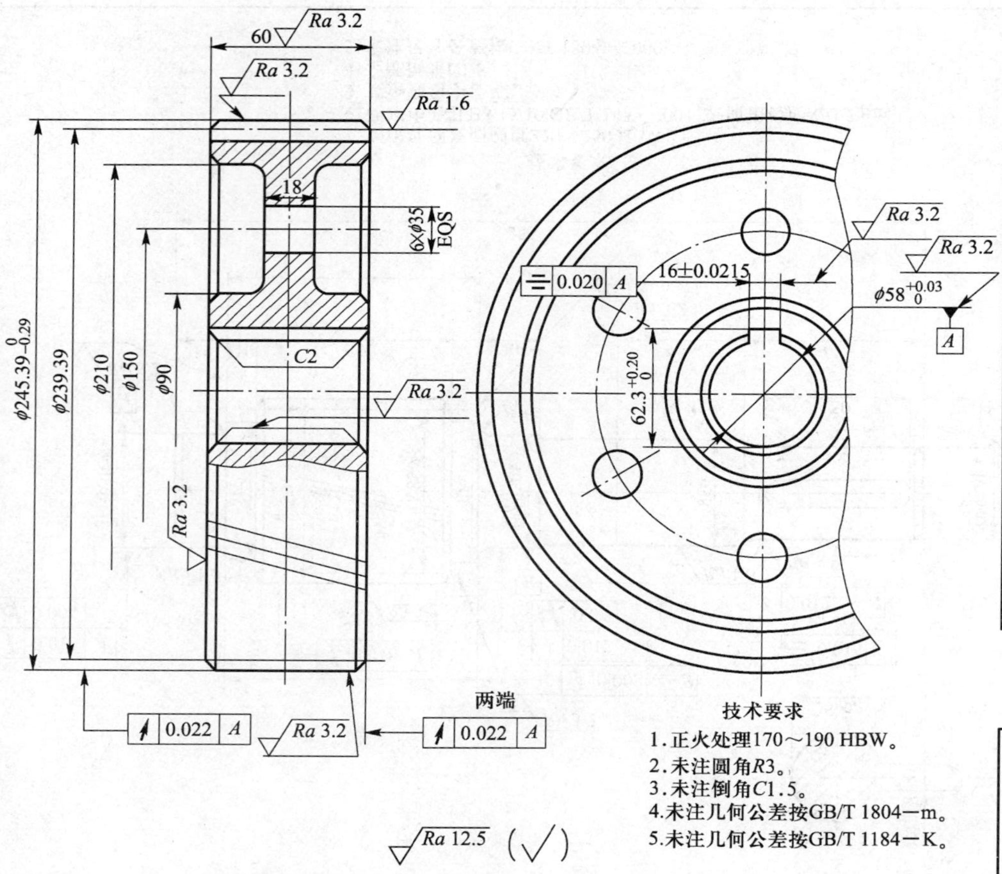

技术要求

1. 正火处理170~190 HBW。
2. 未注圆角R3。
3. 未注倒角C1.5。
4. 未注几何公差按GB/T 1804—m。
5. 未注几何公差按GB/T 1184—K。

图 10 – 11　斜齿圆柱齿轮零件工作图

四、锥齿轮轴的零件工作图(图 10 − 12)

模数	m	6
齿数	z_1	17
压力角	α	$20°$
齿顶高系数	h_a^*	1
径向间隙系数	c^*	0.2
变位系数	x	0
精度等级	8b GB/T 11365—1989	
配对齿轮 图号		
配对齿轮 齿数	z_2	42
齿距累积偏差	F_{zp}	0.063
齿距极限偏差	f_{pb}	± 0.025
分度圆弦齿厚及其偏差	$\bar{s}$	$9.413^{-0.09}_{-0.19}$
分度圆弦齿高	$\bar{h}_s$	6.205

标题栏

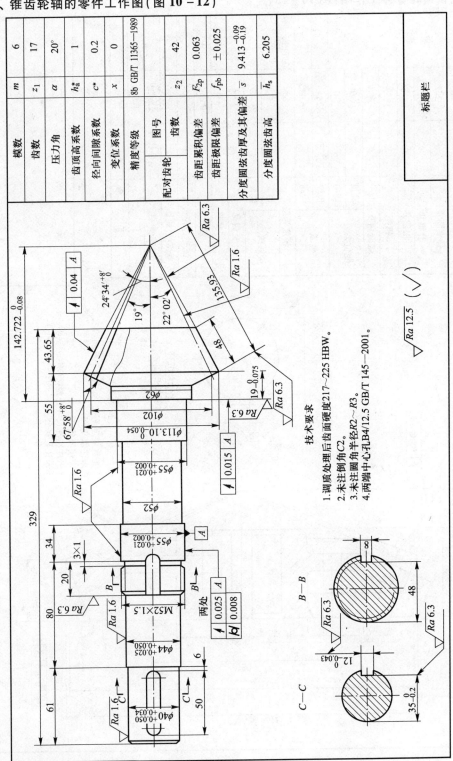

技术要求

1. 调质处理后齿面硬度217~225 HBW。
2. 未注倒角C2。
3. 未注圆角半径R2~R3。
4. 两端中心孔B4/12.5 GB/T 145—2001。

$\sqrt{Ra\ 12.5}\ (\sqrt{\quad})$

图 10 − 12 锥齿轮轴的零件工作图

五、大锥齿轮零件工作图（图 10－13）

			备注
模数	m	6	
齿数	z	42	
法向压力角	α_n	20°	
分度圆直径	d	252	
分锥角	δ	67°58′	
根锥角	δ_1	64°56′	
锥距	R	135.93	
螺旋角及方向	β	0 直齿	
变位系数	x	0	
测量 齿厚 高度	$\overline{s}$	$9.424^{-0.090}_{-0.200}$	
齿高 切向	$\overline{h_a}$	6.033	
精度等级		8c	GB/T 11365—1989
接触斑点 齿高		≥55%	
齿长		≥50%	
全齿高	h	13.2	
轴交角	Σ	90°	
侧隙	j_{nmin}	0.087	
配对齿轮齿数	z_m		
配对齿轮图号			
公差组 Ⅰ	项目代号 F_r	公差组 0.071	
Ⅱ	$\pm f_{pt}$	±0.028	

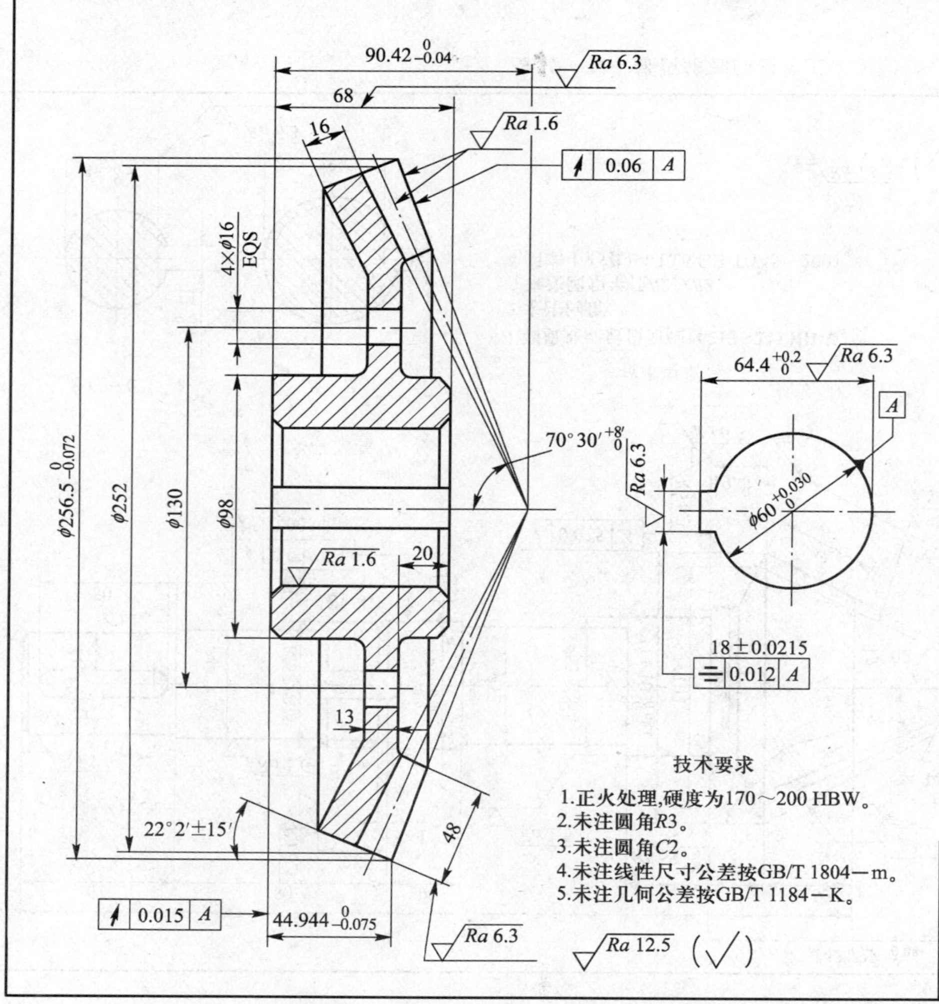

标题栏

技术要求
1.正火处理硬度为170～200 HBW。
2.未注圆角R3。
3.未注倒角C2。
4.未注线性尺寸公差按GB/T 1804—m。
5.未注几何公差按GB/T 1184—K。

$\sqrt{(\ \ )}$

图 10－13　大锥齿轮零件工作图

六、蜗杆零件工作图（图 10–14）

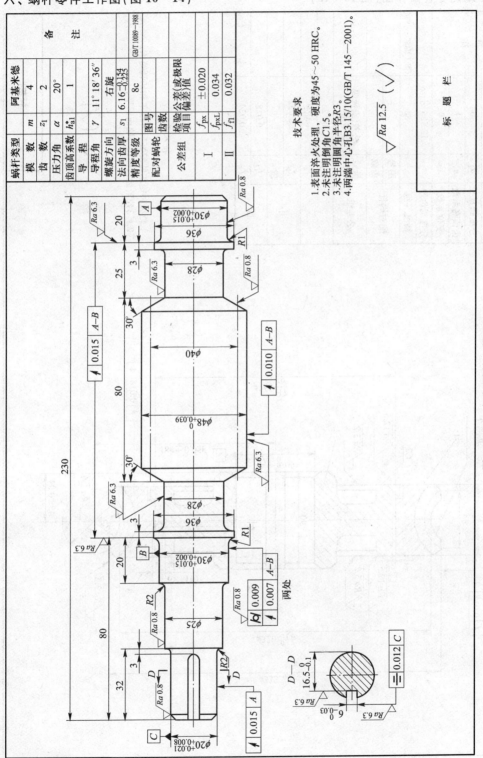

蜗杆类型	阿基米德		
模 数	m	4	
齿 数	z_1	2	
压力角	α	20°	
齿顶高系数	h_{a1}^*	1	
导 程 角	γ	11°18′36″	
导 程	s_1	右旋	
螺旋方向			
法向齿厚		6.16-0.355	
精度等级		8c	GB/T 10089—1988
配对蜗轮	图号		
	齿数		
公差组	检验项目	公差或极限偏差值	
Ⅰ	f_{px}	±0.020	
	f_{pxL}	0.034	
Ⅱ	f_{f1}	0.032	

技术要求

1. 表面淬火处理，硬度为45～50 HRC。
2. 未注明倒角C1.5。
3. 未注明圆角半径R3。
4. 两端中心孔LB3.15/10(GB/T 145—2001)。

$\sqrt{Ra\ 12.5}$ ($\sqrt{}$)

标 题 栏

图 10–14 蜗杆零件工作图

七、蜗轮零件工作图（图 10-15）

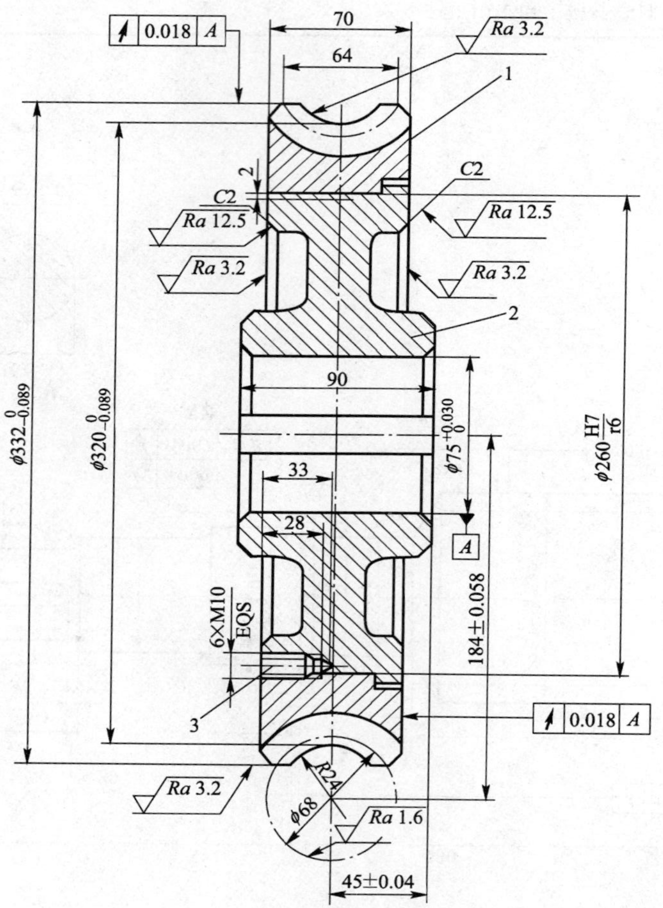

模　数	m	8	备
齿　数	z_2	38	
分度圆直径	d_2	304	
齿顶高系数	h_{a2}^*	1	
变位系数	x_2	0	
分度圆齿厚	s_2	$12.566_{-0.160}^{\ 0}$	
精度等级		8c	注
配对蜗杆	图号		
	齿数		GB/T 10089—1988

公差组	检验项目	公差(或极限偏差)值
Ⅰ	F_{pk}	0.125
	F_r	0.080
Ⅱ	f_{pt}	±0.032
Ⅲ	f_{f2}	0.028
	f_Σ	±0.024

技术要求

1. 轮缘和轮芯装配好后再精车和切削轮齿。
2. 件3拧紧后沿件1、2端面锯平。

$\sqrt{}\ (\ \sqrt{\ })$

标题栏

图 10-15　蜗轮零件工作图

八、蜗轮轮芯、轮缘零件工作图(图 10 - 16)

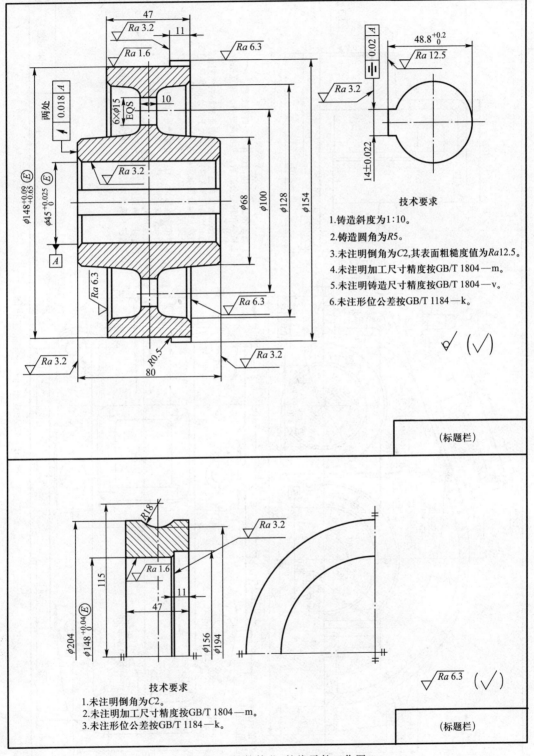

技术要求

1. 铸造斜度为1:10。
2. 铸造圆角为R5。
3. 未注明倒角为C2,其表面粗糙度值为Ra12.5。
4. 未注明加工尺寸精度按GB/T 1804—m。
5. 未注明铸造尺寸精度按GB/T 1804—v。
6. 未注形位公差按GB/T 1184—k。

技术要求

1. 未注明倒角为C2。
2. 未注明加工尺寸精度按GB/T 1804—m。
3. 未注形位公差按GB/T 1184—k。

图 10 - 16　蜗轮轮芯、轮缘零件工作图

九、减速器箱盖零件工作图（图 10 – 17）

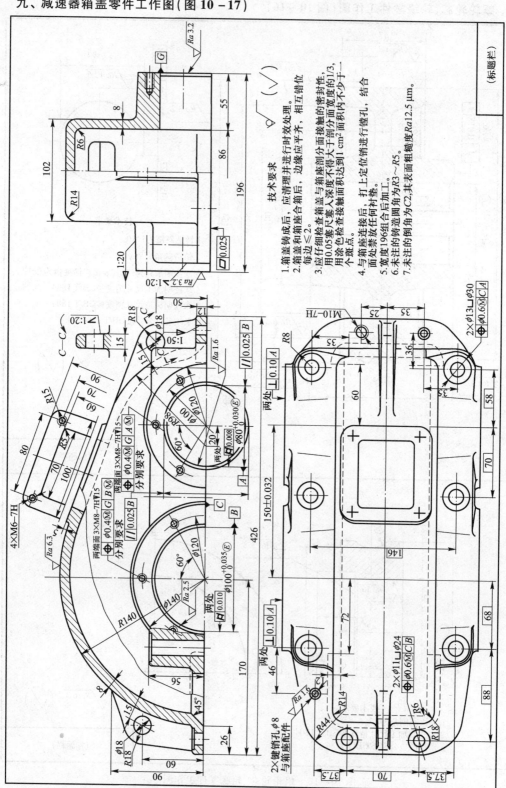

技术要求

1. 箱盖铸成后，应清理并进行时效处理。
2. 箱盖和箱座合箱后，边缘应平齐，相互错位每边 ≤2。
3. 应仔细检查箱体与箱座剖分面接触的密封性，用0.05塞入塞尺检查接触面积达到1/3，用涂色法检查接触面积达到1 cm²面积内不少于一个斑点。
4. 与箱座连接后，打上定位销进行铰孔，结合面处禁放任何衬垫。
5. 宽度196组合后加工。
6. 未注的铸造圆角为R3~R5。
7. 未注的倒角为C2，其表面粗糙度Ra12.5 μm。

图 10 – 17　减速器箱盖零件工作图

十、减速器箱座零件工作图(图10-18)

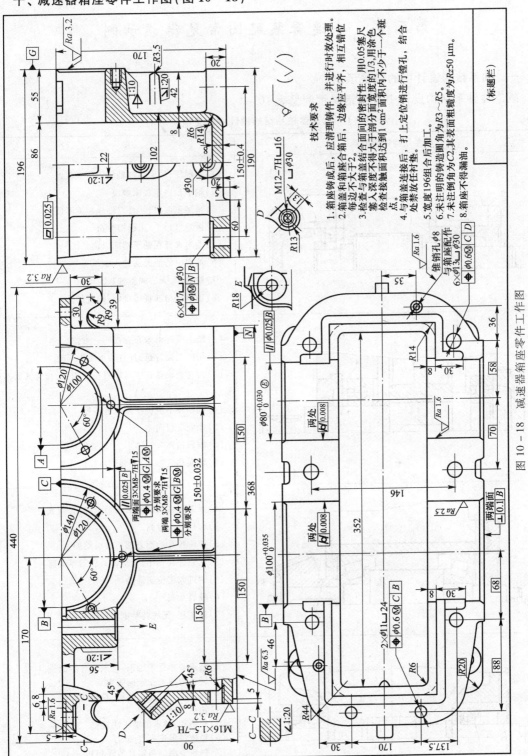

技术要求
1. 箱座铸成后，应清理铸件，并进行时效处理。
2. 箱盖和箱座结合箱后，边缘应平齐，相互错位每边不大于2。
3. 检查与箱座结合面间的密封性，用0.05塞尺塞入深度不得大于剖分面宽度的1/3，用涂色检查接触面积达到1 cm²面积内不少于一个斑点。
4. 与箱盖连接后，打上定位销进行镗孔，结合处禁止放任衬垫。
5. 宽度196组合后加工。
6. 未注明的铸造圆角为R3～R5。
7. 未注倒角为C2，其表面粗糙度为Rz50 μm。
8. 箱座不得漏油。

(标题栏)

图10-18　减速器箱座零件工作图

第三节　减速器装配图常见错误示例

一、轴系结构设计中的错误示例

减速器轴系结构设计中常见错误示例见表 10 - 1。

表 10 - 1　减速器轴系结构设计中常见错误示例

轴系结构错误图例	说　　明
	(1) 缺键槽；轴上零件轴向定位未考虑 (2) 轴承轴向定位未解决 (3) 精加工面过长，且左轴承装拆不便 (4) 齿轮直径小；未设挡油盘 (5) 油沟未开在轴承端面以内 (6) 油沟中的油无法进入轴承 (7) 缺垫片，无法调整轴系游动量 (8) 轴承盖与轴直接接触；缺密封件
	(1) 轴上两键槽未布置在同一方位 (2) 精加工面过长，且右轴承装拆不便 (3) 齿轮处轴段长度与轮毂长度相等，套筒紧固不可靠 (4) 调整环不应设在轴承透盖处 (5) 此处没留间隙 (6) 轴肩过高 (7) 键太靠近轴肩，不利于减缓应力集中
	(1) 未考虑将润滑油引入轴承；配合面太长 (2) 套杯凸肩过高 (3) 齿轮毂孔端面未超出轴头端面 (4) 轮毂外径太小，开键槽处轮毂厚太薄 (5) 键进入定位套筒内 (6) 轴肩太高 (7) 缺垫片，无法调整锥齿轮轴向位置
	(1) 轴承盖顶住了轴承，轴承无法游动 (2) 轴承内圈未作轴向固定 (3) 轴承盖与轴直接接触；缺密封件 (4) 轴承内圈未固定 (5) 缺垫片，轴承游隙无法调整 (6) 箱体轴承座未设凸台 (7) 蜗轮节圆应与蜗杆节线相切

二、箱体和附件设计中的错误示例

减速器箱体和附件设计中常见错误示例见表 10 - 2。

表 10 - 2 减速器箱体和附件设计中常见错误示例

错 误 图 例	错 误 图 例
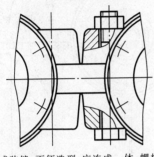	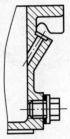
两凸台间成狭缝,不便造型,应连成一体;螺栓孔中心线不应进入轴承座(盖)范围内;螺栓孔两端应锪沉孔;螺母下未设弹簧垫圈	油标尺座偏高且角度不妥,油标尺孔难以加工;放油孔位置偏高,箱内污油放不干净
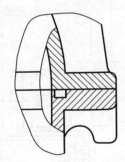	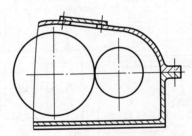
飞溅到箱盖的油无法流入导油沟;凸缘处应有铸造圆角;吊钩内凹处图形错	观察孔太偏左,不利于观察啮合区的情况;大齿轮离箱底太近
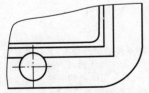	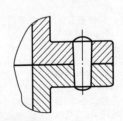
油沟形状不便于铸造或加工;螺栓孔太靠近箱壁,且与输油沟相通	定位销太短,不便拆卸

三、减速器装配图常见错误示例

减速器装配图常见错误见图 10 - 19。

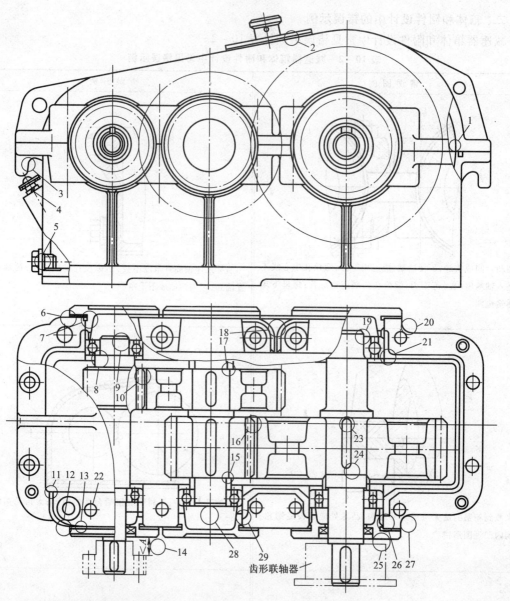

注:A—弹性套柱销联轴器安装尺寸见手册;

　　○—表示不好或错误的结构。

图 10 - 19　减速器装配图常见错误

1—轴承采用油润滑,但油不能流入导油沟内;2—窥视孔太小,不便于检查传动零件的啮合情况,并且没有垫片密封;3—两端吊钩的尺寸不同,并且左端吊钩尺寸太小;4—油尺座孔不够倾斜,无法进行加工和装拆;5—放油螺塞孔端处的箱体没有凸起,螺塞与箱体之间也没有封油圈,并且螺纹孔长度太短,很容易漏油;6、12—箱体两侧的轴承孔端面没有凸起的加工面;7—垫片孔径太小,端盖不能装入;8—轴肩过高,不能通过轴承的内圈来拆卸轴承;9、13—轴段太长,有弊无益;10、16—大、小齿轮同宽,很难调整两齿轮在全齿宽上啮合,并且大齿轮没有倒角;11、13—投影交线不对;14—间距太短,不便拆卸弹性柱销;15、17—轴与齿轮轮毂的配合段同长,轴套不能固定齿轮;18—箱体两凸台相距太近,铸造工艺性不好,造型时出现尖砂;20、27—箱体凸缘太窄,无法加工凸台的沉头座,连接螺栓头部也不能全坐在凸台上。相对应的主视图投影也不对;21—输油沟的油容易直接流回箱座内而不能润滑轴承;22—没有此孔,此处缺少凸台与轴承座的相贯线;23—键的位置紧贴轴肩,加大了轴肩处的应力集中;24—齿轮轮毂上的键槽,在装配时不易对准轴上的键;25—齿轮联轴器与轴承盖相距太近,不便于拆卸轴承盖螺钉;26—轴承盖与箱座孔的配合面太窄;28—所有轴承盖上应当开缺口,使润滑油在较低油面就能进入轴承以加强密封;29—轴承盖开缺口部分的直径应当缩小,也应与其他轴承盖一致;30—图中有若干圆缺中心线(未圈出)

第二篇　机械设计基础课程设计常用标准和规范

第十一章　常用数据和标准

第一节　一般标准和数据

表 11-1　国内的部分标准代号

代　号	名　称	代　号	名　称
GB	国家标准	ZB	国家专业标准
/Z	指导性技术文件	/T	推荐性技术文件
JB	机械工业部标准	ZBJ	机电部行业标准
YB	冶金工业部标准	JB/ZQ	重型机械专业标准
HG	化学工业部标准	Q/ZB	重型机械行业统一标准
SY	石油工业部标准	SH	石油化工行业标准
FJ	纺织工业部标准	FZ	纺织行业标准
QB	轻工业部标准	SG	轻工行业标准

表 11-2　图纸幅面和图样比例（GB/T 14689—2008/，GB/T 14690—1993）

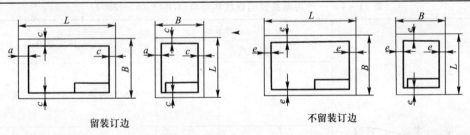

留装订边　　　　　　　　　　　　　不留装订边

图纸幅面（摘自 GB/T 14689—2008）（单位:mm）						图样比例（摘自 GB/T 14690—1993）		
基本幅面（第一选择）					加长幅面（第二选择）	原值比例	缩小比例	放大比例
幅面代号	$B \times L$	a	c	e	幅面代号			

幅面代号	$B \times L$	a	c	e	幅面代号	$B \times L$	原值比例	缩小比例	放大比例
A0	841 × 1 189			20	A3×3	420 × 891	1:1	1:2　$1:2 \times 10^{n}$ 1:5　$1:5 \times 10^{n}$ 1:10　$1:10 \times 10^{n}$	5:1　$5 \times 10^{n}:1$ 2:1　$2 \times 10^{n}:1$ $1 \times 10^{n}:1$
A1	594 × 841		10		A3×4	420 × 1 189			
A2	420 × 594	25			A4×3	297 × 630		必要时允许选取 1:1.5　$1:1.5 \times 10^{n}$ 1:2.5　$1:2.5 \times 10^{n}$ 1:3　$1:3 \times 10^{n}$ 1:4　$1:4 \times 10^{n}$ 1:6　$1:6 \times 10^{n}$	必要时允许选取 4:1　$4 \times 10^{n}:1$ 2.5:1　$2.5 \times 10^{n}:1$ n—正整数
A3	297 × 420		5	10	A4×4	297 × 841			
A4	210 × 297				A4×5	297 × 1 051			

注：加长幅面的图框尺寸按所选用的基本幅面大一号的图框尺寸确定。

表 11-3　标准尺寸（GB/T 2822—2005）　　　　　　mm

R10	R20	R10	R20	R40	R10	R20	R40	R10	R20	R40	R10	R20	R40
1.25	1.25	12.5	12.5	12.5	40.0	40.0	40.0	125	125	125	400	400	400
	1.40			13.2			42.5			132			425
1.60	1.60		14.0	14.0		45.0	45.0		140	140		450	450
	1.80			15.0			47.5			150			475
2.00	2.00	16.0	16.0	16.0	50.0	50.0	50.0	160	160	160	500	500	500
	2.24			17.0			53.0			170			530
2.50	2.50		18.0	18.0		56.0	56.0		180	180		560	560
	2.80			19.0			60.0			190			600
3.15	3.15	20.0	20.0	20.0	63.0	63.0	63.0	200	200	200	630	630	630
	3.55			21.2			67.0			212			670
4.00	4.00		22.4	22.4		71.0	71.0		224	224		710	710
	4.50			23.6			75.0			236			750
5.00	5.00	25.0	25.0	25.0	80.0	80.0	80.0	250	250	250	800	800	800
	5.60			26.5			85.0			265			850
6.30	6.30		28.0	28.0		90.0	90.0		280	280		900	900
	7.10			30.0			95.0			300			950
8.00	8.00	31.5	31.5	31.5	100	100	100	315	315	315	1 000	1 000	1 000
	9.00			33.5			106			335			1 060
10.0	10.0		35.5	35.5		112	112		355	355		1 120	1 120
	11.2			37.5			118			375			1 180

注:1. 选用标准尺寸的顺序为:R10、R20、R40。

2. 本标准适用于机械制造业中有互换性或系列化要求的主要尺寸,其他结构尺寸也应尽量采用。对已有专用标准(如滚动轴承和联轴器等)规定的尺寸,按专用标准选用。

表 11-4　一般用途圆锥的锥度和锥角（GB/T 157—2001）

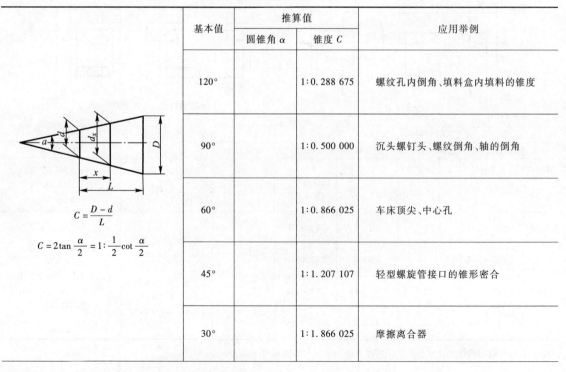

基本值	推算值		应用举例
	圆锥角 α	锥度 C	
120°		1:0.288 675	螺纹孔内倒角、填料盒内填料的锥度
90°		1:0.500 000	沉头螺钉头、螺纹倒角、轴的倒角
60°		1:0.866 025	车床顶尖、中心孔
45°		1:1.207 107	轻型螺旋管接口的锥形密合
30°		1:1.866 025	摩擦离合器

$$C = \frac{D-d}{L}$$

$$C = 2\tan\frac{\alpha}{2} = 1:\frac{1}{2}\cot\frac{\alpha}{2}$$

续表

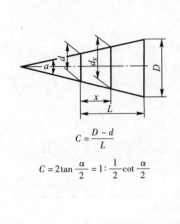

$$C = \frac{D - d}{L}$$

$$C = 2\tan\frac{\alpha}{2} = 1 : \frac{1}{2}\cot\frac{\alpha}{2}$$

基本值	推算值		应用举例
	圆锥角 α	锥度 C	
1:3	18°55′28.7″		有极限转矩的摩擦圆锥离合器
1:5	11°25′16.3″		易拆机件的锥形连接、锥形摩擦离合器
1:10	5°43′29.3″		受轴向力及横向力的锥形零件的接合面、电动机及其他机械的锥形轴端
1:20	2°51′51.1″		机床主轴锥度、刀具尾柄、公制锥度铰刀、圆锥螺栓
1:30	1°54′34.9″		装柄的铰刀及扩孔钻
1:50	1°8′45.2″		圆锥销、定位销、圆锥销孔的铰刀
1:100	0°34′22.6″		承受陡振及静变载荷的不需拆开的连接机件
1:200	0°17′11.3″		承受陡振及冲击变载荷的需拆开的连接零件、圆锥螺栓

注：d_x—给定截面圆锥直径。

表 11-5　60°中心孔尺寸（GB/T 145—2001）　　　　　　　　　　mm

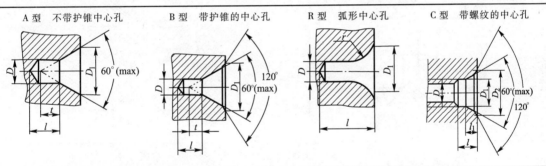

中心孔选择依据		D		D_1			l(参考)			t(参考)	D_2	l_1(参考)	l_{min}	r_{max}	r_{min}
原料端部最小直径/mm	轴状原料直径范围/mm	A、B、R 型	C 型	A、R 型	B 型	C 型	A 型	B 型	C 型	A、B 型	C 型		R 型		
8	8~18	2.00	—	4.25	6.30	—	1.95	2.54	—	1.80	10.5	—	4.4	6.3	5.0
10	18~30	2.50	—	5.30	8.00	—	2.42	3.2	—	2.20	13.2	—	5.5	8.0	6.3
12	30~50	3.15	M3	6.70	10.00	3.2	3.07	4.03	2.6	2.80	16.3	1.8	7.0	10.0	8.0
15	50~80	4.00	M4	8.50	12.50	4.3	3.90	5.05	3.2	3.50	19.8	2.1	8.9	12.5	10.0
20	80~120	(5.00)	M5	10.60	16.00	5.3	4.85	6.41	4.0	4.40	25.3	2.4	11.2	16.0	12.5
25	120~180	6.30	M6	13.20	18.00	6.4	5.98	7.36	5.0	5.50	31.3	2.8	14.0	20.0	16.0
30	180~220	(8.00)	M8	17.00	22.40	8.4	7.79	9.36	6.0	7.00	38	3.3	17.9	25.0	20.0
42	220~260	10.00	—	21.20	28.00		9.70	11.66		8.70	—		22.5	31.5	25.0

注：1. 括号内的尺寸尽量不用。

2. 不要求保留中心孔的零件采用 A 型，要求保留中心孔的零件采用 B 型。

表 11-6 中心孔的标注 (GB/T 4459.5—1999)

设计要求	符号	示例	附注
在完工零件上要求保留中心孔		GB/T 4459.5—B2.5/8	采用 B 型中心孔 $D = 2.5$ mm、$D_1 = 8$ mm
在完工零件上可以保留中心孔		GB/T 4459.5—A4/8.5	采用 A 型中心孔 $D = 4$ mm、$D_1 = 8.5$ mm,在完工零件上是否保留中心孔都可以
在完工零件上不允许保留中心孔		GB/T 4459.5—A1.6/3.35	采用 A 型中心孔 $D = 1.6$ mm、$D_1 = 3.35$ mm

表 11-7 零件倒圆与倒角 (GB/T 6403.4—2008)　　　　mm

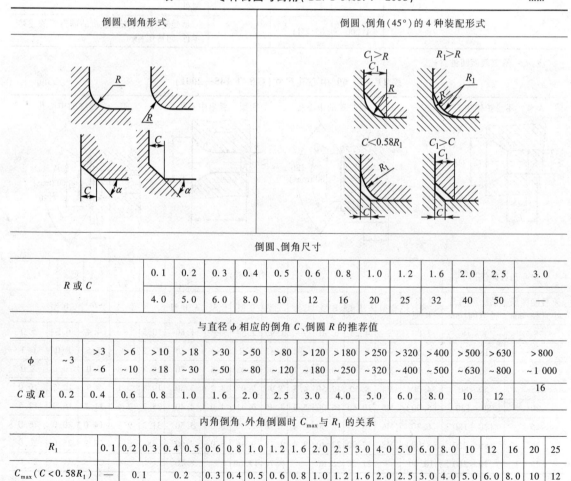

| 倒圆、倒角形式 | 倒圆、倒角(45°)的 4 种装配形式 |

倒圆、倒角尺寸

R 或 C	0.1	0.2	0.3	0.4	0.5	0.6	0.8	1.0	1.2	1.6	2.0	2.5	3.0
	4.0	5.0	6.0	8.0	10	12	16	20	25	32	40	50	—

与直径 ϕ 相应的倒角 C、倒圆 R 的推荐值

ϕ	~3	>3 ~6	>6 ~10	>10 ~18	>18 ~30	>30 ~50	>50 ~80	>80 ~120	>120 ~180	>180 ~250	>250 ~320	>320 ~400	>400 ~500	>500 ~630	>630 ~800	>800 ~1 000
C 或 R	0.2	0.4	0.6	0.8	1.0	1.6	2.0	2.5	3.0	4.0	5.0	6.0	8.0	10	12	16

内角倒角、外角倒圆时 C_{max} 与 R_1 的关系

R_1	0.1	0.2	0.3	0.4	0.5	0.6	0.8	1.0	1.2	1.6	2.0	2.5	3.0	4.0	5.0	6.0	8.0	10	12	16	20	25
$C_{max}(C < 0.58R_1)$	—	0.1		0.2		0.3	0.4	0.5	0.6	0.8	1.0	1.2	1.6	2.0	2.5	3.0	4.0	5.0	6.0	8.0	10	12

注:α 一般采用 45°,也可以采用 30° 或 60°。

表 11-8　砂轮越程槽（GB/T 6403.5—2008）　　　mm

回转面及端面砂轮越程槽的形式

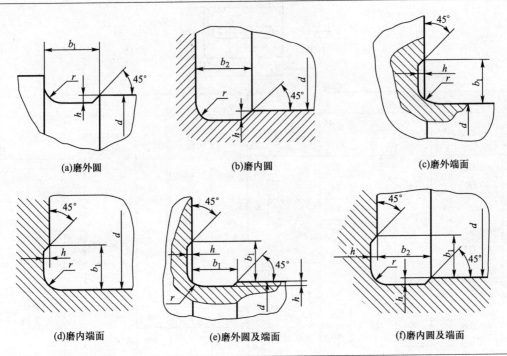

(a)磨外圆　　　　　　　(b)磨内圆　　　　　　　(c)磨外端面

(d)磨内端面　　　　(e)磨外圆及端面　　　　(f)磨内圆及端面

回转面及端面砂轮越程槽的尺寸

b_1	0.6	1.0	1.6	2.0	3.0	4.0	5.0	8.0	10
b_2	2.0	3.0		4.0		5.0		8.0	10
h	0.1	0.2		0.3	0.4		0.6	0.8	1.2
r	0.2	0.5		0.8	1.0		1.6	2.0	3.0
d	~10			10~50		50~100		100	

注:1. 越程槽内与直线相交处，不允许产生尖角。

2. 越程槽深度 h 与圆弧半径 r，要满足 $r \leqslant 3h$。

表 11-9　圆形零件自由表面过渡圆角半径和过盈配合连接轴用倒角　　　mm

		$D-d$	2	5	8	10	15	20	25	30	35	40	50	55	65	70	90
圆角半径		R	1	2	3	4	5	8	10	12	12	16	16	20	20	25	25
		$D-d$	100	130	140	170	180	220	230	290	300	360	370	450	—	—	—
		R	30	30	40	40	50	50	60	60	80	80	100	100			
过盈配合连接轴用倒角		D	≤10	>10 ~18		>18 ~30		>30 ~50		>50 ~80		>80 ~120		>120 ~180		>180 ~260	>260 ~360	>360 ~500
		a	1	1.5		2		3		5		5		8		10	10	12
		α		30°							10°							

注：尺寸 $D-d$ 是表中数值的中间值时，则按较小尺寸来选取 R。例如，$D-d=98$ mm，则按 90 mm 来选取 $R=25$ mm。

表 11 – 10　圆柱形轴伸（GB/T 1569—2005）　　　　　　mm

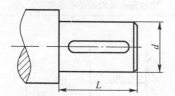

d		L		d		L		d		L	
基本尺寸	极限偏差	长系列	短系列	基本尺寸	极限偏差	长系列	短系列	基本尺寸	极限偏差	长系列	短系列
6	+0.006 −0.002	16		22		50	36	55		110	82
				24				56			
7	+0.007 −0.002		—	25	+0.009 −0.004　j6	60	42	60	+0.030 +0.011	140	105
8		20		28				63			
9				30				65			
10	j6	23	20	32		80	58	70	m6		
11				35				71			
12	+0.008 −0.003	30	25	38				75			
14				40	+0.018 +0.002　k6			80		170	130
16				42				85			
18		40	28	45		110	82	90	+0.035 +0.013		
19	+0.009 −0.004			48				95			
20		50	36	50				100		210	165

表 11 – 11　机器轴高（摘自 GB/T 12217—2005）　　　　　　mm

系列	轴高的基本尺寸 h
Ⅰ	25,40,63,100,160,250,400,630,1 000,1 600
Ⅱ	25,32,40,50,63,80,100,125,160,200,250,315,400,500,630,800,1 000,1 250,1 600
Ⅲ	25,28,32,36,40,45,50,56,63,71,80,90,100,112,125,140,160,180,200,225,250,280,315,355,400,450,500,560,630,710,800,900,1 000,1 120,1 250,1 400,1 600
Ⅳ	25,26,28,30,32,34,36,38,40,42,45,48,50,53,56,60,63,67,71,75,80,85,90,95,100,105,112,118,125,132,140,150,160,170,180,190,200,212,225,236,250,265,280,300,315,335,355,375,400,425,450,475,500,530,560,600,630,670,710,750,800,850,900,950,1 000,1 060,1 120,1 180,1 250,1 320,1 400,1 500,1 600

轴高 h	轴高的极限偏差		平行度公差		
	电动机、从动机器、减速器等	除电动机以外的主动机器	$L < 2.5h$	$2.5h \leqslant L \leqslant 4h$	$L > 4h$
>50～250	$\begin{matrix}0\\-0.5\end{matrix}$	$\begin{matrix}+0.5\\0\end{matrix}$	0.25	0.4	0.5
>250～630	$\begin{matrix}0\\-1.0\end{matrix}$	$\begin{matrix}+1.0\\0\end{matrix}$	0.5	0.75	1.0
>630～1 000	$\begin{matrix}0\\-1.5\end{matrix}$	$\begin{matrix}+1.5\\0\end{matrix}$	0.75	1.0	1.5
>1 000	$\begin{matrix}0\\-2.0\end{matrix}$	$\begin{matrix}+2.0\\0\end{matrix}$	1.0	1.5	2.0

注:1. 机器轴高应优先选用第 Ⅰ 系列数值,如不能满足需要时,可选用第 Ⅱ 系列数值,其次选用第 Ⅲ 系列数值,尽量不采用第 Ⅳ 系列数值。

2. h 不包括安装时所用的垫片。L 为轴的全长。

表 11-12　插刀空刀槽(JB/ZQ 4239—1986)及齿轮滚刀外径尺寸(GB/T 6083—2001)　　　mm

模数	2	2.5	3	4	5	6	7	8	9	10	12	14	16	18
h_{min}	5	6		7				8			9			10
b_{min}	5	6	7.5	10.5	13	15	16	19	22	24	28	33	38	42
r		0.5					1.0							

模数系列	2	2.25	2.5	2.75	3	3.25	3.5	3.75	4	4.5	5	5.5	6	6.5	7	8	9	10
滚刀直径 D	Ⅰ 型	80		90		100			112		125		140			160	180	200
	Ⅱ 型	63		71		80			90		100	112	118		125	140		150

注: Ⅰ 型适用于 AAA、AA 级精度的滚刀,Ⅱ 型适用于 AA、A、B 级精度的滚刀。

第二节　铸件设计一般规范

表 11-13　铸件最小壁厚　　　　　　　　mm

铸造方法	铸件尺寸	铸钢	灰铸铁	球墨铸铁	可锻铸铁	铝合金	镁合金	铜合金
砂型	～200×200	8	～6	6	5	3	3	3～5
	>200×200～500×500	10～12	>6～10	12	8	4		6～8
	>500×500	15～20	15～20			6		
金属型	～70×70	5	4		2.5～3.5	2～3	2.5	3
	>70×70～150×150		5			4		4～5
	>150×150	10	6			5		6～8

注:1. 一般铸造条件下,各种灰铸铁的最小允许壁厚:

HT100,HT150:$\delta = 4～6$ mm;HT200:$\delta = 6～8$ mm;HT250:$\delta = 8～15$ mm;

HT300,HT350:$\delta = 15$ mm;HT400,$\delta \geqslant 20$ mm。

2. 如有特殊需要,在改善铸造条件下,灰铸铁最小壁厚可达 3 mm,可锻铸铁可小于 3 mm。

表 11 – 14 铸造内圆角（JB/ZQ 4255—2006）

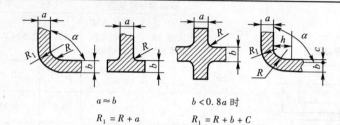

$$a \approx b$$
$$R_1 = R + a$$

$$b < 0.8a \text{ 时}$$
$$R_1 = R + b + C$$

$\dfrac{a+b}{2}$ /mm	R/mm 内圆角 α										
	<50°		51°~75°		76°~105°		106°~135°		136°~165°		>165°	
	钢	铁	钢	铁	钢	铁	钢	铁	钢	铁	钢	铁
≤8	4	4	4	4	6	4	8	6	16	10	20	16
9~12	4	4	4	4	6	6	10	8	16	12	25	20
13~16	4	4	6	4	8	6	12	10	20	16	30	25
17~20	6	4	8	6	10	8	16	12	25	20	40	30
21~27	6	6	10	8	12	10	20	16	30	25	50	40

		c 和 h/mm			
b/a		<0.4	0.5~0.65	0.66~0.8	>0.8
$c \approx$		$0.7(a-b)$	$0.8(a-b)$	$a-b$	—
$h \approx$	钢		$8c$		
	铁		$9c$		

表 11 – 15 铸造外圆角（JB/ZQ 4256—2006）

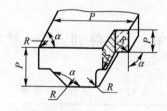

表面的最小边尺寸 P/mm	R/mm 外圆角 α					
	<50°	51°~75°	76°~105°	106°~135°	136°~165°	>165°
≤25	2	2	2	4	6	8
>25~60	2	4	4	6	10	16
>60~160	4	4	6	8	16	25
>160~250	4	6	8	12	20	30
>250~400	6	8	10	16	25	40
>400~600	6	8	12	20	30	50

表 11 – 16　铸造斜度（JB/ZQ 4257—2006）

斜度 b:h	角度 β	使用范围
1:5	11°30′	h < 25 mm 的钢和铁铸件
1:10 1:20	5°30′ 3°	h 在 25 ~ 500 mm 时的钢和铁铸件
1:50	1°	h > 500 mm 时的钢和铁铸件
1:100	30′	有色金属铸件

注:当设计不同壁厚的铸件时,在转折点处的斜角最大还可增大到30°~45°。

表 11 – 17　铸造过渡斜度（JB/ZQ 4254—2006）　　　　mm

铸铁和铸钢件的壁厚 δ	K	h	R
10 ~ 15	3	15	5
>15 ~ 20	4	20	5
>20 ~ 25	5	25	5
>25 ~ 30	6	30	8
>30 ~ 35	7	35	8
>35 ~ 40	8	40	10
>40 ~ 45	9	45	10
>45 ~ 50	10	50	10

适用于减速器、连接管、气缸及其他连接法兰

第十二章　常用工程材料

第一节　黑色金属材料

表 12-1　钢的常用热处理方法及应用

名称	说明	应用
退火	退火是将钢件(或钢坯)加热到临界温度以上 30～50℃保温一段时间,然后再缓慢地冷却下来(一般用炉冷)	用来消除铸、锻、焊零件的内应力,降低硬度,以易于切削加工,细化金属晶粒,改善组织,增加韧性
正火	正火是将钢件加热到临界温度以上,保温一段时间,然后用空气冷却,冷却速度比退火快	用来处理低碳和中碳结构钢材及渗碳零件,使其组织细化,增加强度及韧性,减少内应力,改善切削性能
淬火	淬火是将钢件加热到临界点以上温度,保温一段时间,然后放入水、盐水或油中(个别材料在空气中)急剧冷却,使其得到高硬度	用来提高钢的硬度和强度极限。但淬火时会引起内应力,使钢变脆,所以淬火后必须回火
回火	回火是将淬硬的钢件加热到临界点温度以下,保温一段时间,然后在空气中或油中冷却下来	用来消除淬火后的脆性和内应力,提高钢的塑性和韧性
调质	淬火后高温回火	用来使钢获得高的韧性和足够的强度,很多重要零件是经过调质处理的
表面淬火	使零件表层有高的硬度和耐磨性,而心部保持原有的强度和韧性	常用来处理轮齿的表面
渗碳	使表面增碳;渗碳层深度 0.4～6 mm 或大于 6 mm。硬度为 56～65 HRC	提高钢件的耐磨性能、表面硬度、抗拉强度及疲劳极限 适用于低碳、中碳($w_C < 0.40\%$)结构钢的中小型零件和受重载荷、受冲击、耐磨的大型零件

名称	说　明	应　用
氮碳共渗	使表面增加碳与氮；扩散层深度较浅，为 0.02 ～ 3.0 mm；硬度高，在共渗层为 0.02 ～ 0.04 mm 时为 66 ～ 70 HRC	提高结构钢、工具钢制件的耐磨性能、表面硬度和疲劳极限，提高刀具切削性能和使用寿命 适用于要求硬度高且耐磨的中小型及薄片的零件和刀具等
渗氮	表面增氮，渗氮层深度为 0.025 ～ 0.8 mm，而渗氮时间需 40 ～ 50 h，硬度很高（1 200 HV），耐磨、耐蚀性能高	提高钢件的耐磨性能、表面硬度、疲劳极限和耐蚀性 适用于结构钢和铸铁件，如气缸套、气门座、机床主轴和丝杠等耐磨零件，以及在潮湿碱水和燃烧气体介质的环境中工作的零件，如水泵轴及排气阀等零件

表 12 – 2　各种硬度值对照表

洛氏 HRC	肖氏 HS	维氏 HV	布氏 HBW	洛氏 HRC	肖氏 HS	维氏 HV	布氏 HBW	洛氏 HRC	肖氏 HS	维氏 HV	布氏 HBW
70	—	1037	—	51	67.7	525	501	32	44.5	304	298
69	—	997	—	50	66.3	509	488	31	43.5	296	291
68	96.6	959	—	49	65	493	474	30	42.5	289	283
67	94.6	923	—	48	63.7	478	461	29	41.6	281	276
66	92	889	—	47	62.3	468	449	28	40.6	274	269
65	90.5	856	—	46	61	449	430	27	39.7	268	263
64	88.4	825	—	45	59.7	436	424	26	38.8	261	257
63	86.5	795	—	44	58.4	423	413	25	37.9	255	251
62	84.8	766	—	43	57.7	411	401	24	37	249	245
61	83.1	739	—	42	55.9	399	391	23	36.3	243	240
60	81.4	713	—	41	54.7	388	380	22	35.5	237	234
59	79.7	688	—	40	53.6	377	370	21	34.7	231	229
58	78.1	664	—	39	52.3	367	360	20	34	226	225
57	76.5	642	—	38	51.1	357	350	19	33.2	221	220
56	74	620	—	37	50	347	341	18	32.6	216	216
55	73.5	599	—	36	48.8	338	332	17	31.9	211	211
54	71.9	579	—	35	47.8	329	320	—	—	—	—
53	70.5	561	—	34	46.6	320	314	—	—	—	—
52	69.1	543	—	33	45.6	312	306				

注：布氏硬度值试验载荷为 $300D^2$（单位为 N），D 为硬质合金球直径（单位为 mm）。

表 12-3　普通碳素结构钢（摘自 GB/T 700—2006）

牌号	等级	力学性能												冲击试验（V形缺口）		应用举例
		屈服强度① R_{eH}/(N/mm²)						抗拉强度 R_m/(N/mm²)	断后伸长率 A/(%)					温度/℃	冲击吸收功（纵向）/J	
		钢材厚度（或直径）/mm							钢材厚度（或直径）/mm							
		≤16	>16~40	>40~60	>60~100	>100~150	>150~200		≤40	>40~60	>60~100	>100~150	>150~200			
		不小于							不小于						不小于	
Q195	—	195	185	—	—	—	—	315~430	33	—	—	—	—	—	—	塑性好，常用其轧制薄板、拉制线材、制钉和焊接钢管
Q215	A	215	205	195	185	175	165	335~450	31	30	29	27	26	—	—	金属结构件，拉杆、套圈、铆钉、螺栓、短轴、心轴、凸轮（载荷不大的）、渗碳零件及焊接件
	B													20	27	
Q235	A	235	225	215	215	195	185	370~500	26	25	24	22	21	—	—	金属结构构件，心部强度要求不高的渗碳或碳氮共渗零件，吊钩、拉杆、套圈、气缸、齿轮、螺栓、螺母、连杆、轮轴、盖及焊接件
	B													20	27③	
	C													0		
	D													-20		
Q275	A	275	265	255	245	225	215	410~540	22	21	20	18	17	—	—	轴、销轴、刹车杆、螺母、螺栓、垫圈、连杆、齿轮以及其他强度较高的零件等
	B													20	27	
	C													0		
	D													-20		

注：1. Q195 的屈服强度数值仅供参考，不作交货条件。

2. 厚度大于 100 mm 的钢材，抗拉强度下限允许降低 20 N/mm²，宽带钢（包括剪切钢板）抗拉强度上限不作交货条件。

3. 厚度小于 25 mm 的 Q235B 级钢材，如供方能保证冲击吸收功值合格，经需方同意，可不作检验。

4. 近年来新国标中抗拉强度、屈服强度、屈服强度等物理量的名称或符号不同于早些年的旧国标，本书中所用相关物理量的名称和符号严格遵照现行的标准，因现行标准未完全统一，所以会存在同一物理量因不同标准原因存在符号或名称的不一致。

表 12 – 4 优质碳素结构钢（摘自 GB/T 699—1999）

牌号	推荐热处理/℃ 正火	淬火	回火	试件毛坯尺寸/mm	抗拉强度 σ_b MPa 不小于	屈服点 σ_s MPa 不小于	伸长率 δ_s (%) 不小于	收缩率 ψ (%) 不小于	冲击吸收功 A_K J 不小于	钢材交货状态硬度 HBW 未热处理 不大于	退火钢 不大于	应用举例
08F	930			25	295	175	35	60		131		垫片、垫圈、管材和摩擦片等
10	930			25	335	205	31	55		137		拉杆、卡头、垫片和垫圈等
20	910			25	410	245	25	55		156		拉杆、轴套、螺钉和吊钩等
25	900	870	600	25	450	275	23	50	71	170		轴、辊子、连接器、垫圈和螺栓等
35	870	850	600	25	530	315	20	45	55	197		连杆、圆盘、轴销和轴等
40	860	840	600	25	570	335	19	45	47	217	187	齿轮、链轮、轴、键、销、轧辊、曲柄销、活塞杆和圆盘等
45	850	840	600	25	600	355	16	40	39	229	197	
50	830	830	600	25	630	375	14	40	31	241	207	齿轮、轧辊、轴和圆盘等
60	810			25	675	400	12	35		255	229	轧辊、弹簧、凸轮和轴等
20Mn	910			25	450	275	24	50		197		凸轮、齿轮、联轴器和铰链等
30Mn	880	860	600	25	540	315	20	45	63	217	187	螺栓、螺母、杠杆和制动踏板等
40Mn	860	840	600	25	590	355	17	45	47	229	207	轴、曲轴、连杆、螺栓和螺母等
50Mn	830	830	600	25	645	390	13	40	31	255	217	齿轮、轴、凸轮和摩擦盘等
65Mn	810			25	735	430	9	30		285	229	弹簧和弹簧垫圈等

注：热处理推荐保温时间为：正火不小于 30 min，空冷；淬火不小于 30 min，水冷；回火不小于 1 小时。

表 12 – 5 合金结构钢（GB/T 3077—1999）

牌号	热处理类型	截面尺寸/mm	抗拉强度 σ_b/MPa 最小值	屈服强度 σ_s/MPa 最小值	伸长率 δ_5/% 最小值	收缩率 ψ/% 最小值	冲击功 A_{KV}/J 最小值	供货状态硬度 HBW 最小值	应用举例
20Mn2	淬火回火	15	785	590	10	40	47	187	渗碳小齿轮、小轴和链板等
35SiMn	淬火回火	25	885	735	15	45	47	229	韧性高，可代替 40Cr，用于轴、轮和紧固件等
	调质	≤100	785	510	15	45	60	229～286	
		>101～300	735	440	14	35	50	217～265	
		>301～400	685	390	13	30	45	215～255	
40Cr	淬火	25	980	785	9	45	47	207	齿轮、轴、曲轴、连杆和螺栓等，用途很广
	调质	≤100	735	540	15	45	50	241～286	
		>101～300	685	490	14	45	40	241～286	
		>301～500	635	440	10	30	30	229～269	

续表

牌号	热处理类型	截面尺寸/mm	力学性能						应用举例
			抗拉强度 σ_b/MPa	屈服强度 σ_s/MPa	伸长率 δ_5/%	收缩率 ψ/%	冲击功 A_{KV}/J	供货状态硬度 HBW	
			最小值						
20Cr	淬火回火	15	835	540	10	40	47	179	重要的渗碳零件、齿轮轴、蜗杆和凸轮等
38CrMoAl	淬火回火	30	980	835	14	50	71	229	主轴、镗杆、蜗杆、滚子、检验规和气缸套等
20CrMnTi	淬火回火	15	1 080	835	10	45	55	217	中载和重载的齿轮轴、齿圈、滑动轴承支撑的主轴和蜗杆等,用途很广
	渗碳							HRC 56~62	

注:表中各牌号钢截面尺寸为 15 mm、25 mm 和 30 mm 时的力学性能数据摘自 GB/T 3077—1999,其他截面尺寸的力学性能数据供参考。

表 12 – 6　一般工程用铸造碳钢(GB/T 11352—2009)

牌号	抗拉强度 R_m	屈服强度 R_{eL}	伸长率 A	根据合同选择		硬度		应用举例
				收缩率 Z	冲击功(值) $KV(KU)$	正火回火 (HBW)	表面淬火 (HRC)	
	/MPa	/MPa	/%	/%	/J			
	最小值							
ZG200 – 400	400	200	25	40	30(6.0)			各种形状的零件,如机座和变速箱壳等
ZG230 – 450	450	230	22	32	25(4.5)	≥131		铸造平坦的零件如机座、机盖、箱体和铁砧台,工作温度在 450℃ 以下的管路附件等。焊接性良好
ZG270 – 500	500	270	18	25	22(3.5)	≥143	40~45	各种形状的零件如飞轮、机架、蒸汽锤、桩锤、联轴器、水压机工作缸和横梁等。焊接性尚可
ZG310 – 570	570	310	15	21	15(3)	≥153	40~50	各种形状的零件,如联轴器、气缸、齿轮、齿圈及重负荷机架等
ZG340 – 640	640	340	10	18	10(2)	169~55	45~55	起重运输机中齿轮、联轴器及重要的零件等

注:1. 表中 KV 表示冲击功(V 型),KU 表示冲击值(U 型)。

2. 各牌号铸钢的性能,适用于厚度为 100 mm 以下的铸件。当厚度超过 100 mm 时,仅表中规定的屈服强度可供设计使用。

3. 表中力学性能的试验环境温度为(20±10)℃。

4. 表中硬度值非 GB/T 11352—2009 内容,仅供参考。

表 12 – 7　灰铸铁(GB/T 9439—2010)

牌号	铸件壁厚/mm		最小抗拉强度 R_m（强制性值）/min 单铸试棒/MPa	布氏硬度/HBW	应 用 举 例
	大于	至			
HT100	5	40	100	≤170	盖、外罩、油盘、手轮、手把、支架等
HT150	5	10	150	125～205	端盖、汽轮泵体、轴承座、阀壳、一般机床底座、床身及其他复杂零件、工作台等
	10	20			
	20	40			
	40	80			
	80	150			
	150	300			
HT200	5	10	200	150～230	齿轮、气缸、底架、飞轮、齿条、一般机床铸有导轨的床身及中等压力(8 MPa 以下)液压缸、液压泵和阀的壳体等
	10	20			
	20	40			
	40	80			
	80	150			
	150	300			
HT250	5	10	250	180～250	液压缸、气缸、箱体、齿轮、齿轮箱外壳、飞轮、联轴器、凸轮及轴承座等
	10	20			
	20	40			
	40	80			
	80	150			
	150	300			
HT300	10	20	300	200～275	
	20	40			车床卡盘、剪床、齿轮、凸轮、导板、转塔自动车床及其他重负荷机床铸有导轨的床身、高压液压缸、液压泵和滑阀的壳体等
	40	80			
	80	150			
	150	300			
HT350	10	20	350	220～290	
	20	40			
	40	80			
	80	150			
	150	300			

注:灰铸铁的硬度由经验关系式计算:$HBW = R_H(100 + 0.44R_m)$,R_H 一般取 0.80～1.20。

表 12 - 8 球墨铸铁（GB/T 1348—2009）

牌号	抗拉强度 R_m	屈服强度 $R_{p0.2}$	伸长率 A	布氏硬度 HBW	用　途
	MPa		%		
	最小值				
QT400 – 18	400	250	18	120 ~ 175	减速器箱体、管道、阀体、阀盖、压缩机气缸、拨叉和离合器壳等
QT400 – 15	400	250	15	120 ~ 180	
QT450 – 10	450	310	10	160 ~ 210	油泵齿轮、阀门体、车辆轴瓦、凸轮、犁铧、减速器箱体和轴承座等
QT500 – 7	500	320	7	170 ~ 230	
QT600 – 3	600	370	3	190 ~ 270	曲轴、凸轮轴、齿轮轴、机床主轴、缸体、缸套、连杆、矿车轮和农机零件等
QT700 – 2	700	420	2	225 ~ 305	
QT800 – 2	800	480	2	245 ~ 335	
QT900 – 2	900	600	2	280 ~ 360	曲轴、凸轮轴、连杆和履带式拖拉机链轨板等

注：表中数据是由单铸试块测定的力学性能。

表 12 - 9 常用轧制钢板尺寸规格（GB/T 708—2006 和 GB/T 709—2006）　　　　mm

公称厚度	冷轧 GB/T 708 —2006	0.20 0.25 0.30 0.35 0.40 0.45 0.55 0.60 0.65 0.70 0.75 0.80 0.90
		1.0 1.1 1.2 1.3 1.4 1.5 1.6 1.7 1.8 2.0 2.2 2.5 2.8
		3.0 3.2 3.5 3.8 3.9 4.0 4.2 4.5 4.8 5.0
	热轧 GB/T 709 —2006	0.50 0.55 0.60 0.65 0.70 0.75 0.80 0.90 1.0 1.2 1.3 1.4 1.5 1.6 1.8
		2.0 2.2 2.5 2.8 3.0 3.2 3.5 3.8 3.9 4.0 4.5 5 6 7 8
		9 10 11 12 13 14 15 16 17 18 19 20 21 22 25
		26 28 30 32 34 36 38 40 42 45 48 50 52 55 ~ 110（5 进位）
		120 125 130 140 150 160 165 170 180 185 190 195 200

注：钢板宽度为 50 mm 或 10 mm 的倍数，但 ≥600 mm。钢板长度为 100 mm 或 50 mm 的倍数，当厚度 ≤4 mm 时，长度 ≥1.2 m；厚度 >4 mm 时，长度 ≥2 m。

第二节 有色金属材料

表 12-10 铸造铜合金、铸造铝合金和铸造轴承合金

合金牌号	合金名称（或代号）	铸造方法	合金状态	力学性能（不低于）				应 用 举 例
				抗拉强度 σ_b	屈服点 $\sigma_{0.2}$	伸长率 δ_5	布氏硬度 HBW	
				MPa		%		
铸造铜合金（GB/T 1176—1987）								
ZCuSn5Pb5Zn5	5-5-5 锡青铜	S、J Li、La		200 250	90 100	13	590[1] 635[1]	较高载荷，中速下工作的耐磨、耐蚀件，如轴瓦、衬套、缸套及蜗轮等
ZCuSn10Pb1	10-1 锡青铜	S J Li La		220 310 330 360	130 170 170 170	3 2 4 6	785[1] 885[1] 885[1] 885[1]	高载荷（20 MPa 以下）和高速（8 m/s）下工作的耐磨件，如连杆、衬套、轴瓦及蜗轮等
ZCuSn10Pb5	10-5 锡青铜	S J		195 245		10	685	耐蚀、耐酸件及破碎机衬套、轴瓦等
ZCuPb17Sn2Zn4	17-4-4 铅青铜	S J		150 175		5 7	540 590	一般耐磨件、轴承等
ZCuAl10Fe3	10-3 铝青铜	S J Li、La		490 540 540	180 200 200	13 15 15	980[1] 1080[1] 1080[1]	要求强度高、耐磨、耐蚀的零件，如轴套、螺母、蜗轮及齿轮等
ZCuAl10Fe3Mn2	10-3-2 铝青铜	S J		490 540		15 20	1080 1175	
ZCuZn38	38 黄铜	S J		295		30	590 685	一般结构件和耐蚀件，如法兰、阀座及螺母等
ZCuZn40Pb2	40-2 铅黄铜	S J		220 280	120	15 20	785[1] 885[1]	一般用途的耐磨、耐蚀件，如轴套和齿轮等
ZCuZn35Al2Mn2Fe1	35-2-2-1 铝黄铜	S J Li、La		450 475 475	170 200 200	20 18 18	985[1] 1080[1] 1080[1]	管路配件和要求不高的耐磨件

续表

合金牌号	合金名称（或代号）	铸造方法	合金状态	力学性能(不低于)				应用举例
				抗拉强度 σ_b	屈服点 $\sigma_{0.2}$	伸长率 δ_5	布氏硬度 HBW	
				MPa		%		
铸造铜合金（GB/T 1176—1987）								
ZCuZn38Mn2Pb2	38-2-2 锰黄铜	S		245		10	685	一般用途的结构件,如套筒、衬套、轴瓦、滑块等
		J		345		18	785	
铸造铝合金（GB/T 1173—1995）								
ZAlSi12	ZL102 铝硅合金	SB、JB RB、KB	F	145		4	50	气缸活塞以及高温工作的承受冲击载荷的复杂薄壁零件
			T_2	135		4		
		J	F	155		2		
			T_2	145		3		
ZAlSi9Mg	ZL104 铝硅合金	S、J、R、K	F	145		2	50	形状复杂的高温静载荷或受冲击作用的大型零件,如风机叶片及水冷气缸头
		J	T_1	195		1.5	65	
		SB、RB、KB	T_6	225		2	70	
		J、JB	T_6	235		2	70	
ZAlMg5Si1	ZL303 铝镁合金	S、J、R、K	F	145		1	55	高耐蚀性或在高温下工作的零件
ZAlZn11Si7	ZL401 铝锌合金	S、R、K、J	T_1	195		2	80	铸造性能较好,可不用热处理,用于形状复杂的大型薄壁零件,耐蚀性差
				245		1.5	90	
铸造轴承合金（GB/T 1174—1992）								
ZSnSb12Pb10Cu4	锡基轴承合金	J					29	汽轮机、压缩机、机车、发电机、球磨机、轧机减速器及发动机等各种机器的滑动轴承衬
ZSnSb11Cu6							27	
ZPbSb16Sn16Cu2	铅基轴承合金	J					30	
ZPbSb15Sn5							20	

注:1. 铸造方法代号:S 表示砂型铸造;J 表示金属型铸造;Li 表示离心铸造;La 表示连续铸造;R 表示熔模铸造;K 表示壳型铸造;B 表示变质处理。

2. 合金状态代号:F 表示铸态;T_1 表示人工时效;T_2 表示退火;T_6 表示固溶处理加人工完全时效。

3. 铸造铜合金的布氏硬度试验力的单位为 N,①为参考值。

第三节 其他工程材料

表 12-11 工 程 塑 料

品种		力 学 性 能						热 性 能				应用举例
		抗拉强度/MPa	抗压强度/MPa	抗弯强度/MPa	伸长率/%	冲击值/(kJ·m⁻²)	弹性模量/10³MPa	硬度HRC	熔点/℃	马丁耐热/℃	脆化温度/℃	线胀系数/(×10⁻⁵℃⁻¹)	
尼龙6	干态	55	88.2	98	150	带缺口 3	0.254	114	215~223	40~50	-20~-30	7.9~8.7	机械强度和耐磨性优良，广泛用作机械、化工及电气零件。如：轴承、齿轮、凸轮、蜗轮、螺钉、螺母和垫圈等。尼龙粉喷涂于零件表面，可提高耐磨性和密封性
	含水	72~76.4	58.2	68.8	250	>53.4	0.813	85					
尼龙66	干态	46	117	98~107.8	60	3.8	0.313~0.323	118	265	50~60	-25~-30	9.1~10	
	含水	81.3	88.2		200	13.5	0.137	100					
MC尼龙（无填充）		90	105	156	20	无缺口 0.520~0.624	3.6 (拉伸)	21.3 (HBW)		55		8.3	强度特高。用于制造大型齿轮、蜗轮、轴套、滚动轴承保持架、导轨及大型阀门密封面等
聚甲醛（POM）		69 (屈服)	125	96	15	带缺口 0.0076	2.9 (弯曲)	17.2 (HBW)		60~64		8.1~10.0（当温度在0~40℃时）	有良好的摩擦、磨损性能，干摩擦性能更优。可制造轴承、齿轮、凸轮、滚轮、辊子、垫圈和垫片等
聚碳酸酯（PC）		65~69	82~86	104	100	带缺口 0.064~0.075	2.2~2.5 (拉伸)	9.7~10.4 (HBW)	220~230	110~130	-100	6~7	有高的冲击韧度和优异的尺寸稳定性。可制作齿轮、蜗轮、蜗杆、齿条、凸轮、心轴、轴承、滑轮、铰链、传动链、螺栓、螺母、垫圈、铆钉和泵叶轮等

注：尼龙6和尼龙66由于吸水性很大，因此其各项性能上下值差别很大。

表 12 – 12　工业用毛毡 (FZ/T 25001—1992)

类型	牌号	规格		密度 /(g·cm⁻³)	断裂强度 /MPa	断后伸长率/% ≤	使用范围
		长,宽/m	厚度/mm				
细毛	T112 – 32 – 44	长 = 1 ~ 5 宽 = 0.5 ~ 1	1.5,2,3,4, 6,8,10,12, 14,16,18,20, 25	0.32 ~ 0.44	2 ~ 5	90 ~ 144	用作密封及防振缓冲衬垫
	T112 – 26 – 31			0.26 ~ 0.31			
半粗毛	T122 – 30 – 38			0.30 ~ 0.38	2 ~ 4	95 ~ 150	
	T122 – 24 – 29			0.24 ~ 0.29			
粗毛	T132 – 32 – 36			0.24 ~ 0.29	2 ~ 3	110 ~ 156	

表 12 – 13　软钢纸板 (QB/T 2200—1996)　　　　　　　　mm

纸板规格		技 术 性 能		用　途
长度×宽度	厚度	性　能	指标	
920 × 650	0.5 ~ 0.8	密度/(g·cm⁻³)	1.1 ~ 1.4	用作连接处密封垫
650 × 490	0.9 ~ 1.0	单位横断面抗拉强度(横向)/MPa≥	29.4	
650 × 400	1.1 ~ 2.0			
400 × 300	2.1 ~ 3.0	水分 $w_水$ (%)	6 ~ 10	

第十三章 螺纹及紧固件

第一节 螺　　纹

表 13 -1　普通螺纹的基本尺寸(GB/T 196—2003)　　　　　mm

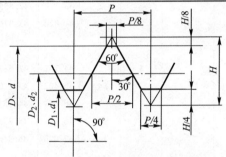

$H = 0.866 P$

$d_2 = d - 0.649 5 P$

$d_1 = d - 1.082 5 P$

D、d——内、外螺纹大径

D_2、d_2——内、外螺纹中径

D_1、d_1——内、外螺纹小径

P——螺距

标记示例:M24(粗牙普通螺纹,直径 24 mm,螺距 3 mm)

M24 × 1.5(细牙普通螺纹,直径 24 mm,螺距 1.5 mm)

公称直径 D、d		螺距 P		中径	小径	公称直径 D、d		螺距 P		中径	小径
第一系列	第二系列	粗牙	细牙	D_2、d_2	D_1、d_1	第一系列	第二系列	粗牙	细牙	D_2、d_2	D_1、d_1
3		0.5		2.675	2.459	12		1.75		10.863	10.106
			0.35	2.773	2.621				1.5	11.026	10.376
	3.5	(0.6)		3.110	2.850				1.25	11.188	10.647
			0.35	3.273	3.121				1	11.350	10.917
4		0.7		3.545	3.242		14	2		12.701	11.835
			0.5	3.675	3.459				1.5	13.026	12.376
	4.5	(0.75)		4.013	3.688				(1.25)	13.188	12.647
			0.5	4.175	3.959				1	13.350	12.917
5		0.8		4.480	4.134	16		2		14.701	13.835
			0.5	4.675	4.459				1.5	15.026	14.376
6		1		5.350	4.917				1	15.350	14.917
			0.75	5.513	5.188		18	2.5		16.376	15.294
8		1.25		7.188	6.647				2	16.701	15.835
			1	7.350	6.917				1.5	17.026	16.376
			0.75	7.513	7.188				1	17.350	16.917
10		1.5		9.026	8.376	20		2.5		18.376	17.294
			1.25	9.188	8.647				2	18.701	17.835
			1	9.350	8.917				1.5	19.026	18.376
			0.75	9.513	9.188				1	19.350	18.917

公称直径 D、d		螺距 P		中径 D_2、d_2	小径 D_1、d_1	公称直径 D、d		螺距 P		中径 D_2、d_2	小径 D_1、d_1
第一系列	第二系列	粗牙	细牙			第一系列	第二系列	粗牙	细牙		
	22	2.5		20.376	19.294	42		4.5		39.077	37.129
			2	20.701	19.835				(4)	39.402	37.670
			1.5	21.026	20.376				3	40.051	38.752
			1	21.350	20.917				2	40.701	39.835
									1.5	41.026	40.376
24		3		22.051	20.752		45	4.5		42.077	40.129
			2	22.701	21.835				(4)	42.402	40.670
			1.5	23.026	22.376				3	43.051	41.752
			1	23.350	22.917				2	43.701	42.835
									1.5	44.026	43.376
	27	3		25.051	23.752	48		5		44.752	42.587
			2	25.701	24.835				(4)	45.402	43.670
			1.5	26.026	25.376				3	46.051	44.752
			1	26.350	25.917				2	46.701	45.835
									1.5	47.026	46.376
30		3.5		27.727	26.211		52	5		48.752	46.587
			(3)	28.051	26.752				(4)	49.402	47.670
			2	28.701	27.835				3	50.051	48.752
			1.5	29.026	28.376				2	50.701	49.835
			1	29.350	28.917				1.5	51.026	50.376
	33	3.5		30.727	29.211	56		5.5		52.428	50.046
			(3)	31.051	29.752				4	53.402	51.670
			2	31.701	30.835				3	54.051	52.752
			1.5	32.026	31.376				2	54.701	53.835
									1.5	55.026	54.376
36		4		33.402	31.670		60	(5.5)		56.428	54.046
			3	34.051	32.752				4	57.402	55.670
			2	34.701	33.835				3	58.051	56.752
			1.5	35.026	34.376				2	58.701	57.835
	39	4		36.402	34.670				1.5	59.026	58.376
			3	37.051	35.752						
			2	37.701	36.835						
			1.5	38.026	37.376						

注：1. 优先选用第一系列直径，其次是第二系列直径，最后选择第三系列（表中未列出）直径。

2. M14×1.25 仅用于发动机的火花塞。

3. 尽可能地避免选用括号内的螺距。

表 13－2　梯形螺纹的最大实体牙型尺寸（GB/T 5796.1—2005）　　　mm

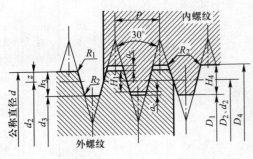

$$D_1 = d - 2H_1 = d - P \qquad H_1 = 0.5P$$
$$d_3 = d - 2h_3 = d - 2(0.5P + a_c) \qquad D_4 = d + 2a_c$$
$$h_3 = H_4 = H_1 + a_c = 0.5P + a_c \qquad z = 0.25P = H_1/2$$
$$d_2 = D_2 = d - 2z = d - 0.5P$$

螺距 P	牙顶间隙 a_c	$H_4 = h_3$	R_1 最大	R_2 最大
2		1.25		
3	0.25	1.75	0.125	0.25
4		2.25		
5		2.75		
6		3.5		
7		4		
8	0.5	4.5	0.25	0.5
9		5		
10		5.5		
12		6.5		
14	1	8	0.5	1

标记示例：

公称直径 40、螺距 7，中径公差带为 7H 的右旋梯形内螺纹的标记　Tr40×7－7H

同规格公差带为 7e 的梯形外螺纹的标记　Tr40×7－7e

上述梯形螺旋副的标记　Tr40×7－7H/7e

左旋应在螺距后加注 LH；加长组在最后加注 L

表 13－3　梯形螺纹的基本尺寸（GB/T 5796.3—2005）　　　mm

公称直径 d 第一系列	第二系列	螺距 P	中径 $d_2 = D_2$	大径 D_4	小径 d_3	小径 D_1	公称直径 d 第一系列	第二系列	螺距 P	中径 $d_2 = D_2$	大径 D_4	小径 d_3	小径 D_1
16		2	15	16.5	13.5	14	30		3	28.5	30.5	26.5	27
		4 *	14	16.5	11.5	12			6 *	27	31	23	24
									10	25	31	19	20
	18	2	17	18.5	15.5	16	32		3	30.5	32.5	28.5	29
		4 *	16	18.5	13.5	14			6 *	29	33	25	26
									10	27	33	21	22
20		2	19	20.5	17.5	18		34	3	32.5	34.5	30.5	31
		4 *	18	20.5	15.5	16			6 *	31	35	27	28
									10	29	35	23	24
	22	3	20.5	22.5	18.5	19	36		3	34.5	36.5	32.5	33
		5 *	19.5	22.5	16.5	17			6 *	33	37	29	30
		8	18	23	13	14			10	31	37	25	26
24		3	22.5	24.5	20.5	21		38	3	36.5	38.5	34.5	35
		5 *	21.5	24.5	18.5	19			7 *	34.5	39	30	31
		8	20	25	15	16			10	33	39	27	28
	26	3	24.5	26.5	22.5	23	40		3	38.5	40.5	36.5	37
		5 *	23.5	26.5	20.5	21			7 *	36.5	41	32	33
		8	22	27	17	18			10	35	41	29	30
28		3	26.5	28.5	24.5	25							
		5 *	25.5	28.5	22.5	23							
		8	24	29	19	20							

公称直径 d		螺距	中径	大径	小径		公称直径 d		螺距	中径	大径	小径	
第一系列	第二系列	P	$d_2 = D_2$	D_4	d_3	D_1	第一系列	第二系列	P	$d_2 = D_2$	D_4	d_3	D_1
	42	3	40.5	42.5	38.5	39		50	3	48.5	50.5	46.5	47
		7*	38.5	43	34	35			8*	46	51	41	42
		10	37	43	31	32			12	44	51	37	38
44		3	42.5	44.5	40.5	41	52		3	50.5	52.5	48.5	49
		7*	40.5	45	36	37			8*	48	53	43	44
		12	38	45	31	32			12	46	53	39	40
	46	3	44.5	46.5	42.5	43		55	3	53.5	55.5	51.5	52
		8*	42	47	37	38			9*	50.5	56	45	46
		12	40	47	33	34			14	48	57	39	41
48		3	46.5	48.5	44.5	45	60		3	58.5	60.5	56.5	57
		8*	44	49	39	40			9*	55.5	61	50	51
		12	42	49	35	36			14	53	62	44	46

注：1. 带 * 者为优先选择的螺距。

2. 旋合长度：N 为正常组（不标注），L 为加长组。

第二节　螺纹零件的结构要素

表 13－4　普通螺纹的收尾、肩距、退刀槽、倒角（GB/T 3—1997）　　　　　　mm

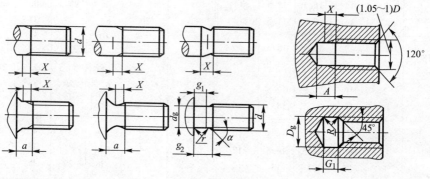

螺距	外　螺　纹								内　螺　纹							
	收尾 X		肩距 a			退刀槽				收尾 X		肩距 A		退刀槽		
	max		max			g_2	g_1			max		max		G_1		R
P	一般	短的	一般	长的	短的	max	min	r	d_g	一般	短的	一般	长的	一般	短的	$\approx$	D_g
0.5	1.25	0.7	1.5	2	1	1.5	0.8	0.2	$d-0.8$	2	1	3	4	2	1	0.2	
0.6	1.5	0.75	1.8	2.4	1.2	1.8	0.9		$d-1$	2.4	1.2	3.2	4.8	2.4	1.2	0.3	
0.7	1.75	0.9	2.1	2.8	1.4	2.1	1.1	0.4	$d-1.1$	2.8	1.4	3.5	5.6	2.8	1.4	0.4	$D+0.3$
0.75	1.9	1	2.25	3	1.5	2.25	1.2		$d-1.2$	3	1.5	3.8	6	3	1.5	0.4	
0.8	2	1	2.4	3.2	1.6	2.4	1.3		$d-1.3$	3.2	1.6	4	6.4	3.2	1.6	0.4	

续表

螺距 P	外 螺 纹 收尾 X max 一般	短的	肩距 a max 一般	长的	短的	退刀槽 g_2 max	g_1 min	r	d_g	内 螺 纹 收尾 X max 一般	短的	肩距 A max 一般	长的	退刀槽 G_1 一般	短的	R ≈	D_g
1	2.5	1.25	3	4	2	3	1.6	0.6	$d-1.6$	4	2	5	8	4	2	0.5	
1.25	3.2	1.6	4	5	2.5	3.75	2	0.6	$d-2$	5	2.5	6	10	5	2.5	0.6	
1.5	3.8	1.9	4.5	6	3	4.5	2.5	0.8	$d-2.3$	6	3	7	12	6	3	0.8	
1.75	4.3	2.2	5.3	7	3.5	5.25	3	1	$d-2.6$	7	3.5	9	14	7	3.5	0.9	
2	5	2.5	6	8	4	6	3.4	1	$d-3$	8	4	10	16	8	4	1	
2.5	6.3	3.2	7.5	10	5	7.5	4.4	1.2	$d-3.6$	10	5	12	18	10	5	1.2	$D+0.5$
3	7.5	3.8	9	12	6	9	5.2	1.6	$d-4.4$	12	6	14	22	12	6	1.5	
3.5	9	4.5	10.5	14	7	10.5	6.2	1.6	$d-5$	14	7	16	24	14	7	1.8	
4	10	5	12	16	8	12	7	2	$d-5.7$	16	8	18	26	16	8	2	
4.5	11	5.5	13.5	18	9	13.5	8	2.5	$d-6.4$	18	9	21	29	18	9	2.2	
5	12.5	6.3	15	20	10	15	9	2.5	$d-7$	20	10	23	32	20	10	2.5	
5.5	14	7	16.5	22	11	17.5	11	3.2	$d-7.7$	22	11	25	35	22	11	2.8	
6	15	7.5	18	24	12	18	11	3.2	$d-8.3$	24	12	28	38	24	12	3	

注：1. 外螺纹倒角一般为 45°，也可采用 60°或 30°倒角；倒角深度应大于或等于牙型高度，过渡角 α 应不小于 30°。内螺纹入口端面的倒角一般为 120°，也可采用 90°倒角。端面倒角直径为 $(1.05\sim1)D$（D 为螺纹公称直径）。

2. 应优先选用"一般"长度的收尾和肩距。

3. d_g 公差为：$h_{13}(d>3\text{ mm})$；$h_{12}(d\leqslant3\text{ mm})$。$D_g$ 公差为 H13。

表 13-5　单头梯形外螺纹与内螺纹的退刀槽　　　　　　　　mm

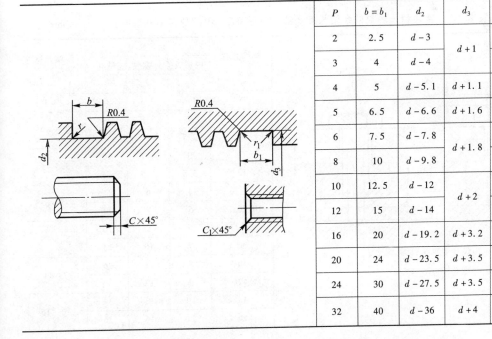

P	$b=b_1$	d_2	d_3	$r=r_1$	$C=C_1$
2	2.5	$d-3$	$d+1$	1	1.5
3	4	$d-4$	$d+1$	1	2
4	5	$d-5.1$	$d+1.1$	1.5	2.5
5	6.5	$d-6.6$	$d+1.6$	1.5	3
6	7.5	$d-7.8$	$d+1.8$	2	3.5
8	10	$d-9.8$	$d+1.8$	2	4.5
10	12.5	$d-12$	$d+2$	3	5.5
12	15	$d-14$	$d+2$	3	6.5
16	20	$d-19.2$	$d+3.2$	4	9
20	24	$d-23.5$	$d+3.5$	5	11
24	30	$d-27.5$	$d+3.5$	5	13
32	40	$d-36$	$d+4$	5.5	17

表 13 – 6　螺栓、螺钉通孔及沉孔尺寸　　　　　　　　　　　　　　mm

螺纹规格	螺栓和螺钉通孔直径 d_h (GB/T 5277—1985)			沉头螺钉及半沉头螺钉的沉孔 (GB/T 152.2—1988)				内六角圆柱头螺钉的圆柱头沉孔 (GB/T 152.3—1988)				六角头螺栓和六角螺母的沉孔 (GB/T 152.4—1988)			
d	精装配	中等装配	粗装配	d_2	$t\approx$	d_1	α	d_2	t	d_3	d_1	d_2	d_3	d_1	t
M3	3.2	3.4	3.6	6.4	1.6	3.4		6.0	3.4		3.4	9		3.4	
M4	4.3	4.5	4.8	9.6	2.7	4.5		8.0	4.6		4.5	10		4.5	
M5	5.3	5.5	5.8	10.6	2.7	5.5		10.0	5.7		5.5	11		5.5	
M6	6.4	6.6	7	12.8	3.3	6.6		11.0	6.8	—	6.6	13	—	6.6	只要能制出与通孔轴线垂直的圆平面即可
M8	8.4	9	10	17.6	4.6	9		15.0	9.0		9.0	18		9.0	
M10	10.5	11	12	20.3	5.0	11		18.0	11.0		11.0	22		11.0	
M12	13	13.5	14.5	24.4	6.0	13.5		20.0	13.0	16	13.5	26	16	13.5	
M14	15	15.5	16.5	28.4	7.0	15.5	$90°^{-2°}_{-4°}$	24.0	15.0	18	15.5	30	18	13.5	
M16	17	17.5	18.5	32.4	8.0	17.5		26.0	17.5	20	17.5	33	20	17.5	
M18	19	20	21	—	—	—		—	—	—	—	36	22	20.0	
M20	21	22	24	40.4	10.0	22		33.0	21.5	24	22.0	40	24	22.0	
M22	23	24	26	—	—	—		—	—	—	—	43	26	24	
M24	25	26	28	—	—	—		40.0	25.5	28	26.0	48	28	26	
M27	28	30	32	—	—	—		—	—	—	—	53	33	30	
M30	31	33	35	—	—	—		48.0	32.0	36	33.0	61	36	33	
M36	37	39	42	—	—	—		57.0	38.0	42	39.0	71	42	39	

表 13 – 7　普通粗牙螺纹的余留长度及钻孔余留深度（JB/ZQ 4247—2006）　　　mm

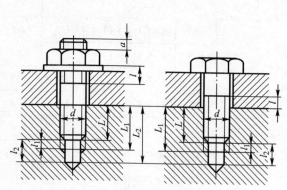

拧入深度 L 由设计者决定；钻孔深度 $L_2 = L + l_2$；
螺孔深度 $L_1 = L + l_1$

螺纹直径 d	余留长度			末端长度 a
	内螺纹 l_1	外螺纹 l	钻孔 l_2	
5	1.5	2.5	6	2～3
6	2	3.5	7	2.5～4
8	2.5	4	9	
10	3	4.5	10	3.5～5
12	3.5	5.5	13	
14、16	4	6	14	4.5～6.5
18、20、22	5	7	17	
24、27	6	8	20	5.5～8
30	7	10	23	
36	8	11	26	7～11
42	9	12	30	
48	10	13	33	10～15
56	11	16	36	

表 13-8　粗牙普通螺栓、螺钉的拧入深度和螺纹孔尺寸　　　mm

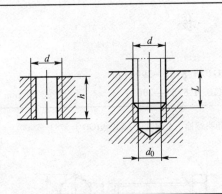

d	d_0	用于钢或青铜		用于铸铁		用于铝	
		h	L	h	L	h	L
6	5	8	6	12	10	15	12
8	6.8	10	8	15	12	20	16
10	8.5	12	10	18	15	24	20
12	10.2	15	12	22	18	28	24
16	14	20	16	28	24	36	32
20	17.5	25	20	35	30	45	40
24	21	30	24	42	35	55	48
30	26.5	36	30	50	45	70	60
36	32	45	36	65	55	80	72
42	37.5	50	42	75	65	95	85

表 13-9　扳手空间（JB/ZQ 4005—2006）　　　mm

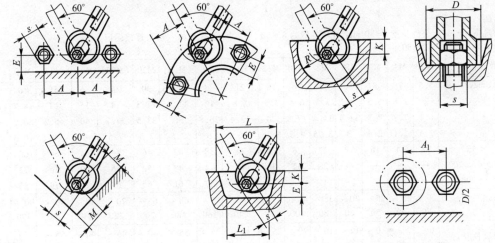

螺纹直径 d	s	A	A_1	$E=K$	M	L	L_1	R	D
6	10	26	18	8	15	46	38	20	24
8	13	32	24	11	18	55	44	25	28
10	16	38	28	13	22	62	50	30	30
12	18	42	—	14	24	70	55	32	—
14	21	48	36	15	26	80	65	36	40
16	24	55	38	16	30	85	70	42	45
18	27	62	45	19	32	95	75	46	52
20	30	68	48	20	35	105	85	50	56
22	34	76	55	24	40	120	95	58	60
24	36	80	58	24	42	125	100	60	70
27	41	90	65	26	46	135	110	65	76
30	46	100	72	30	50	155	125	75	82
33	50	108	76	32	55	165	130	80	88
36	55	118	85	36	60	180	145	88	95
39	60	125	90	38	65	190	155	92	100
42	65	135	96	42	70	205	165	100	106
45	70	145	105	45	75	220	175	105	112
48	75	160	115	48	80	235	185	115	126
52	80	170	120	48	84	245	195	125	132

第三节　螺　栓

表 13 – 10　六角头螺栓—A 和 B 级（GB/T 5782—2000）和

六角头螺栓—全螺纹—A 和 B 级（GB/T 5783—2000）　　　　mm

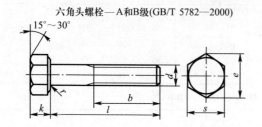

六角头螺栓—A和B级(GB/T 5782—2000)

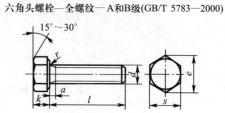

六角头螺栓—全螺纹—A和B级(GB/T 5783—2000)

标记示例：

螺纹规格 d = M12，公称长度 l = 80 mm，性能等级为 8.8 级，表面氧化，A 级的六角头螺栓标记为

螺栓 GB/T 5782 M12 × 80

螺纹规格 d		M3	M4	M5	M6	M8	M10	M12	（M14）	M16	（M18）	M20	（M22）	M24	（M27）	M30	M36
s　max		5.5	7	8	10	13	16	18	21	24	27	30	34	36	41	46	55
k		2	2.8	3.5	4	5.3	6.4	7.5	8.8	10	11.5	12.5	14	15	17	18.7	22.5
e		6.1	7.7	8.8	11.1	14.4	17.8	20	23.4	26.8	30	33.5	37.7	40	45.2	50.9	60.8
a		1.5	2.1	2.4	3	3.75	4.5	5.25	6	6	7.5	7.5	7.5	9	9	10.5	12
b 参 考	$l \leqslant 125$	12	14	16	18	22	26	30	34	38	42	46	50	54	60	66	78
	$125 < l \leqslant 200$	—	—	—	—	28	32	36	40	44	48	52	56	60	66	72	84
	$l > 200$	—	—	—	—	41	43	49	57	57	61	65	69	73	79	85	97
l		20 ~ 30	25 ~ 40	25 ~ 50	30 ~ 60	35 ~ 80	40 ~ 100	45 ~ 120	50 ~ 140	55 ~ 160	60 ~ 180	65 ~ 200	70 ~ 220	80 ~ 240	90 ~ 260	90 ~ 330	110 ~ 360
全螺纹长度 l		6 ~ 30	8 ~ 40	10 ~ 50	12 ~ 60	16 ~ 80	20 ~ 100	25 ~ 100	30 ~ 140	35 ~ 100	35 ~ 180	40 ~ 100	45 ~ 200	40 ~ 100	55 ~ 200	40 ~ 100	
l 系列		20 ~ 50（5 进位）、（55）、60、（65）、70 ~ 160（10 进位）、180 ~ 400（20 进位）															

技术条件	材料	力学性能等级		产品公差等级	表面处理	螺纹公差
	钢	GB5782	$d \leqslant 39$ mm 时为 8.8，$d > 39$ mm 时按协议	A、B	（1）氧化；（2）镀锌钝化	6g
		GB5783	8.8、10.9			

注：1. 产品等级 A 级用于 $d \leqslant 24$ mm 和 $l \leqslant 10d$ 或 $\leqslant 150$ mm 的螺栓；B 级用于 $d > 24$ mm 和 $l > 10d$ 或 > 150 mm 的螺栓。

2. M3 ~ M36 为商品规格，M42 ~ M64 为通用规格，带括号的规格尽量不用。

表 13 – 11　六角头铰制孔用螺栓—A 和 B 级（GB/T 27—1988）　　　　mm

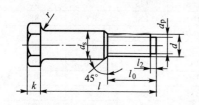

标记示例：

d = M12，l = 80 mm，性能等级 8.8 级，表面氧化处理，d_s

公差为 h9，A 级的六角头铰制孔用螺栓，标记为

螺栓　GB/T 27—1988　M12 × m6 × 80

续表

螺纹规格 d		M6	M8	M10	M12	(M14)	M16	(M18)	M20	(M22)	M24	(M27)	M30	M36
d_s(h9)		7	9	11	13	15	17	19	21	23	25	28	32	38
s		10	13	16	18	21	24	27	30	34	36	41	46	55
k		4	5	6	7	8	9	10	11	12	13	15	17	20
e_{min}	A	11.5	14.38	17.77	20.03	23.35	26.75	30.14	33.53	37.72	39.98	—	—	—
	B	10.89	14.20	17.59	19.85	22.78	26.17	29.56	32.95	37.29	39.55	45.2	50.85	60.79
r_{min}		0.25	0.4	0.4	0.6	0.6	0.6	0.6	0.8	0.8	0.8	1	1	1
d_p		4	5.5	7	8.5	10	12	13	15	17	18	21	23	28
l_2		1.5		2		3			4			5		6
l_0		12	15	18	22	25	28	30	32	35	38	42	50	55
l 范围		25~65	25~80	30~120	35~180	40~180	45~200	50~200	55~200	60~200	65~200	75~200	80~230	90~300
l 系列		\multicolumn{13}{l}{25,(28),30,32,35,(38),40,45,50,(55),60,(65),70,(75),80,85,90,(95),100,110,120,130,140,150,160,170,180,190,200,210,220,230,240,250,260,280,300}

注:1. 技术条件性能等级8.8,表面进行氧化处理。

2. 括号中的规格尽量不用。

表13-12 地脚螺栓(GB/T 799—1988)、地脚螺栓孔及凸缘 mm

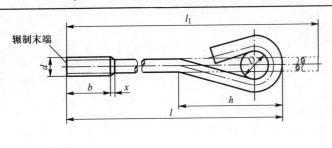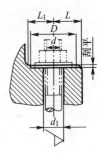

标记示例:

$d=20,l=400$,性能等级3.6,不经表面处理的地脚螺栓的标记为

螺栓 GB/T 799—1988 M20×400

d	b		D	h	l_1	x	l	d_1	D	L	L_1
	max	min				max					
M16	50	44	20	93	l+72	5	220~500	20	45	25	22
M20	58	52	30	127	l+110	6.3	300~600	25	48	30	25
M24	68	60	30	139	l+110	7.5	300~800	30	60	35	30
M30	80	72	45	192	l+165	8.8	400~1000	40	85	50	50

| l 系列 | \multicolumn{11}{l}{80,120,160,220,300,400,500,600,800,1000} |

技术条件	材料	机械性能等级	螺纹公差	产品等级	表面处理	注:根据结构和工艺要求,必要时尺寸 L 及 L_1 可以变动
	Q235,35,45	3.6	8g	C	(1)不处理;(2)氧化;(3)镀锌	

第四节　螺　柱

表13 – 13　双头螺柱 $b_m = 1d$（GB/T 897—1988）、$b_m = 1.25d$（GB/T 898—1988）、
　　　　　　$b_m = 1.5d$（GB/T 899—1988）、$b_m = 2d$（GB/T 900—1988）　　　　　mm

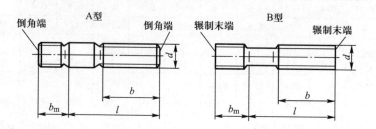

标记示例：

两端均为粗牙普通螺纹，d = M10，l = 50 mm，性能等级为4.8级，不经表面处理，B型，$b_m = 1d$ 的双头螺柱，标记为

螺柱　GB/T 897—1988　M10 × 50

旋入机体一端为粗牙普通螺纹，旋螺母一端为 P = 1 mm 的细牙普通螺纹，d = M10，l = 50 mm，性能等级4.8级，不经表面处理，A型，$b_m = 1d$ 的双头螺柱，标记为

螺柱　GB/T 897—1988　AM10—M10 × 1 × 50

旋入机体一端为过渡配合螺纹的第一种配合，旋螺母一端为粗牙普通螺纹，d = M10，l = 50 mm，性能等级为8.8级，镀锌钝化，B型，$b_m = 1d$ 的双头螺柱，标记为

螺柱　GB/T 897—1988　GM10—M10 × 50 – 8.8 – Zn·D

	螺纹规格 d	M5	M6	M8	M10	M12	（M14）	M16	M18	M20
b_m	GB/T 897—1988	5	6	8	10	12	14	16	18	20
	GB/T 898—1988	6	8	10	12	15	18	20	22	25
	GB/T 899—1988	8	10	12	15	18	21	24	27	30
	GB/T 900—1988	10	12	16	20	24	28	32	36	40
$\dfrac{l}{b}$		$\dfrac{16 \sim 22}{10}$	$\dfrac{20 \sim 22}{10}$	$\dfrac{20 \sim 22}{12}$	$\dfrac{25 \sim 28}{14}$	$\dfrac{25 \sim 30}{16}$	$\dfrac{20 \sim 35}{18}$	$\dfrac{30 \sim 38}{20}$	$\dfrac{35 \sim 44}{22}$	$\dfrac{35 \sim 40}{25}$
		$\dfrac{25 \sim 50}{16}$	$\dfrac{25 \sim 30}{14}$	$\dfrac{25 \sim 30}{16}$	$\dfrac{30 \sim 38}{16}$	$\dfrac{32 \sim 40}{20}$	$\dfrac{38 \sim 45}{25}$	$\dfrac{40 \sim 55}{30}$	$\dfrac{45 \sim 60}{35}$	$\dfrac{45 \sim 65}{35}$
			$\dfrac{32 \sim 75}{18}$	$\dfrac{32 \sim 90}{22}$	$\dfrac{40 \sim 120}{26}$	$\dfrac{45 \sim 120}{30}$	$\dfrac{50 \sim 120}{34}$	$\dfrac{60 \sim 120}{38}$	$\dfrac{65 \sim 120}{42}$	$\dfrac{70 \sim 120}{46}$
			$\dfrac{130}{32}$	$\dfrac{130 \sim 180}{36}$	$\dfrac{130 \sim 180}{40}$	$\dfrac{130 \sim 200}{44}$	$\dfrac{130 \sim 200}{48}$	$\dfrac{130 \sim 200}{52}$

续表

螺纹规格 d		（M22）	M24	（M27）	M30	（M33）	M36	（M39）	M42	M48
b_m	GB/T 897—1988	22	24	27	30	33	36	39	42	48
	GB/T 898—1988	28	30	35	38	41	45	49	52	60
	GB/T 899—1988	33	36	40	45	49	54	58	63	72
	GB/T 900—1988	44	48	54	60	66	72	78	84	96
$\dfrac{l}{b}$		$\dfrac{40\sim45}{30}$	$\dfrac{45\sim50}{30}$	$\dfrac{50\sim60}{35}$	$\dfrac{60\sim65}{40}$	$\dfrac{65\sim70}{45}$	$\dfrac{65\sim75}{45}$	$\dfrac{70\sim80}{50}$	$\dfrac{70\sim80}{50}$	$\dfrac{80\sim90}{60}$
		$\dfrac{50\sim70}{40}$	$\dfrac{55\sim75}{45}$	$\dfrac{65\sim85}{50}$	$\dfrac{70\sim90}{50}$	$\dfrac{75\sim95}{60}$	$\dfrac{80\sim110}{60}$	$\dfrac{85\sim110}{65}$	$\dfrac{85\sim110}{70}$	$\dfrac{95\sim110}{80}$
		$\dfrac{75\sim120}{50}$	$\dfrac{80\sim120}{54}$	$\dfrac{90\sim130}{60}$	$\dfrac{95\sim120}{66}$	$\dfrac{100\sim120}{72}$	$\dfrac{120}{78}$	$\dfrac{120}{84}$	$\dfrac{120}{90}$	$\dfrac{120}{102}$
		$\dfrac{130\sim200}{56}$	$\dfrac{130\sim200}{60}$	$\dfrac{130\sim200}{66}$	$\dfrac{130\sim200}{72}$	$\dfrac{130\sim200}{78}$	$\dfrac{130\sim200}{84}$	$\dfrac{130\sim200}{90}$	$\dfrac{130\sim200}{96}$	$\dfrac{130\sim200}{108}$
					$\dfrac{210\sim250}{85}$	$\dfrac{210\sim300}{91}$	$\dfrac{210\sim300}{97}$	$\dfrac{210\sim300}{103}$	$\dfrac{210\sim300}{109}$	$\dfrac{210\sim300}{121}$
l 系列		16,（18）,20,（22）,25,（28）,30,（32）,35,（38）,40,45,50,（55）,60,（65）,70,（75）,80,（85）,90,（95）,100,110,120,130,140,150,160,170,180,190,200									

注：1. 括号中的值尽量不用。GB/T 898—1988 中 d = M5 ~ M20 mm 为商品规格，其余均为通用规格。

2. 技术条件：螺纹公差 6g 过渡配合螺纹 GM、G_2M，性能等级：钢为 4.8、5.8、6.8、8.8、10.9、12.9；GB/T 900—1988 还可用过盈配合螺纹 YM。

3. $b_m = d$ 一般用于钢对钢，$b_m = (1.25 \sim 1.5)d$ 一般用于钢对铸铁，$b_m = 2d$ 一般用于钢对铝合金。

第五节　螺　　钉

表 13-14　内六角圆柱头螺钉（GB/T 70.1—2008）　　　　　　　mm

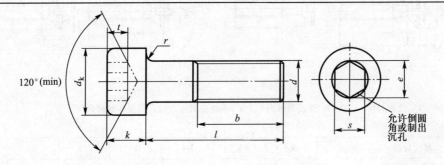

标记示例：

螺纹规格 d = M5,公称长度 l = 20 mm,性能等级为 8.8 级,表面氧化的 A 级内六角圆柱头螺钉标记为

螺钉　GB/T 70.1 M5 ×20

续表

螺纹规格 d		M3	M4	M5	M6	M8	M10	M12	(M14)	M16	M20	M24	M30	M36
d_k	max	5.5	7	8.5	10	13	16	18	21	24	30	36	45	54
k	max	3	4	5	6	8	10	12	14	16	20	24	30	36
t	min	1.3	2	2.5	3	4	5	6	7	8	10	12	15.5	19
r		0.1	0.2	0.2	0.25	0.4	0.4	0.6	0.6	0.6	0.8	0.8	1	1
s	公称	2.5	3	4	5	6	8	10	12	14	17	19	22	27
e	min	2.9	3.4	4.6	5.7	6.9	9.2	11.4	13.7	16	19	21.7	25.2	30.9
b(参考)		18	20	22	24	28	32	36	40	44	52	60	72	84
l(范围)		5 ~ 30	6 ~ 40	8 ~ 50	10 ~ 60	12 ~ 80	16 ~ 100	20 ~ 120	25 ~ 140	25 ~ 160	30 ~ 200	40 ~ 200	45 ~ 260	55 ~ 200
全螺纹时最大长度 l≤		20	25	25	30	35	40	45	50 (65)	55	65	80	90	110
l系列(公称)		2.5,3,4,5,6,8,10,12,(14),(16),20,25,30,35,40,45,50,(55),60,(65),70,80,90,100,110,120, 130,140,150,160,180,200												

注:尽可能不采用括号内的规格。

表 13-15　开槽圆柱头、开槽盘头、开槽沉头、开槽半沉头螺钉　　　　mm

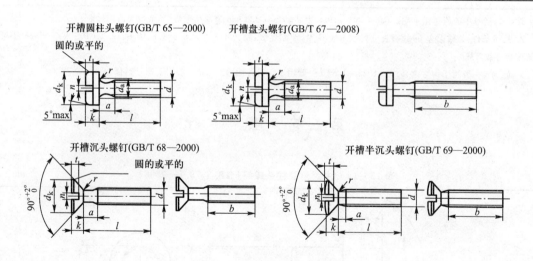

开槽圆柱头螺钉(GB/T 65—2000)　　开槽盘头螺钉(GB/T 67—2008)

开槽沉头螺钉(GB/T 68—2000)　　开槽半沉头螺钉(GB/T 69—2000)

标记示例:

螺纹规格 d = M5、公称长度 l = 20 mm、性能等级为 4.8 级、不经表面处理的开槽圆柱头螺钉标记为

螺钉　GB/T 65　M5×20

螺纹规格 d		M3	(M3.5)	M4	M5	M6	M8	M10
a	max	1	1.2	1.4	1.6	2	2.5	3
b	max	25	38					
n	公称	0.8	1	1.2		1.6	2	2.5

续表

螺纹规格 d			M3	（M3.5）	M4	M5	M6	M8	M10
GB/T 65	d_k	max	5.5	6	7	8.5	10	13	16
	k	max	2	2.4	2.6	3.3	3.9	5	6
	t	min	0.85	1	1.1	1.3	1.6	2	2.4
	d_a	max	3.6	4.1	4.7	5.7	6.8	9.2	11.2
	r	min	0.1			0.2		0.25	0.4
	商品规格长度 l		4～30	5～35	5～40	6～50	8～60	10～80	12～80
	全螺纹长度 l		4～30	5～40	5～40	6～40	8～40	10～40	12～40
GB/T 67	d_k	max	5.6	7	8	9.5	12	16	20
	k	max	1.8	2.1	2.4	3	3.6	4.8	6
	t	min	0.7	0.8	1	1.2	1.4	1.9	2.4
	d_a	max	3.6	4.1	4.7	5.7	6.8	9.2	11.2
	r	min	0.1			0.2		0.25	0.4
	商品规格长度 l		4～30	5～35	5～40	6～50	8～60	10～80	12～80
	全螺纹长度 l		4～30	5～40	5～40	6～40	8～40	10～40	12～40
GB/T 68 GB/T 69	d_k	max	5.5	7.3	8.4	9.3	11.3	15.8	18.3
	k	max	1.65	2.35	2.7	2.7	3.3	4.65	5
	r	min	0.8	0.9	1	1.3	1.5	2	2.5
	t min GB/T 68		0.6	0.9	1	1.1	1.2	1.8	2
	GB/T 69		1.2	1.4	1.6	2	2.4	3.2	3.8
	商品规格长度 l		5～30	6～35	6～40	8～50	8～60	10～80	12～80
	全螺纹长度 l		5～30	6～45	6～45	8～45	8～45	10～45	12～45

表 13－16　开槽锥端紧定螺钉（GB/T 71—1985）、开槽平端紧定螺钉（GB/T 73—1985）和

开槽长圆柱端紧定螺钉（GB/T 75—1985）　　　　　　　　mm

开槽锥端紧定螺钉(GB/T 71—1985)　　开槽平端紧定螺钉(GB/T 73—1985)　　开槽长圆柱端紧定螺钉(GB/T 75—1985)

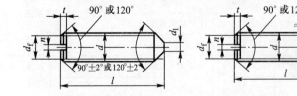
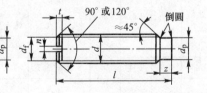

标记示例：

螺纹规格 d = M5，公称长度 l = 12 mm，性能等级为 14H 级，表面氧化的开槽锥端紧定螺钉标记为

螺钉　GB/T 71—1985　M5 × 12

续表

螺纹规格 d	螺距 P	$n_{公称}$	t_{max}	$d_{1\,max}$	$d_{p\,max}$	z_{max}	长度 l		l 系列（公称）
							GB/T 71—1985、GB/T 75—1985	GB/T 73—1985	
M4	0.7	0.6	1.42	0.4	2.5	2.25	6 ~ 20	4 ~ 20	4,5,6,8,10,12,16, 20,25,30,35,40,45, 50,60
M5	0.8	0.8	1.63	0.5	3.5	2.75	8 ~ 25	5 ~ 25	
M6	1	1	2	1.5	4	3.25	8 ~ 30	6 ~ 30	
M8	1.25	1.2	2.5	2	5.5	4.3	10 ~ 40	8 ~ 40	
M10	1.5	1.6	3	2.5	7	5.3	12 ~ 50	10 ~ 50	

技术条件	材料	力学性能等级	螺纹公差	产品等级	表面处理
	钢	14H、22H	6g	A	氧化或镀锌钝化

表 13 – 17　十字槽盘头螺钉与十字槽沉头螺钉（GB/T 818—2000、GB/T 819.1—2000）　mm

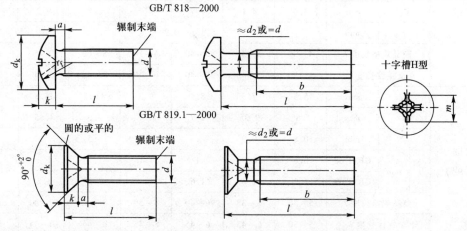

标记示例：

螺纹规格 d = M5、公称长度 l = 20 mm、性能等级为 4.8 级、不经表面处理的 H 型十字槽沉头螺钉的标记为

螺钉　GB/T 819.1—2000 – M5 × 20

螺纹规格 d = M5、公称长度 l = 20 mm、性能等级为 4.8 级、不经表面处理的 H 型十字槽盘头螺钉的标记为

螺钉　GB/T 818—2000 – M5 × 20

螺纹规格 d	螺距 P	a_{max}	b_{min}	GB/T 819.1—2000		十字槽		GB/T 818—2000			十字槽		l 范围	l 系列
				$d_{k\,max}$	k_{min}	H 型插入深度 m（参考）	max	$d_{k\,max}$	k_{min}	$r_f \approx$	H 型插入深度 m（参考）	max		
M4	0.7	1.4	38	8.4	2.7	4.6	2.6	8	3.1	6.5	4.4	2.4	5 ~ 40	5,6,8, 10,12, (14), 16,20, 25,30, 35,40, 45,50, (55), 60
M5	0.8	1.6	38	9.3	2.7	5.2	3.2	9.5	3.7	8	4.9	2.9	GB 818—2000 6 ~ 45 / GB 819—2000 6 ~ 50	
M6	1	2	38	11.3	3.3	6.8	3.5	12	4.6	10	6.9	3.6	8 ~ 60	
M8	1.25	2.5	38	15.8	4.65	8.9	4.6	16	6	13	9	4.6	10 ~ 60	
M10	1.5	3	38	18.3	5	10	5.7	20	7.5	16	10.1	5.8	12 ~ 60	

技术条件	材料	机械性能等级	螺纹公差	公差产品等级
	Q235、15、35、45	4.8	6g	A

注:1. 括号内的规格尽可能不采用。

2. 当 $l \leqslant 45$ 时,制出全螺纹。

第六节　螺　母

表 13-18　I 型六角螺母—A 和 B 级(GB/T 6170—2000)、六角薄螺母—A 和 B 级(GB/T 6172.1—2000)

mm

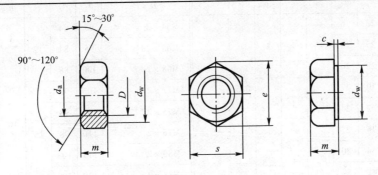

允许制造型式(GB/T 6170—2000)

标记示例:

螺纹规格 D = M12、性能等级为 8 级、不经表面处理、A 级的 I 型六角螺母的标记为

螺母 GB/T 6170　M12

螺纹规格 D = M12、性能等级为 04 级、不经表面处理、A 级的六角薄螺母的标记为

螺母 GB/T 6172.1　M12

螺纹规格 D		M3	M4	M5	M6	M8	M10	M12	(M14)	M16	(M18)	M20	(M22)	M24	(M27)	M30	M36
d_a	max	3.45	4.6	5.75	6.75	8.75	10.8	13	15.1	17.30	19.5	21.6	23.7	25.9	29.1	32.4	38.9
d_w	min	4.6	5.9	6.9	8.9	11.6	14.6	16.6	19.6	22.5	24.9	27.7	31.4	33.3	38	42.8	51.1
e	min	6.01	7.66	8.79	11.05	14.38	17.77	20.03	23.36	26.75	29.56	32.95	37.29	39.55	45.2	50.85	60.79
s	max	5.5	7	8	10	13	16	18	21	24	27	30	34	36	41	46	55
c	max	0.4	0.4	0.5	0.5	0.6	0.6	0.6	0.6	0.6	0.6	0.8	0.8	0.8	0.8	0.8	0.8
m (max)	六角螺母	2.4	3.2	4.7	5.2	6.8	8.4	10.8	12.8	14.8	15.8	18	19.4	21.5	23.8	25.6	31
	薄螺母	1.8	2.2	2.7	3.2	4	5	6	7	8	9	10	11	12	13.5	15	18

技术条件	材料	性能等级	螺纹公差	表面处理	公差产品等级
	钢	六角螺母 6,8,10 薄螺母 04、05	6H	不经处理或镀锌钝化	A 级用于 $D \leqslant$ M16 B 级用于 $D >$ M16

注:尽可能不采用括号内的规格。

表 13 − 19　圆螺母（GB/T 812—1988）　　　　　　　　　　　　mm

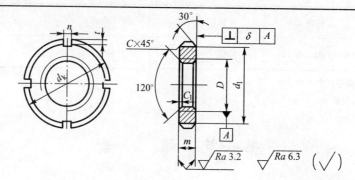

标记示例：

　　螺纹规格 D = M16 × 1.5、材料为 45 钢、槽或全部热处理硬度 35 ~ 45 HRC、表面氧化的圆螺母标记为

　　螺母 GB/T 812　M16 × 1.5

$D \times P$	d_k	d_1	m	n	t	c	c_1	$D \times P$	d_k	d_1	m	n	t	c	c_1
M10 × 1	22	16	8	4	2	0.5	0.5	M64 × 2	95	84	12	8	3.5	1.5	1
M12 × 1.25	25	19	8	4	2	0.5	0.5	M65 × 2 *	95	84	12	8	3.5	1.5	1
M14 × 1.5	28	20	8	4	2	0.5	0.5	M68 × 2	100	88	12	8	3.5	1.5	1
M16 × 1.5	30	22	8	4	2	0.5	0.5	M72 × 2	105	93	15	10	4	1.5	1
M18 × 1.5	32	24	8	4	2	0.5	0.5	M75 × 2 *	105	93	15	10	4	1.5	1
M20 × 1.5	35	27	8	4	2	0.5	0.5	M76 × 2	110	98	15	10	4	1.5	1
M22 × 1.5	38	30	8	5	2.5	0.5	0.5	M80 × 2	115	103	15	10	4	1.5	1
M24 × 1.5	42	34	8	5	2.5	0.5	0.5	M85 × 2	120	108	15	10	4	1.5	1
M25 × 1.5 *	42	34	8	5	2.5	0.5	0.5	M90 × 2	125	112	18	12	5	1.5	1
M27 × 1.5	45	37	8	5	2.5	0.5	0.5	M95 × 2	130	117	18	12	5	1.5	1
M30 × 1.5	48	40	8	5	2.5	0.5	0.5	M100 × 2	135	122	18	12	5	1.5	1
M33 × 1.5	52	43	10	6	3	1	0.5	M105 × 2	140	127	18	12	5	1.5	1
M35 × 1.5 *	52	43	10	6	3	1	0.5	M110 × 2	150	135	18	12	5	1.5	1
M36 × 1.5	55	46	10	6	3	1	0.5	M115 × 2	155	140	18	12	5	1.5	1
M39 × 1.5	58	49	10	6	3	1	0.5	M120 × 2	160	145	22	14	6	1.5	1
M40 × 1.5 *	58	49	10	6	3	1	0.5	M125 × 2	165	150	22	14	6	1.5	1
M42 × 1.5	62	53	10	6	3	1	0.5	M130 × 2	170	155	22	14	6	1.5	1
M45 × 1.5	68	59	10	6	3	1	0.5	M140 × 2	180	165	22	14	6	1.5	1
M48 × 1.5	72	61	10	6	3	1	0.5	M150 × 2	200	180	22	14	6	1.5	1
M50 × 1.5 *	72	61	10	6	3	1	0.5	M160 × 3	210	190	26	16	7	2	1.5
M52 × 1.5	78	67	10	6	3	1	0.5	M170 × 3	220	200	26	16	7	2	1.5
M55 × 2 *	78	67	12	8	3.5	1.5	1	M180 × 3	230	210	30	16	7	2	1.5
M56 × 2	85	74	12	8	3.5	1.5	1	M190 × 3	240	220	30	16	7	2	1.5
M60 × 2	90	79	12	8	3.5	1.5	1	M200 × 3	250	230	30	16	7	2	1.5

　　注：1. 当 $D \leqslant$ M100 × 2 时，槽数为 4；当 $D \geqslant$ M105 × 2 时，槽数为 6。

　　2. 标有 * 者仅用于滚动轴承锁紧装置。

第七节　垫　圈

表 13 - 20　　圆螺母用止动垫圈（GB/T 858—1988）　　　　mm

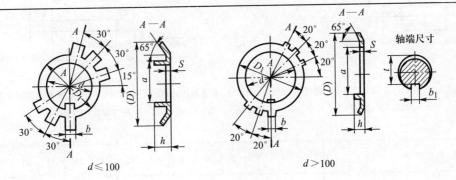

$d \leqslant 100$　　　　　　　　$d > 100$

标记示例:

规格为16、材料为 Q235A、经退火和表面氧化的圆螺母用止动垫圈标记为

垫圈　GB/T 858—1988.16

规格(螺纹大径)	d	D(参考)	D_1	S	b	a	h	轴端 b_1	轴端 t	规格(螺纹大径)	d	D(参考)	D_1	S	b	a	h	轴端 b_1	轴端 t
10	10.5	25	16	1	3.8	8	3	4	7	48	48.5	76	61	1.5	7.7	45	5	8	44
12	12.5	28	19	1	3.8	9	3	4	8	50*	50.5	76	61	1.5	7.7	47	5	8	—
14	14.5	32	20	1	3.8	11	3	4	10	52	52.5	82	67	1.5	7.7	49	5	8	48
16	16.5	34	22	1	3.8	13	3	4	12	55*	56	82	67	1.5	7.7	52	5	8	—
18	18.5	35	24	1	3.8	15	3	4	14	56	57	90	74	1.5	7.7	53	5	8	52
20	20.5	38	27	1	4.8	17	4	5	16	60	61	94	79	1.5	9.6	57	6	10	56
22	22.5	42	30	1	4.8	19	4	5	18	64	65	100	84	1.5	9.6	61	6	10	60
24	24.5	45	34	1	4.8	21	4	5	20	65*	66	100	84	1.5	9.6	62	6	10	—
25*	25.5	45	34	1	4.8	22	4	5	—	68	69	105	88	1.5	9.6	65	6	10	64
27	27.5	48	37	1	4.8	24	4	5	23	72	73	110	93	1.5	9.6	69	6	10	68
30	30.5	52	40	1	4.8	27	4	5	26	75*	76	110	93	1.5	9.6	71	6	10	—
33	33.5	56	43	1.5	5.7	30	5	6	29	76	77	115	98	2	11.6	72	7	12	70
35*	35.5	56	43	1.5	5.7	32	5	6	—	80	81	120	103	2	11.6	76	7	12	74
36	36.5	60	46	1.5	5.7	33	5	6	32	85	86	125	108	2	11.6	81	7	12	79
39	39.5	62	49	1.5	5.7	36	5	6	35	90	91	130	112	2	11.6	86	7	12	84
40*	40.5	62	49	1.5	5.7	37	5	6	—	95	96	135	117	2	11.6	91	7	12	89
42	42.5	66	53	1.5	5.7	39	5	6	38	100	101	140	122	2	11.6	96	7	12	94
45	45.5	72	59	1.5	5.7	42	5	6	41	105	106	145	127	2	11.6	101	7	12	99

注: * 仅用于滚动轴承锁紧装置。

表 13 – 21　小垫圈、平垫圈　　　　　mm

小垫圈—A级(GB/T 848—2002)
平垫圈—A级(GB/T 97.1—2002)

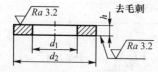

平垫圈—倒角型—A级
(GB/T 97.2—2002)

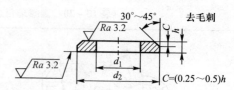

标记示例：

小系列(或标准系列)、公称尺寸 $d=8$、性能等级为 140HV 级、不经表面处理的小垫圈(或平垫圈，或倒角型平垫圈)标记为
垫圈 GB/T 848—2002.8 – 140 HV(或 GB/T 97.1—2002.8 – 140 HV，或 GB/T 97.2—2002.8 – 140 HV)

公称尺寸(螺纹规格 d)		1.6	2	2.5	3	4	5	6	8	10	12	14	16	20	24	30	36
d_1	GB/T 848—2002	1.7	2.2	2.7	3.2	4.3											
	GB/T 97.1—2002						5.3	6.4	8.4	10.5	13	15	17	21	25	31	37
	GB/T 97.2—2002	—	—	—	—	—											
d_2	GB/T 848—2002	3.5	4.5	5	6	8	9	11	15	18	20	24	28	34	39	50	60
	GB/T 97.1—2002	4	5	6	7	9	10	12	16	20	24	28	30	37	44	56	66
	GB/T 97.2—2002	—	—	—	—	—											
h	GB/T 848—2002	0.3	0.3	0.5	0.5	0.5				1.6	2		2.5				
	GB/T 97.1—2002					0.8	1	1.6	1.6	2	2.5	2.5	3	3	4	4	5
	GB/T 97.2—2002	—	—	—	—	—											

表 13 – 22　标准型弹簧垫圈(GB/T 93—1987)、轻型弹簧垫圈(GB/T 859—1987)　　　　　mm

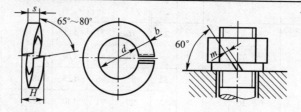

标记示例：

公称直径 $=16$、材料为 65Mn、表面氧化的标准型(或轻型)弹簧垫圈的标记为

垫圈 GB/T 93—1987　16

(或 GB/T 859—1987　16)

续表

公称直径(螺纹规格)			6	8	10	12	16	20	24	30	36
d(min)			6.1	8.1	10.2	12.2	16.2	20.2	24.5	30.5	36.5
GB/T 93 —1987	S(b)		1.6	2.1	2.6	3.1	4.1	5	6	7.5	9
	H	min	3.2	4.2	5.2	6.2	8.2	10	12	15	18
		max	4	5.25	6.5	7.75	10.25	12.5	15	18.75	22.5
	m≤		0.8	1.05	1.3	1.55	2.05	2.5	3	3.75	4.5
d(min)			6.1	8.1	10.2	12.2	16.2	20.2	24.5	30.5	
GB/T 859 —1987	S		1.3	1.6	2	2.5	3.2	4	5	6	
	b		2	2.5	3	3.5	4.5	5.5	7	9	
	H	min	2.6	3.2	4	5	6.4	8	10	12	
		max	3.25	4	5	6.25	8	10	12.5	15	
	m≤		0.65	0.8		1.25	1.6	2	2.5	3	

注：材料为 65Mn。

表 13 – 23　外舌止动垫圈(GB/T 856—1988) 　　　　mm

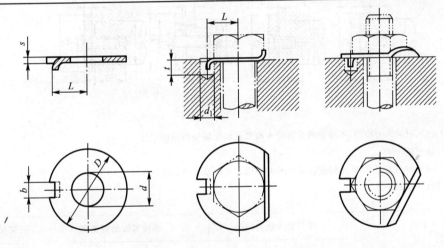

标记示例：

规格为 10mm，材料为 Q235A，不经表面处理的外舌止动垫圈的标记为

垫圈　GB/T 856—1988　10

规格(螺纹大径)	5	6	8	10	12	(14)	16	(18)	20	(22)	24	(27)	30	36
d	5.3	6.4	8.4	10.5	13	15	17	19	21	23	25	28	31	37
D	17	19	22	26	32	32	40	45	45	50	50	58	63	75
b	3.5	3.5	3.5	4.5	4.5	4.5	5.5	6	6	7	7	8	8	11
L	7	7.5	8.5	10	12	12	15	18	18	20	20	23	25	31
s	0.5	0.5	0.5	0.5	1	1	1	1	1	1	1	1.5	1.5	1.5
d_1	4	4	4	5	5	5	6	7	7	8	8	9	9	12
t	4	4	4	5	6	6	6	7	7	7	7	10	10	10

第八节   挡   圈

表 13 – 24   轴 端 挡 圈   mm

螺钉紧固轴端挡圈(GB/T 891—1986)   螺栓紧固轴端挡圈(GB/T 892—1986)

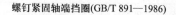

轴端单孔挡圈的固定

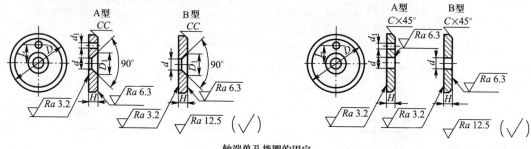

标记示例:

  公称直径 $D = 45$、材料为 Q235A、不经表面处理的 A 型螺钉紧固轴端挡圈标记为

  挡圈 GB/T 891—1986 45

  公称直径 $D = 45$、材料为 Q235A、不经表面处理的 B 型螺钉紧固轴端挡圈标记为

  挡圈 GB/T 891—1986 B45

轴径 ≤	公称直径 D	H	L	d	d_1	C	螺钉紧固轴端挡圈		螺栓紧固轴端挡圈			安装尺寸(参考)			
							D_1	螺钉(GB/T 819—2000) 圆柱销(GB/T 119—2000)	螺栓(GB/T 5783—2000)	圆柱销(GB/T 119—2000)	垫圈(GB/T 93—1987)	L_1	L_2	L_3	h
14	20	4	—												
16	22	4	—												
18	25	4	—	5.5	2.1	0.5	11	M5 × 12 A2 × 10	M5 × 16	A2 × 10	5	14	6	16	4.8
20	28	4	7.5												
22	30	4	7.5												

轴径 ≤	公称直径 D	H	L	d	d_1	C	螺钉紧固轴端挡圈			螺栓紧固轴端挡圈			安装尺寸(参考)			
							D_1	螺钉（GB/T 819—2000）	圆柱销（GB/T 119—2000）	螺栓（GB/T 5783—2000）	圆柱销（GB/T 119—2000）	垫圈（GB/T 93—1987）	L_1	L_2	L_3	h
25	32	5	10													
28	35	5	10													
30	38	5	10	6.6	3.2	1	13	M6×16	A3×12	M6×20	A3×12	6	18	7	20	5.6
32	40	5	12													
35	45	5	12													
40	50	5	12													
45	55	6	16													
50	60	6	16													
55	65	6	16	9	4.2	1.5	17	M8×20	A4×14	M8×25	A4×14	8	22	8	24	7.4
60	70	6	20													
65	75	6	20													
70	80	6	20													
75	90	8	25	13	5.2	2	25	M12×25	A5×16	M12×30	A5×16	12	26	10	28	10.6
85	100	8	25													

注：1. 当挡圈装在带螺纹孔的轴端时，紧固用螺钉允许加长。

2. 材料为 Q235A、35 钢和 45 钢。

3. "轴端单孔挡圈的固定"不属 GB/T 891—1986、GB/T 892—1986，仅供参考。

表 13-25　轴用弹性挡圈—A 型（GB/T 894.1—1986）　　　　　　　　mm

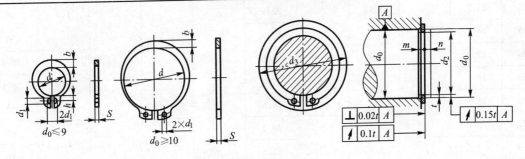

d_3——允许套入的最小孔径

标记示例：

轴径 d_0=50、材料为 65 Mn、热处理硬度为 44～51 HRC、经表面氧化处理的 A 型轴用弹性挡圈标记为

挡圈 GB/T 894.1—1986 50

续表

d_0	d	S	$b \approx$	d_1	d_2 基本尺寸	d_2 极限偏差	m 基本尺寸	m 极限偏差	$n \geqslant$	$d_3 \leqslant$
轴径	挡圈				沟槽(推荐)					孔
3	2.7	0.4	0.8	1	2.8	−0.04	0.5		0.3	7.2
4	3.7		0.88		3.8	0 −0.044				8.8
5	4.7	0.6	1.12	1.2	4.8		0.7		0.5	10.7
6	5.6		1.32		5.7	0 −0.058				12.2
7	6.5				6.7		0.9			13.8
8	7.4	0.8	1.44		7.6				0.6	15.2
9	8.4				8.6					16.4
10	9.3				9.6					17.6
11	10.2	1	1.52	1.5	10.5	0 −0.11	1.1		0.8	18.6
12	11		1.72		11.5					19.6
13	11.9		1.88	1.7	12.4				0.9	20.8
14	12.9				13.4					22
15	13.8		2.00		14.3				1.1	23.2
16	14.7		2.32		15.2				1.2	24.4
17	15.7		2.48		16.2					25.6
18	16.5				17	0 −0.13		+0.14 0	1.5	27
19	17.5		2.68	2	18					28
20	18.5				19					29
21	19.5				20					31
22	20.5				21					32
24	22.2	1.2	3.32		22.9	0 −0.21	1.3		1.7	34
25	23.2				23.9					35
26	24.2				24.9					36
28	25.9		3.60		26.6	0 −0.25			2.1	38.4
29	26.9		3.72		27.6					39.8
30	27.9				28.6					42
32	29.6	1.5	3.92	2.5	30.3		1.7		2.6	44
34	31.5		4.32		32.3					46
35	32.2				33				3	48
36	33.2		4.52		34					49
37	34.2				35					50

轴径	挡圈				沟槽（推荐）					孔
					d_2		m		$n \geqslant$	
d_0	d	S	$b \approx$	d_1	基本尺寸	极限偏差	基本尺寸	极限偏差		$d_3 \leqslant$
38	35.2			2.5	36				3	51
40	36.5				37.5					53
42	38.5	1.5	5.0		39.5		1.7		3.8	56
45	41.5				42.5	0 −0.25				59.4
48	44.5				45.5					62.8
50	45.8				47					64.8
52	47.8		5.48		49					67
55	50.8				52					70.4
56	51.8	2			53		2.2			71.7
58	53.8				55					73.6
60	55.8		6.12		57					75.8
62	57.8				59				4.5	79
63	58.8				60			+0.14 0		79.6
65	60.8				62	0 −0.30				81.6
68	63.5			3	65					85
70	65.5				67					87.2
72	67.5		6.32		69					89.4
75	70.5				72					92.8
78	73.5				75					96.2
80	74.5	2.5			76.5		2.7			98.2
82	76.5				78.5					101
85	79.5		7.0		81.5					104
88	82.5				84.5				5.3	107.3
90	84.5		7.6		86.5	0 −0.35				110
95	89.5		9.2		91.5					115
100	94.5				96.5					121
105	98		10.7		101					132
110	103		11.3		106	0 −0.54		+0.18 0	6	136
115	108	3	12	4	111		3.2			142
120	113				116					145
125	118		12.6		121	−0.63				151

表 13-26　孔用弹性挡圈——A 型 (GB/T 893.1—1986)　　　　mm

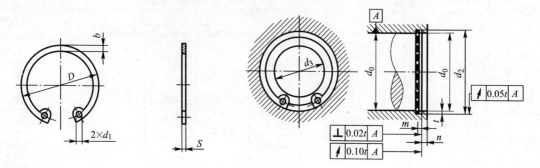

d_3——允许套入的最大轴径

标记示例：

孔径 $d_0 = 50$、材料为 65 Mn、热处理硬度为 44 ~ 51 HRC、经表面氧化处理的 A 型孔用弹性挡圈标记为

挡圈 GB/T 893.1—1986 50

孔径 d_0	挡圈				沟槽（推荐）					轴 $d_3 \leqslant$
	D	S	$b \approx$	d_1	d_2		m		$n \geqslant$	
					基本尺寸	极限偏差	基本尺寸	极限偏差		
8	8.7	0.6	1	1	8.4	+0.09 0	0.7		0.6	2
9	9.8		1.2		9.4					
10	10.8	0.8	1.7	1.5	10.4		0.9			
11	11.8				11.4					3
12	13				12.5					4
13	14.1				13.6	+0.11 0			0.9	
14	15.1				14.6					5
15	16.2		2.1	1.7	15.7					6
16	17.3				16.8				1.2	7
17	18.3				17.8					8
18	19.5	1			19		1.1	+0.14 0		9
19	20.5				20	+0.13 0				10
20	21.5				21				1.5	
21	22.5		2.5		22					11
22	23.5				23					12
24	25.9			2	25.2					13
25	26.9		2.8		26.2	+0.21 0			1.8	14
26	27.9	1.2			27.2		1.3			15
28	30.1				29.4				2.1	17
30	32.1		3.2		31.4	+0.25 0				18
31	33.4			2.5	32.7				2.6	19

孔径 d_0	挡圈 D	S	$b\approx$	d_1	沟槽(推荐) d_2 基本尺寸	d_2 极限偏差	m 基本尺寸	m 极限偏差	$n\geqslant$	轴 $d_3\leqslant$
32	34.4	1.2	3.2		33.7	+0.25 0	1.3	+0.14 0	2.6	20
34	36.5	1.5			35.7					22
35	37.8		3.6	2.5	37		1.7		3	23
36	38.8				38					24
37	39.8				39					25
38	40.8				40					26
40	43.5		4		42.5				3.8	27
42	45.5				44.5					29
45	48.5		4.7		47.5					31
47	50.5				49.5					32
48	51.5				50.5					33
50	54.2	2		3	53	+0.30 0			4.5	36
52	56.2				55					38
55	59.2				58					40
56	60.2		5.2		59		2.2			41
58	62.2				61					43
60	64.2				63					44
62	66.2				65					45
63	67.2				66					46
65	69.2				68					48
68	72.5				71					50
70	74.5		5.7		73					53
72	76.5				75					55
75	79.5		6.3		78					56
78	82.5				81					60
80	85.5	2.5	6.8		83.5	+0.35 0	2.7			63
82	87.5				85.5					65
85	90.5				88.5				5.3	68
88	93.5		7.3		91.5					70
90	95.5				93.5					72
92	97.5		7.7		95.5					73
95	100.5				98.5					75
98	103.5				101.5					78

续表

孔径 d_0	挡圈				沟槽（推荐）					轴 $d_3 \leqslant$
	D	S	$b \approx$	d_1	d_2		m		$n \geqslant$	
					基本尺寸	极限偏差	基本尺寸	极限偏差		
100	105.5	2.5	7.7	3	103.5	$\begin{array}{c} +0.35 \\ 0 \end{array}$	2.7	$\begin{array}{c} +0.14 \\ 0 \end{array}$	5.3	80
102	108		8.1		106					82
105	112				109					83
108	115		8.8		112	$\begin{array}{c} +0.54 \\ 0 \end{array}$		$\begin{array}{c} +0.18 \\ 0 \end{array}$		86
110	117	3		4	114		3.2		6	88
112	119		9.3		116					89
115	122				119					90
120	127		10		124	+0.63				95

第十四章　键连接和销连接

第一节　键　连　接

表 14−1　普通平键连接的剖面和键槽尺寸（GB/T 1095—2003，GB/T 1096—2003）　　mm

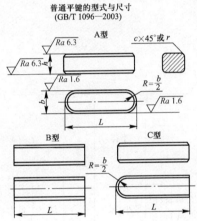

普通平键的型式与尺寸
（GB/T 1096—2003）

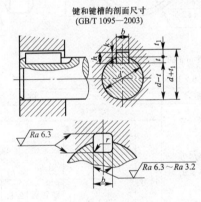

键和键槽的剖面尺寸
（GB/T 1095—2003）

标记示例：

圆头普通平键（A 型），$b = 10$，$h = 8$，$l = 25$，标记为

键 10 × 25　GB/T 1096—2003

对于同一尺寸的圆头普通平键（B 型）或单圆头普通平键（C 型），标记为

键 B10 × 25　GB/T 1096—2003　键 C10 × 25 GB/T 1096—2003

轴	键	键　槽										
		宽度 b						深　度				半径 r
		公称尺寸 b	极 限 偏 差					轴 t		毂 t_1		
公称直径 d	公称尺寸 $b \times h$		较松键连接		一般键连接		较紧连接	公称尺寸	极限偏差	公称尺寸	极限偏差	
			轴 H9	毂 D10	轴 N9	毂 Js9	轴和毂 P9					最小　最大
自 6 ~ 8	2 × 2	2	+0.025 0	+0.06 −0.02	−0.004 −0.029	±0.0125	−0.006 −0.031	1.2	+0.1 0	1	+0.1 0	0.08 0.16
>8 ~ 10	3 × 3	3						1.8		1.4		
>10 ~ 12	4 × 4	4	+0.030 0	+0.078 +0.03	0 −0.03	±0.015	−0.012 −0.042	2.5		1.8		0.16 0.25
>12 ~ 17	5 × 5	5						3		2.3		
>17 ~ 22	6 × 6	6						3.5		2.8		
>22 ~ 30	8 × 7	8	+0.036 0	+0.098 +0.04	0 −0.036	±0.018	−0.015 −0.051	4		3.3		
>30 ~ 38	10 × 8	10						5		3.3		
>38 ~ 44	12 × 8	12	+0.043 0	+0.12 +0.05	0 −0.043	±0.0215	−0.018 −0.061	5		3.3	+0.2 0	0.25 0.4
>44 ~ 50	14 × 9	14						5.5		3.8		
>50 ~ 58	16 × 10	16						6	+0.2 0	4.3		
>58 ~ 65	18 × 11	18						7		4.4		
>65 ~ 75	20 × 12	20	+0.052 0	+0.149 +0.065	0 −0.052	±0.026	−0.022 −0.074	7.5		4.9		0.4 0.6
>75 ~ 85	22 × 14	22						9		5.4		
>85 ~ 95	25 × 14	25						9		5.4		
>95 ~ 110	28 × 16	28						10		6.4		

键的长度系列	6、8、10、12、14、16、18、20、22、25、28、32、36、40、45、50、56、63、70、80、90、100、110、125、140、160、180、200、250、280、320、360

注：1. 在工作图中，轴槽深采用 $d−t$ 或 t 标注，毂槽深采用 $d+t_1$ 标注。

2. $(d−t)$ 和 $(d+t_1)$ 尺寸偏差按相应的 t 和 t_1 的偏差选取，但 $(d−t)$ 偏差取负号（−）。

表 14-2　半圆键连接的剖面和键槽尺寸（GB/T 1098—2003）、
半圆键的形式和尺寸（GB/T 1099.1—2003）

mm

半圆键连接的剖面和键槽尺寸 (GB/T 1098—2003)

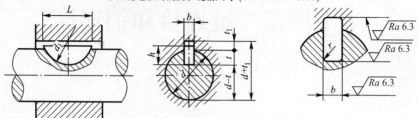

半圆键的形式和尺寸 (GB/T 1099.1—2003)

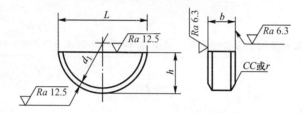

标记示例：

$b = 6$ mm、$h = 10$ mm、$d_1 = 25$ mm 的半圆键标记为

半圆键 GB/T 1098—2003　$6 \times 10 \times 25$

轴径 d		键	键　槽										
			宽度 b			深　　度				半径 r		C	
				极限偏差		轴 t		毂 t_1					
键传递扭矩	键定位	公称尺寸 $b \times h \times d_1$	公称尺寸	一般键连接		较紧键连接	公称尺寸	极限偏差	公称尺寸	极限偏差	最小	最大	$L \approx$	最小	最大
				轴 N9	毂 Js9	轴和毂 P9									
自 3 ~ 4	自 3 ~ 4	$1.0 \times 1.4 \times 4$	1.0				1.0		0.6				3.9		
> 4 ~ 5	> 4 ~ 6	$1.5 \times 2.6 \times 7$	1.5				2.0	+0.1 0	0.8				6.8		
> 5 ~ 6	> 6 ~ 8	$2.0 \times 2.6 \times 7$	2.0	−0.004 −0.029	±0.012	−0.006 −0.031	1.8		1.0		0.08	0.16	6.8	0.16	0.25
> 6 ~ 7	> 8 ~ 10	$2.0 \times 3.7 \times 10$	2.0				2.9		1.0				9.7		
> 7 ~ 8	> 10 ~ 12	$2.5 \times 3.7 \times 10$	2.5				2.7		1.2				9.7		
> 8 ~ 10	> 12 ~ 15	$3.0 \times 5.0 \times 13$	3.0				3.8		1.4	+0.1 0			12.7		
> 10 ~ 12	> 15 ~ 18	$3.0 \times 6.5 \times 16$	3.0				5.3		1.4				15.7		
> 12 ~ 14	> 18 ~ 20	$4.0 \times 6.5 \times 16$	4.0				5.0	+0.2 0	1.8				15.7		
> 14 ~ 16	> 20 ~ 22	$4.0 \times 7.5 \times 19$	4.0				6.0		1.8				18.6		
> 16 ~ 18	> 22 ~ 25	$5.0 \times 6.5 \times 16$	5.0	0 −0.030	±0.015	−0.012 −0.042	4.5		2.3		0.16	0.25	15.7	0.25	0.40
> 18 ~ 20	> 25 ~ 28	$5.0 \times 7.5 \times 19$	5.0				5.5		2.3				18.6		
> 20 ~ 22	> 28 ~ 32	$5.0 \times 9.0 \times 22$	5.0				7.0		2.3				21.6		
> 22 ~ 25	> 32 ~ 36	$6.0 \times 9.0 \times 22$	6.0				6.5		2.8				21.6		
> 25 ~ 28	> 36 ~ 40	$6.0 \times 10.0 \times 25$	6.0				7.5	+0.3 0	2.8	+0.2 0			24.5		
> 28 ~ 32	40	$8.0 \times 11.0 \times 28$	8.0	0 −0.036	±0.018	−0.015 −0.051	8.0		3.3		0.25	0.40	27.4	0.40	0.6
> 32 ~ 38	—	$10.0 \times 13.0 \times 32$	10.0				10.0		3.3				31.4		

注：1. 在工作图中轴槽深用 t 或 $(d-t)$ 标注，轮毂槽深用 $(d+t_1)$ 标注。

2. $(d-t)$ 和 $(d+t_1)$ 的尺寸偏差按相应的 t 和 t_1 的偏差选取，但 $(d-t)$ 公差值应取负号（−）。

表 14 – 3　矩形花键尺寸与公差（GB/T 1144—2001）　　　mm

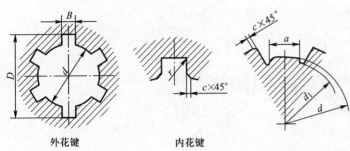

外花键　　　内花键

标记示例：

花键规格 $N \times d \times D \times B$　例如 $6 \times 23 \times 26 \times 6$

花键副 6×23（H7/f7）$\times 26$（H10/a11）$\times 6$（H11/d10）　GB/T 1144—2001

内花键 $6 \times 23H7 \times 26H10 \times 6H11$　GB/T 1144—2001

外花键 $6 \times 23f7 \times 26a11 \times 6d10$　GB/T 1144—2001

小径	轻系列					中系列				
	规格	c	r	参考		规格	c	r	参考	
d	$N \times d \times D \times B$			d_{1min}	a_{min}	$N \times d \times D \times B$			d_{1min}	a_{min}
18						$6 \times 18 \times 22 \times 5$	0.3	0.2	16.6	1
21						$6 \times 21 \times 25 \times 5$			19.5	2
23	$6 \times 23 \times 26 \times 6$	0.2	0.1	22	3.5	$6 \times 23 \times 28 \times 6$			21.2	1.2
26	$6 \times 26 \times 30 \times 6$			24.5	3.8	$6 \times 26 \times 32 \times 6$			23.6	1.2
28	$6 \times 28 \times 32 \times 7$			26.6	4	$6 \times 28 \times 34 \times 7$	0.4	0.3	25.3	1.4
32	$8 \times 32 \times 36 \times 6$	0.3	0.2	30.3	2.7	$8 \times 32 \times 38 \times 6$			29.4	1
36	$8 \times 36 \times 40 \times 7$			34.3	3.5	$8 \times 36 \times 42 \times 7$			33.4	1
42	$8 \times 42 \times 46 \times 8$			40.5	5	$8 \times 42 \times 48 \times 8$			39.4	2.5
46	$8 \times 46 \times 50 \times 9$			44.6	5.7	$8 \times 46 \times 54 \times 9$			42.6	1.4
52	$8 \times 52 \times 58 \times 10$			49.6	4.8	$8 \times 52 \times 60 \times 10$	0.5	0.4	48.6	2.5
56	$8 \times 56 \times 62 \times 10$			53.5	6.5	$8 \times 56 \times 65 \times 10$			52	2.5
62	$8 \times 62 \times 68 \times 12$			59.7	7.3	$8 \times 62 \times 72 \times 12$			57.7	2.4
72	$10 \times 72 \times 78 \times 12$	0.4	0.3	69.6	5.4	$10 \times 72 \times 82 \times 12$	0.6	0.5	67.4	1
82	$10 \times 82 \times 88 \times 12$			79.3	8.5	$10 \times 82 \times 92 \times 12$			77	2.9
92	$10 \times 92 \times 98 \times 14$			89.6	9.9	$10 \times 92 \times 102 \times 14$			87.3	4.5
102	$10 \times 102 \times 108 \times 16$			99.6	11.3	$10 \times 102 \times 112 \times 16$			97.7	6.2

内、外花键的尺寸公差带

内 花 键			外 花 键			装配形式
d	D	B 拉削后不热处理	d 拉削后热处理	D	B	
一般用公差带						
H7	H10	H9	H11	f7	d10	滑动
				g7	a11　f9	紧滑动
				h7	h10	固定
精密传动用公差带						
H5	H10	H7、H9		f5	d8	滑动
				g5	a11　f7	紧滑动
				h5	h8	固定
H6				f6	d8	滑动
				g6	a11　f7	紧滑动
				h6	d8	固定

注：1. N——齿数；D——大径；B——键宽或键槽宽。

2. d_1 和 a 值仅适用于展成法加工。

表 14 – 4　轴上开有平键槽时的抗弯、抗扭截面系数 W、W_T

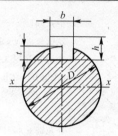

抗弯截面系数

$$W = \frac{\pi D^3}{32} - \frac{bt(D-t)^2}{2D}$$

抗扭截面系数

$$W_T = \frac{\pi D^3}{32} - \frac{bt(D-t)^2}{2D}$$

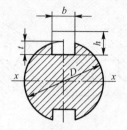

抗弯截面系数

$$W = \frac{\pi D^3}{32} - \frac{bt(D-t)^2}{2D}$$

抗扭截面系数

$$W_T = \frac{\pi D^3}{32} - \frac{bt(D-t)^2}{D}$$

D/mm	$b \times h$ mm × mm	单 键		双 键		D/mm	$b \times h$ mm × mm	单 键		双 键	
		W/cm^3	W_T/cm^3	W/cm^3	W_T/cm^3			W/cm^3	W_T/cm^3	W/cm^3	W_T/cm^3
20	6 × 6	0.643	1.43	0.5	1.28	70	20 × 12	29.5	63.18	25.32	58.98
21		0.756	1.66	0.603	1.51	75		36.87	78.3	32.32	73.74
11		0.889	1.92	0.719	1.78						
24	8 × 7	1.06	2.42	0.825	2.13	80	22 × 14	44.85	94.32	37.78	89.7
25		1.25	2.79	0.97	2.5	85		53.67	114.05	46.98	107.32
26		1.43	3.15	1.13	2.85						
28		1.83	3.98	1.49	3.65	90	25 × 14	63.4	134.9	55.08	126.7
30		2.29	4.94	1.93	4.58	95		75.44	159.63	66.7	150.87
32	10 × 8	2.65	5.86	2.08	5.30	100	28 × 16	87.89	168.09	77.6	175.78
34		3.24	7.14	2.62	6.48	105		101.65	215.32	89.68	203.3
35		3.57	7.78	2.93	7.14	110		118	248.7	105.3	236
38		4.67	10.05	3.95	9.34						
40	12 × 8	5.36	11.65	4.45	10.72	115	32 × 18	132.8	282	116	265.6
42		6.36	13.57	5.32	12.59	120		152.3	322	135	304.5
						130		196.5	412	177	393
45	14 × 9	7.61	16.56	6.29	15.23	140	36 × 20	244	514	219	488
48		9.41	20.27	7.97	18.82	150		304	635	276.6	608
50		10.75	23.02	9.22	21.5						
52	16 × 10	11.85	25.66	9.90	23.7	160	40 × 22	367	769	332	734
55		14.42	30.58	12.14	28.48	170		444.7	927	407	889
58		16.92	36.08	14.69	33.84						
60	18 × 11	18.26	39.47	15.31	36.52	180	45 × 25	512	1094	470	1042
65	18 × 11	23.72	50.67	20.44	47.44	190		619	1293	565	1238
						200		728	1513	670	1455

注：表中键槽尺寸适用于 GB/T 1095—2003 的平键。

第二节　销　连　接

表 14-5　圆柱销和圆锥销（GB/T 119.1—2000、GB/T 117—2000）　　　　mm

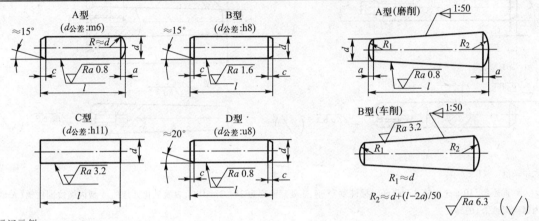

标记示例：

公称直径 d = 8 mm、长度 l = 30 mm、材料为 35 钢、热处理硬度为 28～38HRC、表面氧化处理的 A 型圆柱销标记为

销 GB/T 119.1—2000 – A8 × 30

公称直径 d = 10mm、长度 l = 60mm、材料为 35 钢、热处理硬度为 28～38HRC、表面氧化处理的 A 型圆锥销标记为

销 GB/T 117—2000 – A10 × 60

	公　称		2	3	4	5	6	8	10	12	16	20	25	30
d	圆柱销	A 型 min	2.002	3.002	4.004	5.004	6.004	8.006	10.006	12.007	16.007	20.008	25.008	30.008
		A 型 max	2.008	3.008	4.012	5.012	6.012	8.015	10.015	12.018	16.018	20.021	25.021	30.021
		B 型 min	1.986	2.986	3.982	4.982	5.982	7.978	9.978	11.973	15.973	19.967	24.967	29.967
		B 型 max	2	3	4	5	6	8	10	12	16	20	25	30
		C 型 min	1.94	2.94	3.925	4.925	5.925	7.91	9.91	11.89	15.89	19.87	24.87	29.87
		C 型 max	2	3	4	5	6	8	10	12	16	20	25	30
		D 型 min	2.018	3.018	4.023	5.023	6.023	8.028	10.028	12.033	16.033	20.041	25.048	30.048
		D 型 max	2.032	3.032	4.041	5.041	6.041	8.050	10.050	12.06	16.06	20.074	25.081	30.081
	圆锥销	min	1.96	2.96	3.95	4.95	5.95	7.94	9.94	11.93	15.93	19.92	24.92	29.92
		max	2	3	4	5	6	8	10	12	16	20	25	30
a ≈			0.25	0.40	0.5	0.63	0.80	1.0	1.2	1.6	2.0	2.5	3.0	4.0
c ≈			0.35	0.50	0.63	0.80	1.2	1.6	2.0	2.5	3.0	3.5	4.0	5.0
l 商品规格范围	圆柱销		6～20	8～28	8～35	10～50	12～60	14～80	16～95	22～140	26～180	35～200	50～200	60～200
	圆锥销		10～35	12～45	14～55	18～60	22～90	22～120	26～160	32～180	40～200	45～200	50～200	55～200
l 系列（公称）			6,8,12,14,16,18,20,22,24,26,28,30,32,35～100（10 进位）,120,140,160,180,200											

注：1. 材料为 35、45 钢；

2. 热处理硬度为 28～38 HRC、38～46 HRC。

表 14 – 6　内螺纹圆柱销(GB/T 120—2000)、内螺纹圆锥销(GB/T 118—2000)　　mm

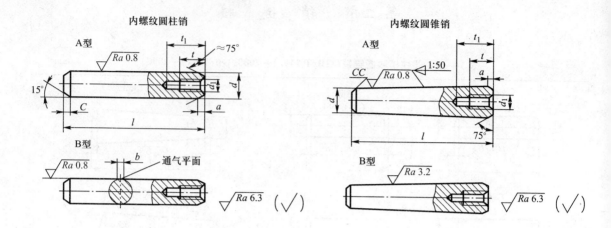

标记示例：

公称直径 $d = 10$ mm、长度 $l = 60$ mm、材料为 35 钢、热处理硬度为 28 ~ 38 HRC、表面氧化处理的 A 型内螺纹圆柱销(A 型内螺纹圆锥销)的标记为

销 GB/T 120—2000 10 × 60 – A(GB/T 118—2000 A10 × 60)

公称直径 d			6	8	10	12	16	20	25	30	40	50
$a \approx$			0.8	1	1.2	1.6	2	2.5	3	4	5	6.3
内螺纹圆柱销	d	min	6.004	8.006	10.006	12.007	16.007	20.008	25.008	30.008	40.009	50.009
		max	6.012	8.015	10.015	12.018	16.018	20.021	25.021	30.021	40.025	50.025
	$C \approx$		1.2	1.6	2	2.5	3	3.5	4	5	6.3	8
	d_1		M4	M5	M6	M6	M8	M10	M16	M20	M20	M24
	t	min	6	8	10	12	16	18	24	30	30	36
	t_1		10	12	16	20	25	28	35	40	40	50
	$b \approx$		1						1.5		2	
	l(公称)		16 ~ 60	18 ~ 80	22 ~ 100	26 ~ 120	30 ~ 160	40 ~ 200	50 ~ 200	60 ~ 200	80 ~ 200	100 ~ 200
公称直径 d			6	8	10	12	16	20	25	30	40	50
$a \approx$			0.8	1	1.2	1.6	2	2.5	3	4	5	6.3
内螺纹圆锥销	d	min	5.952	7.942	9.942	11.93	15.93	19.916	24.916	29.916	39.9	49.9
		max	6	8	10	12	16	20	25	30	40	50
	d_1		M4	M5	M6	M8	M10	M12	M16	M20	M20	M24
	t		6	8	10	12	16	18	24	30	30	36
	t_1	min	10	12	16	20	25	28	35	40	40	50
	$C \approx$		0.8	1	1.2	1.6	2	2.5	3	4	5	6.3
	l(公称)		16 ~ 60	18 ~ 85	22 ~ 100	26 ~ 120	30 ~ 160	45 ~ 200	50 ~ 200	60 ~ 200	80 ~ 200	120 ~ 200
l 系列(公称)			16 ~ 32(2 进位),35 ~ 100(5 进位),100 ~ 200(20 进位)									

表 14 – 7 开口销(GB/T 91—2000)   mm

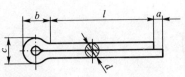

标记示例:

公称直径 $d = 5$ mm,长度 $l = 50$ mm 的
开口销的标记为

销 5×50 GB/T 91—2000

d	1	1.2	1.6	2	2.5	3.2	4	5	6.3	8
c	1.8	2	2.8	3.6	4.6	5.8	7.4	9.2	11.8	15
$b \approx$	3	3	3.2	4	5	6.4	8	10	12.6	16
a	1.6		2.5			3.2		4		
l		10 ~ 40			12 ~ 50	14 ~ 65	18 ~ 80	22 ~ 100	30 ~ 120	40 ~ 160

l 系列:10,12,14,16,18,20,22,24,26,28,30,32,36,40,45,50,55,60,65,70,75,
80,85,90,95,100,120,140,160

第十五章 滚动轴承

第一节 常用滚动轴承

表 15 − 1 深沟球轴承(GB/T 276—1994)

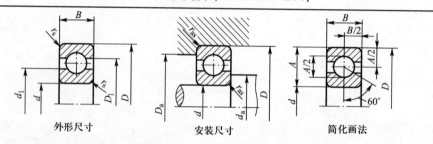

外形尺寸   安装尺寸   简化画法

标记示例:

滚动轴承 6208 GB/T 276—1994

$\dfrac{F_a}{C_{0r}}$	当量动载荷 $P_r = XF_r + YF_a$					当量静载荷 P_{0r}	
	$F_a/F_r \leqslant e$		$F_a/F_r > e$		e	$F_a/F_r \leqslant 0.8$	$F_a/F_r > 0.8$
	X	Y	X	Y			
0.025	1	0	0.56	2.0	0.22		
0.04	1	0	0.56	1.8	0.24		
0.07	1	0	0.56	1.6	0.27		
0.13	1	0	0.56	1.4	0.31	$P_{0r} = F_r$	$P_{0r} = 0.6F_r + 0.5F_a$
0.25	1	0	0.56	1.2	0.37		
0.50	1	0	0.56	1.0	0.44		

轴承代号	基本尺寸/mm			其他尺寸/mm			安装尺寸/mm			基本额定载荷		极限转速 /(r·min⁻¹)	
	d	D	B	$d_1 \approx$	$D_1 \approx$	r_s	d_a	D_a	r_{as}	C_r	C_{0r}	脂润滑	油润滑
						min	min	max	max	/kN	/kN		
(1)0 系 列													
6004	20	42	12	26.9	35.1	0.6	25	37	0.6	9.38	5.02	15 000	19 000
6005	25	47	12	31.8	40.2	0.6	30	42	0.6	10.0	5.85	13 000	17 000
6006	30	55	13	38.4	47.7	1	36	49	1	13.2	8.3	10 000	14 000
6007	35	62	14	43.4	53.7	1	41	56	1	16.2	10.5	9 000	12 000
6008	40	68	15	48.8	59.2	1	46	62	1	17.0	11.8	8 500	11 000
6009	45	75	16	54.2	65.9	1	51	69	1	21.0	14.8	8 000	10 000
6010	50	80	16	59.2	70.9	1	56	74	1	22.0	16.2	7 000	9 000
6011	55	90	18	66.5	79	1.1	62	83	1	30.2	21.8	6 300	8 000
6012	60	95	18	71.9	85.7	1.1	67	88	1	31.5	24.2	6 000	7 500
6013	65	100	18	75.3	89.1	1.1	72	93	1	32.0	24.8	5 600	7 000
6014	70	110	20	82	98	1.1	77	103	1	38.5	30.5	5 300	6 700

轴承代号	基本尺寸/mm			其他尺寸/mm			安装尺寸/mm			基本额定载荷		极限转速/(r·min⁻¹)	
	d	D	B	$d_1 \approx$	$D_1 \approx$	r_s	d_a	D_a	r_{as}	C_r	C_{0r}	脂润滑	油润滑
						min	min	max	max	/kN	/kN		
(1)0 系 列													
6015	75	115	20	88.6	104	1.1	82	108	1	40.2	33.2	5 000	6 300
6016	80	125	22	95.9	112.8	1.1	87	118	1	47.5	39.8	4 800	6 000
6017	85	130	22	100.1	117.6	1.1	92	123	1	50.8	42.8	4 500	5 600
6018	90	140	24	107.2	126.8	1.5	99	131	1.5	53	49.8	4 300	5 300
6019	95	145	24	110.2	129.8	1.5	104	136	1.5	57.8	50	4 000	5 000
6020	100	150	24	114.6	135.4	1.5	109	141	1.5	64.5	56.2	3 800	4 800
(0)2 系 列													
6204	20	47	14	29.3	39.7	1	26	41	1	12.8	6.65	14 000	18 000
6205	25	52	15	33.8	44.2	1	31	46	1	14.0	7.88	12 000	16 000
6206	30	62	16	40.8	52.2	1	36	56	1	19.5	11.5	9 500	13 000
6207	35	72	17	46.8	60.2	1.1	42	65	1	25.5	15.2	8 500	11 000
6208	40	80	18	52.8	67.2	1.1	47	73	1	29.5	18.0	8 000	10 000
6209	45	85	19	58.8	73.2	1.1	52	78	1	31.5	20.5	7 000	9 000
6210	50	90	20	62.4	77.6	1.1	57	83	1	35.0	23.2	6 700	8 500
6211	55	100	21	68.9	86.1	1.5	64	91	1.5	43.2	29.2	6 000	7 500
6212	60	110	22	76	94.1	1.5	69	101	1.5	47.8	32.8	5 600	7 000
6213	65	120	23	82.5	102.5	1.5	74	111	1.5	57.2	40.0	5 000	6 300
6214	70	125	24	89	109	1.5	79	116	1.5	60.8	45.0	4 800	6 000
6215	75	130	25	94	115	1.5	84	121	1.5	66.0	49.5	4 500	5 600
6216	80	140	26	100	122	2	90	130	2	71.5	54.2	4 300	5 300
6217	85	150	28	107.1	130.9	2	95	140	2	83.2	63.8	4 000	5 000
6218	90	160	30	111.7	138.4	2	100	150	2	95.8	71.5	3 800	4 800
6219	95	170	32	118.1	146.9	2.1	107	158	2.1	110	82.8	3 600	4 500
6220	100	180	34	124.8	155.3	2.1	112	168	2.1	122	92.8	3 400	4 300
(0)3 系 列													
6304	20	52	15	29.8	42.2	1.1	27	45	1	15.8	7.88	13 000	17 000
6305	25	62	17	36	51	1.1	32	55	1	22.2	11.5	10 000	14 000
6306	30	72	19	44.8	59.2	1.1	37	65	1	27.0	15.2	9 000	12 000
6307	35	80	21	50.4	66.6	1.5	44	71	1.5	33.2	19.2	8 000	10 000
6308	40	90	23	56.5	74.6	1.5	48	81	1.5	40.8	24.0	7 000	9 000
6309	45	100	25	63	84	1.5	54	91	1.5	52.8	31.8	6 300	8 000
6310	50	110	27	69.1	91.9	2	60	100	2	61.8	38.0	6 000	7 500
6311	55	120	29	76.1	100.9	2	65	110	2	71.5	44.8	5 800	6 700
6312	60	130	31	81.7	108.4	2.1	72	118	2.1	81.8	51.8	5 600	6 300
6313	65	140	33	88.1	116.9	2.1	77	128	2.1	93.8	60.5	4 500	5 600
6314	70	150	35	94.8	125.3	2.1	82	138	2.1	105	68.0	4 300	5 300
6315	75	160	37	101.3	133.7	2.1	87	148	2.1	112	76.8	4 000	5 000
6316	80	170	39	107.9	142.2	2.1	92	158	2.1	122	86.5	3 800	4 800
6317	85	180	41	114.4	150.6	3	99	166	2.5	132	96.5	3 600	4 500
6318	90	190	43	120.8	159.2	3	104	176	2.5	145	108	3 400	4 300
6319	95	200	45	127.1	167.9	3	109	186	2.5	155	122	3 200	4 000
6320	100	215	47	135.6	179.4	3	114	201	2.5	172	140	2 800	3 600

表 15 – 2　角接触球轴承（GB/T 292—2007）

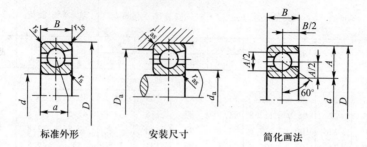

标准外形　　　　　安装尺寸　　　　简化画法

标记示例：

滚动轴承　7208C　GB/T 292—2007

70000C 型（$\alpha = 15°$）				70000AC 型（$\alpha = 25°$）
iF_a/C_{0r}	e	Y		
0.015	0.38	1.47	径向当量动载荷	径向当量动载荷
0.029	0.40	1.40	当 $F_a/F_r \leqslant e$ 时　$P_r = F_r$	当 $F_a/F_r \leqslant 0.68$ 时　$P_r = F_r$
0.058	0.43	1.30	当 $F_a/F_r > e$ 时　$P_r =$	当 $F_a/F_r > 0.68$ 时　$P_r = 0.41F_r$
0.087	0.46	1.23	$0.44F_r + YF_a$	$+ 0.87F_a$
0.12	0.47	1.19		
0.17	0.50	1.12		
0.29	0.55	1.02	径向当量静载荷	径向当量静载荷
0.44	0.56	1.00	$P_{0r} = 0.5F_r + 0.46F_a$	$P_{0r} = 0.5F_r + 0.38F_a$
0.58	0.56	1.00		

轴承代号		基本尺寸/mm			安装尺寸/mm				基本额定动载荷 C_r/kN		额定静载荷 C_{0r}/kN	
		d	D	B	a		d_a min	D_a max	r_{as} max	70000C	70000AC	70000C	70000AC
					7000C	7000AC							
(0)2 系 列													
7204C	7204AC	20	47	14	11.5	14.9	26	41	1	14.5	14.0	8.22	7.82
7205C	7205AC	25	52	15	12.7	16.4	31	46	1	16.5	15.8	10.5	9.88
7206C	7206AC	30	62	16	14.2	18.7	36	56	1	23.0	22.0	15.0	14.2
7207C	7207AC	35	72	17	15.7	21	42	65	1	30.5	29.0	20.0	19.2
7208C	7208AC	40	80	18	17	23	47	73	1	36.8	35.2	25.8	24.5
7209C	7209AC	45	85	19	18.2	24.7	52	78	1	38.5	36.8	28.5	27.2
7210C	7210AC	50	90	20	19.4	26.3	57	83	1	42.8	40.8	32.0	30.5
7211C	7211AC	55	100	21	20.9	28.6	64	91	1.5	52.8	50.5	40.5	38.5
7212C	7212AC	60	110	22	22.4	30.8	69	101	1.5	61.0	58.2	48.5	46.2
7213C	7213AC	65	120	23	24.2	33.5	74.4	111	1.5	69.8	66.5	55.2	52.5
7214C	7214AC	70	125	24	25.3	35.1	79	116	1.5	70.2	69.2	60.0	57.5
7215C	7215AC	75	130	25	26.4	36.6	84	121	1.5	79.2	75.2	65.8	63.0
7216C	7216AC	80	140	26	27.7	38.9	90	130	2	89.5	85.0	78.2	74.5
7217C	7217AC	85	150	28	29.9	41.6	95	140	2	99.8	94.8	85.0	81.5
7218C	7218AC	90	160	30	31.7	44.2	100	150	2	122	118	105	100
7219C	7219AC	95	170	32	33.8	46.9	107	158	2.1	135	128	115	108
7220C	7220AC	100	180	34	35.8	49.7	112	168	2.1	148	142	128	122

续表

轴承代号		基本尺寸/mm					安装尺寸/mm			基本额定动载荷 C_r/kN		额定静载荷 C_{0r}/kN	
		d	D	B	a		d_a min	D_a max	r_{as} max	70000C	70000AC	70000C	70000AC
					7000C	7000AC							
(0)3 系 列													
7302C	7302AC	15	42	13	9.6	13.5	21	36	1	9.38	9.08	5.95	5.58
7303C	7303AC	17	47	14	10.4	14.8	23	41	1	12.8	11.5	8.62	7.08
7304C	7304AC	20	52	15	11.3	16.3	27	45	1	14.2	13.8	9.68	9.10
7305C	7305AC	25	62	17	13.1	19.1	32	55	1	21.5	20.8	15.8	14.8
7306C	7306AC	30	72	19	15	22.2	37	65	1	26.2	25.2	19.8	18.5
7307C	7307AC	35	80	21	16.6	24.5	44	71	1.5	34.2	32.8	26.8	24.8
7308C	7308AC	40	90	23	18.5	27.5	49	81	1.5	40.2	38.5	32.3	30.5
7309C	7309AC	45	100	25	20.2	30.2	54	91	1.5	49.2	47.5	39.8	37.2
7310C	7310AC	50	110	27	22	33	60	100	2	53.5	55.5	47.2	44.5
7311C	7311AC	55	120	29	23.8	35.8	65	110	2	70.5	67.2	60.5	56.8
7312C	7312AC	60	130	31	25.6	38.9	72	118	2.1	80.5	77.8	70.2	65.8
7313C	7313AC	65	140	33	27.4	41.5	77	128	2.1	91.5	89.8	80.5	75.5
7314C	7314AC	70	150	35	29.2	44.3	82	138	2.1	102	98.5	91.5	86.0
7315C	7315AC	75	160	37	31	47.2	87	148	2.1	112	108	105	97.0
7316C	7316AC	80	170	39	32.8	50	92	158	2.1	122	118	118	108
7318C	7318AC	90	190	43	36.4	55.6	104	176	2.5	142	135	142	135
7320C	7320AC	100	215	47	40.2	61.9	114	201	2.5	162	165	175	178
(0)4 系 列													
	7406AC	30	90	23		26.1	39	81	1		42.5		32.2
	7407AC	35	100	25		29	44	91	1.5		53.8		42.5
	7408AC	40	110	27		34.6	50	100	2		62.0		49.5
	7409AC	45	120	29		38.7	55	110	2		66.8		52.8
	7410AC	50	130	31		37.4	62	118	2.1		76.5		64.2
	7412AC	60	150	35		43.1	72	138	2.1		102		90.8
	7414AC	70	180	42		51.5	84	166	2.5		125		125
	7416AC	80	200	48		58.1	94	186	2.5		152		162
	7418AC	90	215	54		64.8	108	197	3		178		205

表 15 - 3　圆锥滚子轴承 (GB/T 297—1994)

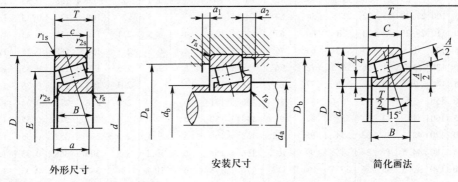

外形尺寸　　　　　　安装尺寸　　　　　　简化画法

标记示例:

滚动轴承　30308　GB/T 297—1994

续表

径向当量动载荷	当 $F_a/F_r \leq e$ 时，$P_r = F_r$；当 $F_a/F_r > e$ 时，$P_r = 0.4F_r + YF_a$
径向当量静载荷	取下列两式计算出的大值　$P_{0r} = 0.5F_r + Y_0 F_a$　$P_{0r} = F_r$

轴承代号	基本尺寸/mm						安装尺寸/mm							基本额定载荷		计算系数		
	d	D	T	B	c	$a \approx$	d_a	d_b	D_a	D_b	a_1	a_2	r_a	C_r/kN	C_{0r}/kN	e	Y	Y_0
							min	max	max	min	min	min	max					
02 系 列																		
30204	20	47	15.25	14	12	11.2	26	27	41	43	2	3.5	1	28.2	30.5	0.35	1.7	1
30205	25	52	16.25	15	13	12.6	31	31	46	48	2	3.5	1	32.2	37	0.37	1.6	0.9
30206	30	62	17.25	16	14	13.8	36	37	56	58	2	3.5	1	43.2	50.5	0.37	1.6	0.9
30207	35	72	18.25	17	15	15.3	42	44	65	67	3	3.5	1.5	54.2	63.5	0.37	1.6	0.9
30208	40	80	19.75	18	16	16.9	47	49	73	75	3	4	1.5	63.0	74.0	0.37	1.6	0.9
30209	45	85	20.75	19	16	18.6	52	53	78	80	3	5	1.5	67.8	83.5	0.4	1.5	0.8
30210	50	90	21.75	20	17	20	57	58	83	86	3	5	1.5	73.2	92.0	0.42	1.4	0.8
30211	55	100	22.75	21	18	21	64	64	91	95	4	5	2	90.8	115	0.4	1.5	0.8
30212	60	110	23.75	22	19	22.4	69	69	101	103	4	5	2	102	130	0.4	1.5	0.8
30213	65	120	24.75	23	20	24	74	77	111	114	4	5	2	120	152	0.4	1.5	0.8
30214	70	125	26.25	24	21	25.9	79	81	116	119	4	5.5	2	132	175	0.42	1.4	0.8
30215	75	130	27.25	25	22	27.4	84	85	121	125	4	5.5	2	138	185	0.44	1.4	0.8
30216	80	140	28.25	26	22	28	90	90	130	133	4	6	2.1	160	212	0.42	1.4	0.8
30217	85	150	30.5	28	24	29.9	95	96	140	142	5	6.5	2.1	178	238	0.42	1.4	0.8
30218	90	160	32.5	30	26	32.4	100	102	150	151	5	6.5	2.1	200	270	0.42	1.4	0.8
30219	95	170	34.5	32	27	35.1	107	108	158	160	5	7.5	2.5	228	308	0.42	1.4	0.8
30220	100	180	37	34	29	36.5	112	114	168	169	5	8	2.5	255	350	0.42	1.4	0.8
03 系 列																		
30304	20	52	16.25	15	13	11	27	28	45	48	3	3.5	1.5	33.0	33.2	0.3	2	1.1
30305	25	62	18.25	17	15	13	32	34	55	58	3	3.5	1.5	46.8	48.0	0.3	2	1.1
30306	30	72	20.75	19	16	15	37	40	65	66	3	5	1.5	59.0	63.0	0.31	1.9	1
30307	35	80	22.75	21	18	17	44	45	71	74	3	5	2	75.2	82.5	0.31	1.9	1
30308	40	90	25.25	23	20	19.5	49	52	81	84	3	5.5	2	90.8	108	0.35	1.7	1
30309	45	100	27.75	25	22	21.5	54	59	91	94	3	5.5	2	108	130	0.35	1.7	1
30310	50	110	29.25	27	23	23	60	65	100	103	4	6.5	2.1	130	158	0.35	1.7	1
30311	55	120	31.5	29	25	25	65	70	110	112	4	6.5	2.1	152	188	0.35	1.7	1
30312	60	130	33.5	31	26	26.5	72	76	118	121	5	7.5	2.5	170	210	0.35	1.7	1
30313	65	140	36	33	28	29	77	83	128	131	5	8	2.5	195	242	0.35	1.7	1
30314	70	150	38	35	30	30.6	82	89	138	141	5	8	2.5	218	272	0.35	1.7	1
30315	75	160	40	37	31	32	87	95	148	150	5	9	2.5	252	318	0.35	1.7	1
30316	80	170	42.5	39	33	34	92	102	158	160	5	9.5	2.5	278	352	0.35	1.7	1
30317	85	180	44.5	41	34	36	99	107	166	168	6	10.5	3	305	388	0.35	1.7	1
30318	90	190	46.5	43	36	37.5	104	113	176	178	6	10.5	3	342	440	0.35	1.7	0.8
30319	95	200	49.5	45	38	40	109	118	186	185	6	11.5	3	370	478	0.35	1.7	1
30320	100	215	51.5	47	39	42	114	127	201	199	6	12.5	3	405	525	0.35	1.7	1

轴承代号	基本尺寸/mm						安装尺寸/mm							基本额定载荷		计算系数		
	d	D	T	B	c	$a\approx$	d_a	d_b	D_a	D_b	a_1	a_2	r_a	C_r/kN	C_{0r}/kN	e	Y	Y_0
							min	max	max	min	min	min	max					
22 系 列																		
32206	30	62	21.5	20	17	15.4	36	36	56	58	3	4.5	1	51.8	63.8	0.37	1.6	0.9
32207	35	72	24.25	23	19	17.6	42	42	65	68	3	5.5	1.5	70.5	89.5	0.37	1.6	0.9
32208	40	80	24.75	23	19	19	47	48	73	75	3	6	1.5	77.8	97.2	0.37	1.6	0.9
32209	45	85	24.75	23	19	20	52	53	78	81	3	6	1.5	80.8	105	4	1.5	0.8
32210	50	90	24.75	23	19	21	57	57	83	86	3	6	1.5	82.8	108	42	1.4	0.8
32211	55	100	26.75	25	21	22.5	64	62	91	96	4	6	2	108	142		1.5	0.8
32212	60	110	29.75	28	24	24.9	69	68	101	105	4	6	2	132	180	0.4	1.5	0.8
32213	65	120	32.75	31	27	27.2	74	75	111	115	4	6	2	160	222	0.4	1.5	0.8
32214	70	125	33.25	31	27	28.6	79	79	116	120	4	6.5	2	168	238	0.42	1.4	0.8
32215	75	130	33.25	31	27	30.2	84	84	121	126	4	6.5	2	170	242	0.44	1.4	0.8
32216	80	140	35.25	33	28	31.3	90	89	130	135	5	7.5	2.1	198	278	0.42	1.4	0.8
32217	85	150	38.5	36	30	34	95	95	140	143	5	8.5	2.1	215	355	0.42	1.4	0.8
32218	90	160	42.5	40	34	36.7	100	101	150	153	5	8.5	2.1	270	395	0.42	1.4	0.8
32219	95	170	45.5	43	37	39	107	106	158	163	5	8.5	2.5	302	448	0.42	1.4	0.8
32220	100	180	49	46	39	41.8	112	113	168	172	5	10	2.5	340	512	0.42	1.4	0.8
23 系 列																		
32304	20	52	22.52	21	18	13.4	27	28	45	48	3	4.5	1.5	42.8	46.2	0.3	2	1.1
32305	25	62	25.25	24	20	14.0	32	32	55	58	3	5.5	1.5	61.5	68.8	0.3	2	1.1
32306	30	72	28.75	27	23	18.8	37	38	65	66	4	6	1.5	81.5	96.5	0.31	1.9	1
32307	35	80	32.75	31	25	20.5	44	43	71	74	4	8.5	2	99.0	118	0.31	1.9	1
32308	40	90	35.25	33	27	23.4	49	49	81	84	4	8.5	2	115	148	0.35	1.7	1
32309	45	100	38.25	36	30	25.6	54	56	91	93	4	8.5	2	145	188	0.35	1.7	1
32310	50	110	42.25	40	33	28	60	61	100	102	5	9.5	2	178	235	0.35	1.7	1
32311	55	120	45.5	43	35	30.6	65	66	110	111	5	10.5	2.5	202	270	0.35	1.7	1
32312	60	130	48.5	46	37	32	72	72	118	122	6	11.5	2.5	228	302	0.35	1.7	1
32313	65	140	51	48	39	34	77	79	128	131	6	12	2.5	260	350	0.35	1.7	1
32314	70	150	54	51	42	36.5	82	84	138	141	6	12	2.5	298	408	0.35	1.7	1
32315	75	160	58	55	45	39	87	91	148	150	7	13	2.5	348	482	0.35	1.7	1
32316	80	170	61.5	58	48	42	92	97	158	160	7	13.5	2.5	388	542	0.35	1.7	1
32317	85	180	63.5	60	49	43.6	99	102	166	168	8	14.5	3	422	592	0.35	1.7	1
32318	90	190	67.5	64	53	46	104	107	176	178	8	14.5	3	478	682	0.35	1.7	1
32319	95	200	71.5	67	55	49	109	114	186	187	8	16.5	3	515	738	0.35	1.7	1
32320	100	215	77.5	73	60	53	114	122	201	201	8	17.5	3	600	872	0.35	1.7	1

表 15 - 4　推力球轴承（GB/T 301—1995）

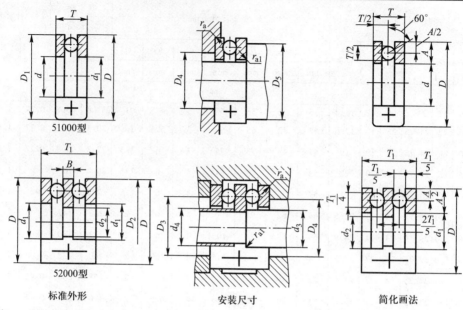

51000型　　　　52000型

标准外形　　　　安装尺寸　　　　简化画法

标记示例：

滚动轴承　51204　GB/T 301—1995　　　轴向当量动载荷 $P_a = F_a$

滚动轴承　52204　GB/T 301—1995　　　轴向当量静载荷 $P_{0a} = F_a$

轴承代号		基本尺寸/mm							安装尺寸/mm					基本额定动载荷 C_a/kN	基本额定静载荷 C_{0a}/kN
		d	d_2	D	T	T_1	d_1	D_1 D_2	B	D_4 max	D_5 min	d_3	r_a	r_{a1}		
(0)2 系 列																
51204	52204	20	15	40	14	26	22	40	6	28	32	20	0.6	0.3	22.2	37.5
51205	52205	25	20	47	15	28	27	47	7	34	38	25	0.6	0.3	27.8	50.5
51206	52206	30	25	52	16	29	32	52	7	39	43	30	0.6	0.3	28.0	54.2
51207	52207	35	30	62	18	34	37	62	8	46	51	35	0.9	0.3	39.2	78.2
51208	52208	40	30	68	19	36	42	68	9	51	57	40	0.9	0.6	47.0	98.2
51209	52209	45	35	73	20	37	47	73	9	56	62	45	1	0.6	47.8	105
51210	52210	50	40	78	22	39	52	78	9	61	67	50	1	0.6	48.5	112
51211	52211	55	45	90	25	45	57	90	10	69	76	55	1	0.6	67.5	158
51212	52212	60	50	95	26	46	62	95	10	74	81	60	1	0.6	73.5	178
51213	52213	65	55	100	27	47	67	100	10	79	86	65	1	0.6	74.8	188
51214	52214	70	55	105	27	47	72	105	10	84	91	70	1	0.9	73.5	188
51215	52215	75	60	110	27	47	77	110	10	89	96	75	1	1	74.8	198
51216	52216	80	65	115	28	48	82	115	10	94	101	80	1	1	83.8	222
(0)3 系 列																
51305	52305	25	20	52	18	34	27	52	8	36	41	25	1	0.3	35.5	61.5
51306	52306	30	25	60	21	38	32	60	9	42	48	30	1	0.3	42.8	78.5
51307	52307	35	30	68	24	44	37	68	10	48	55	35	1	0.3	55.2	105
51308	52308	40	30	78	26	49	42	78	12	55	63	40	1	0.6	69.2	135
51309	52309	45	35	85	28	52	47	85	12	61	69	45	1	0.6	75.8	150

续表

轴承代号		基本尺寸/mm								安装尺寸/mm					基本额定动载荷	基本额定静载荷
		d	d_2	D	T	T_1	d_1	D_1 / D_2	B	D_4 max	D_5 min	d_3	r_a	r_{a1}	C_a/kN	C_{0a}/kN
(0)3 系 列																
51310	52310	50	40	95	31	58	52	95	14	68	77	50	1	0.6	96.5	202
51311	52311	55	45	105	35	64	57	105	15	75	85	55	1	0.6	115	242
51312	52312	60	50	110	35	64	62	110	15	80	90	60	1	0.6	118	262
51313	52313	65	55	115	36	65	67	115	15	85	95	65	1	0.6	115	262
51314	52314	70	55	125	40	72	72	125	16	92	103	70	1	1	148	340
51315	52315	75	60	135	44	79	77	135	18	99	111	75	1.5	1	162	380
51316	52316	80	65	140	44	79	82	140	18	104	116	80	1.5	1	160	380
(0)4 系 列																
51405	52405	25	15	60	24	45	27	60	11	39	46	25	1	0.6	55.2	89.2
51406	52406	30	20	70	28	52	32	70	12	46	54	30	1	0.6	72.5	125
51407	52407	35	25	80	32	59	37	80	14	53	62	35	1	0.6	86.8	155
51408	52408	40	30	90	36	65	42	90	15	60	70	40	1	0.6	112	205
51409	52409	45	35	100	39	72	47	100	17	67	78	45	1	0.6	140	262
51410	52410	50	40	110	43	78	52	110	18	74	86	50	1.5	0.6	160	302
51411	52411	55	45	120	48	87	57	120	20	81	94	55	1.5	0.6	182	355
51412	52412	60	50	130	51	93	62	130	21	88	102	60	1.5	0.6	200	395
51413	52413	65	50	140	56	101	68	140	23	95	110	65	2	1	215	448
51414	52414	70	55	150	60	107	73	150	24	102	118	70	2	1	255	560
51415	52415	75	60	160	65	115	78	160	26	110	125	75	2	1	268	615

表 15－5　圆柱滚子轴承（GB/T 283—2007）

N000型　　　NU000型　　　安装尺寸　　　简化画法

标记示例：

滚动轴承　N208　GB/T 283—2007

轴承代号		基本尺寸/mm					安装尺寸/mm							基本额定动载荷	基本额定静载荷	极限转速 /(kr·min⁻¹)	
		d	D	B	F_W	E_W	D_1	D_2	D_3	D_4	D_5	r_g	r_{g1}	C_r/kN	C_{0r}/kN	脂润滑	油润滑
轻（2）窄 系 列																	
N204	NU204	20	47	14	27	40	25	41	42	43.2	26.3	1	0.6	11.8	6.5	12	16
N205	NU205	25	52	15	32	45	30	46	47	48	30	1	0.6	13.5	7.8	10	14
N206	NU206	30	62	16	38.5	53.5	37	54	55	57	37	1	0.6	18.5	11.2	8.5	11
N207	NU207	35	72	17	43.8	61.8	42	64	64	67	42	1	0.6	27.2	17.2	7.5	9.5
N208	NU208	40	80	18	50	70	48	73	72	74	46	1	1	35.8	23.5	7.0	9.0

续表

轴承代号		基本尺寸/mm					安装尺寸/mm							基本额定动载荷	基本额定静载荷	极限转速/(kr·min⁻¹)	
		d	D	B	F_W	E_W	D_1	D_2	D_3	D_4	D_5	r_g	r_{g1}	C_r/kN	C_{0r}/kN	脂润滑	油润滑
轻（2）窄系列																	
N209	NU209	45	85	19	55	75	53	79	77	79	53	1	1	37.8	25.2	6.3	8.0
N210	NU210	50	90	20	60.4	80.4	58	83	82	84	58	1	1	41.2	28.5	6.0	7.5
N211	NU211	55	100	21	66.5	88.5	64	91	90	93	64	1.5	1	50.2	35.5	5.3	6.7
N212	NU212	60	110	22	73	97	71	99	99	110	71	1.5	1.5	59.8	43.2	5.0	6.3
N213	NU213	65	120	23	79.5	105.5	77	110	107.6	111	77	1.5	1.5	69.8	51.5	4.5	5.6
N214	NU214	70	125	24	84.5	110.5	82	114	112	117	82	1.5	1.5	69.8	51.5	4.3	5.3
N215	NU215	75	130	25	88.5	118.3	86	122	118	122	86	1.5	1.5	84.8	64.2	4.0	5.0
N216	NU216	80	140	26	95	125	93	127	127	131	93	1.8	1.8	97.5	74.5	3.8	4.8
N217	NU217	85	150	28	101.5	135.5	99	140	135	140	95	1.8	1.8	110	85.8	3.6	4.5
N218	NU218	90	160	30	107	143	105	150	145	150	105	1.8	1.8	135	105	3.4	4.3
N219	NU219	95	170	32	113.5	151.5	111	150	153	159	106	2	2	145	112	3.2	4.0
N220	NU220	100	180	34	120	160	117	168	162	168	112	2	2	160	125	3.0	3.8
中（3）窄系列																	
N304	NU304	20	52	15	28.5	44.5	26	46	46	47.6	26.7	1	0.5	17.2	10.0	11.0	15
N305	NU305	25	62	17	35	53	33	54	55	57	32	1	1	24.2	14.5	9.0	12
N306	NU306	30	72	19	42	62	40	64	64	66	37	1	1	32.0	20.2	8.0	10
N307	NU307	35	80	21	46.2	68.2	44	73	70	73	45	1.5	1	39.0	25.2	7.0	9.0
N308	NU308	40	90	23	53.5	77.5	51	82	80	82	51	1.5	1.5	46.5	30.5	6.3	8.0
N309	NU309	45	100	25	58.5	86.5	56	92	89	92	53	1.5	1.5	63.5	42.8	5.6	7.0
N310	NU310	50	110	27	65	95	63	101	97	101	63	2	2	72.5	49.8	5.3	6.7
N311	NU311	55	120	29	70.5	104.5	68	107	106	111	68	2	2	93.2	65.2	4.8	6.0
N312	NU312	60	130	31	77	113	74	120	115	120	70	2	2	112	79.8	4.5	5.0
N313	NU313	65	140	33	83.5	121.5	81	129	123	129	76	2	2	118	85.2	4.0	5.0
N314	NU314	70	150	35	90	130	87	139	132	139	81	2	2	138	102	3.8	4.8
N315	NU315	75	160	37	95.5	139.5	92	148	142	148	87	2	2	158	118	3.6	4.5
N316	NU316	80	170	39	103	147	100	157	149	157	93	2	2	168	125	3.4	4.3
N317	NU317	85	180	41	108	156	105	166	158	166	98.5	2.5	2.5	202	152	3.2	4.0
N318	NU318	90	190	43	115	165	112	176	167	175	110	2.5	2.5	218	165	3.0	3.8
N319	NU319	95	200	45	121.5	173.5	118	185	176	186	112	2.5	2.5	232	180	2.8	3.6
N320	NU320	100	215	47	129.5	185.5	126	198	187	198	117	2.5	2.5	270	212	2.4	3.2
重（4）窄系列																	
N407	NU407	35	100	25	53	83	51	86	85	91	45	1.5	1.5	67.5	45.5	6.0	7.5
N408	NU408	40	110	27	58	92	56	95	94	99	51	2	2	86.2	79.8	5.6	7.0
N409	NU409	45	120	29	64.5	100.5	63	109	102	109	61	2	2	97.0	64.8	5.0	6.3
N410	NU410	50	130	31	70.8	110.8	68	120	113	119	62	2	2	115	80.8	4.8	6.0
N411	NU411	55	140	33	77.2	117.2	75	128	119	128	67	2	2	123	88.0	4.3	5.3
N412	NU412	60	150	35	83	127	80	138	129	138	72	2	2	148	108	4.0	5.0
N413	NU413	65	160	37	89.5	135.3	87	147	137	147	79	2	2	162	118	3.8	4.8
N414	NU414	70	180	42	100	152	97	164	154	164	88	2.5	2.5	205	155	3.4	4.3
N415	NU415	75	190	45	104.5	160.5	101	173	163	173	92	2.5	2.5	238	182	3.2	4.0
N416	NU416	80	200	48	110	170	107	183	172	183	97	2.5	2.5	272	210	3.0	3.8
N417	NU417	85	210	52	113	179.5	112	192	182	192	100	3.0	3.0	298	230	2.8	3.6
N418	NU418	90	225	54	123.5	191.5	120	206	194	206	109	3.0	3.0	335	262	2.4	3.2

第二节 滚动轴承的配合

表15-6 角接触轴承的轴向游隙(GB/T 4604—2006)

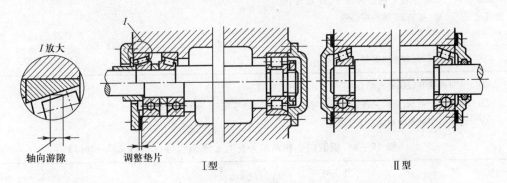

轴承类型	轴承内径 d/mm		允许轴向游隙的范围/μm						II 型轴承间允许的距离(大概值)
			I 型		II 型		I 型		
			最小	最大	最小	最大	最小	最大	
	超过	到	接触角 α						
			$\alpha = 15°$				$\alpha = 25°$ 及 $40°$		
角接触球轴承	—	30	20	40	30	50	10	20	$8d$
	30	50	30	50	40	70	15	30	$7d$
	50	80	40	70	50	100	20	40	$6d$
	80	120	50	100	60	150	30	50	$5d$
			$\alpha = 10° \sim 16°$				$\alpha = 25° \sim 29°$		
圆锥滚子轴承	—	30	20	40	40	70	—	—	$14d$
	30	50	40	70	50	100	20	40	$12d$
	50	80	50	100	80	150	30	50	$11d$
	80	120	80	150	120	200	40	70	$10d$

表15-7 安装向心轴承的轴公差带代号

动转状态		载荷状态	深沟球轴承、调心球轴承和角接触球轴承	圆柱滚子轴承和圆锥滚子轴承	调心滚子轴承	公差带
说明	举 例		轴承公称内径/mm			
旋转的内圈载荷及摆动载荷	一般通用机械、电动机、机床主轴、泵、内燃机、直齿轮传动装置、铁路机车车辆轴箱、破碎机等	轻载荷	≤18	—	—	h5
			>18~100	≤40	≤40	j6①
			>100~200	>40~140	>40~100	k6①
		正常载荷	≤18	—	—	j5, js5
			>18~100	≤40	≤40	k5②
			>100~140	>40~100	>40~65	m5②
			>140~200	>100~140	>65~100	m6
		重载荷	—	>50~140	>50~100	n6
			—	>140~200	>100~140	p6③

续表

动转状态		载荷状态	深沟球轴承、调心球轴承和角接触球轴承	圆柱滚子轴承和圆锥滚子轴承	调心滚子轴承	公差带
说明	举例		轴承公称内径/mm			
固定的内圈载荷	静止轴上的各种轮子,张紧轮、绳轮、振动筛、惯性振动器	所有载荷	所有尺寸			f6 g6① h6 j6
仅有轴向载荷			所有尺寸			j6、js6

① 凡对精度有较高要求场合,应用 j5、k5、…代替 j6、k6、…;
② 圆锥滚子轴承、角接触球轴承配合对游隙影响不大,可用 k6、m6 代替 k5、m5;
③ 重载荷下轴承游隙应选大于 0 组。

表 15 - 8　安装向心轴承的外壳孔公差带代号(GB/T 275—2002)

运转状态		载荷状态	其他状况	公差带①	
说明	举例			球轴承	滚子轴承
固定的外圈载荷	一般机械、铁路机车车辆轴箱、电动机、泵、曲轴主轴承	轻、正常、重	轴向易移动,可采用剖分式外壳	H7、G7②	
		冲击	轴向能移动,可采用整体或剖分式外壳	J7、Js7	
		轻、正常			
摆动载荷		正常、重		K7	
		冲击		M7	
旋转的外圈载荷	张紧滑轮,轮毂轴承	轻	轴向不移动,采用整体式外壳	J7	K7
		正常		K7、M7	M7、N7
		重		—	N7、P7

① 并列公差带随尺寸的增大从左至右选择,对旋转精度有较高要求时,可相应提高一个公差等级;
② 不适用于剖分式外壳。

表 15 - 9　安装推力轴承的轴和孔公差带代号(GB/T 275—2002)

运转状态	载荷状态	安装推力轴承的轴公差带		安装推力轴承的外壳孔公差带	
		轴承类型	公差带	轴承类型	公差带
仅有轴向载荷		推力球和推力滚子轴承	j6、js6	推力球轴承	H8
				推力圆柱、圆锥滚子轴承	H7

表 15 – 10　轴和外壳孔的几何公差（GB/T 275—2002）

基本尺寸 /mm		圆柱度 t				端面圆跳动 t_1			
		轴颈		外壳孔		轴肩		外壳孔肩	
		轴承公差等级							
		/P0	/P6 (/P6x)	/P0	/P6 (/P6x)	/P0	/P6 (/P6x)	/P0	/P6 (/P6x)
大于	至	公差值/μm							
	6	2.5	1.5	4	2.5	5	3	8	5
6	10	2.5	1.5	4	2.5	6	4	10	6
10	18	3.0	2.0	5	3.0	8	5	12	8
18	30	4.0	2.5	6	4.0	10	6	15	10
30	50	4.0	2.5	7	4.0	12	8	20	15
50	80	5.0	3.0	8	5.0	15	10	25	15
80	120	6.0	4.0	10	6.0	15	10	25	15
120	180	8.0	5.0	12	8.0	20	12	30	20
180	250	10.0	7.0	14	10.0	20	12	30	20
250	315	12.0	8.0	16	12.0	25	15	40	25

注：轴承公差等级新、旧标准代号对照为：/P0—G 级；/P6—E 级；/P6x—Ex 级。

表 15 – 11　配合表面的表面粗糙度轮廓参数值（GB/T 275—2002）

轴或轴承座直径/mm		轴或外壳配合表面直径公差等级								
		IT7			IT6			IT5		
		表面粗糙度/μm								
		Rz	Ra		Rz	Ra		Rz	Ra	
超过	到		磨	车		磨	车		磨	车
	80	10	1.6	3.2	6.3	0.8	1.6	4	0.4	0.8
80	500	16	1.6	3.2	10	1.6	3.2	6.3	0.8	1.6
端面		25	3.2	6.3	25	3.2	6.3	10	1.6	1.6

注：与/P0、/P6（/P6x）级公差轴承配合的轴，其公差等级一般为 IT6，外壳孔一般为 IT7。

表 15 – 12　向心轴承载荷的区分（GB/T 275—2002）

载荷大小	轻载荷	正常载荷	重载荷
$\dfrac{P_r（径向当量动载荷）}{C_r（径向额定动载荷）}$	≤0.07	>0.07 ~ 0.15	>0.15

第十六章 润滑与密封

第一节 常用润滑剂及选择

表 16-1 常用润滑油的主要性质及用途

名 称	代号	运动粘度/(mm² · s⁻¹)		倾点 ≤/℃	闪点(开口) ≥/℃	主 要 用 途
		40/℃	100/℃			
全损耗系统用油 (GB/T 443—1989)	L-AN5	4.14~5.06			80	用于各种高速、轻载机械轴承的润滑和冷却(循环式或油箱式),如转速在 10 000r/min 以上的精密机械、机床及纺织纱锭的润滑和冷却
	L-AN7	6.12~7.48			110	
	L-AN10	9.00~11.0			130	
	L-AN15	13.5~16.5		-5	150	用于小型机床齿轮箱、传动装置轴承、中小型电动机、风动工具等
	L-AN22	19.8~24.2				
	L-AN32	28.8~35.2	—			用于一般机床齿轮变速箱、中小型机床导轨及 100kW 以上电动机轴承
	L-AN46	41.4~50.6			160	主要用在大型机床和大型刨床上
	L-AN68	61.2~74.8				
	L-AN100	90.0~110			180	主要用在低速、重载的纺织机械及重型机床、锻压、铸工设备上
	L-AN150	135~165				
工业闭式齿轮油 (GB 5903—1995)	L-CKC68	61.2~74.8		-8	180	适用于煤炭、水泥、冶金工业部门大型封闭式齿轮传动装置的润滑
	L-CKC100	90.0~110				
	L-CKC150	135~165	—		200	
	L-CKC220	198~242				
	L-CKC320	288~352				
	L-CKC460	414~506				
	L-CKC680	612~748		-5	220	
液压油 (GB 11118.1 —1994)	L-HL15	13.5~16.5		-12	140	适用于机床和其他设备的低压齿轮泵,也可以用于使用其他抗氧防锈型润滑油的机械设备(如轴承和齿轮等)
	L-HL22	19.8~24.2		-9		
	L-HL32	28.8~35.2	—		160	
	L-HL46	41.4~50.6				
	L-HL68	61.2~74.8		-6	180	
	L-HL100	90.0~110				

续表

名　称	代　号	运动粘度/(mm² · s⁻¹)		倾点	闪点(开口)	主要用途
		40/℃	100/℃	≤/℃	≥/℃	
QB 汽油机润滑油 (GB 11121—2006) (SE、SF 级)	20W – 40		12.5 ~ < 16.3	–18	215	用于汽车、拖拉机汽化器,发动机气缸活塞的润滑以及各种中、小型柴油机等动力设备的润滑
	20W – 50		16.3 ~ < 21.9	–18	215	
	30 号		9.3 ~ < 12.5	–15	220	
	40 号		12.5 ~ < 16.3	–10	225	
	50 号		16.3 ~ < 21.9	–5	230	
L – CPE/P 蜗轮蜗杆油 (SH/T 0094 —1991)	220	198 ~ 242		–12		用于铜 – 钢配对的圆柱形、承受重载荷、传动中有振动和冲击的蜗轮蜗杆副
	320	288 ~ 352				
	460	414 ~ 506				
	680	612 ~ 748				
	1 000	900 ~ 1 100				

表 16 – 2　常用润滑脂的主要性质及用途

名　称	代　号	滴点 /℃ 不低于	工作锥入度 (25 ℃ ,150 g) 1/10 mm	主要用途
钙基润滑脂 (GB/T 491— 2008)	L – XAAMHA1	80	310 ~ 340	有耐水性能。用于工作温度低于 55 ~60 ℃ 的各种工农业、交通运输机械设备的轴承润滑,特别是有水或潮湿处
	L – XAAMHA2	85	265 ~ 295	
	L – XAAMHA3	90	220 ~ 250	
	L – XAAMHA4	95	175 ~ 205	
钠基润滑脂 (GB/T 492— 1989)	L – XACMGA2	160	265 ~ 295	用于工作温度在 –10 ~110℃ 的一般中载荷机械设备的润滑,不适用于与水接触的润滑部位
	L – XACMGA3	160	220 ~ 250	
钙钠基润滑脂 (SH/T 0368 —1992)	ZGN – 1	120	250 ~ 290	用于工作温度在 80 ~100 ℃、有水分或较潮湿环境中工作的机械润滑,多用于铁路机车、列车、小电动机和发电机滚动轴(温度较高者)润滑。不适于低温工作
	ZGN – 2	135	200 ~ 240	
滚珠轴承脂 (SH/T 0338 —1992)	ZGN69 – 2	120	250 ~ 290	机车、货车的导杆滚珠轴承,汽车等的高温摩擦交点和电动机轴承

续表

名　　称	代　　号	滴点 /℃ 不低于	工作锥入度 （25 ℃，150 g） 1/10 mm	主要用途
石墨钙基润滑脂 （SH/T 0369 —1992）	ZG－S	80	—	压延机人字齿轮、汽车弹簧、起重机齿轮转盘、矿山机械、绞车和钢丝绳等高载荷、低转速的粗糙机械
通用锂基润滑脂 （GB 7324—1994）	ZL－1	170	310～340	具有良好的抗水性、机械安全性、防腐蚀性和氧化安定性，适用于－20～120 ℃宽温度范围内各种机械的滚动轴承、滑动轴承及其他摩擦部位的润滑
	ZL－2	175	265～295	
	ZL－3	180	220～250	
7407号齿轮润滑脂（SH/T 0469—1994）		160	75～90	用于各种低速，中、重载荷齿轮、链和联轴器等的润滑，使用温度≤120 ℃，可承受冲击载荷≤2 500 MPa

表 16-3　闭式齿轮传动润滑油运动粘度的荐用值　　　　　　mm²/s

齿轮材料	抗拉强度 σ_b/ MPa	齿轮节圆速度 $v/(\text{m}\cdot\text{s}^{-1})$						
		<0.5	0.5～1	1～2.5	2.5～5	5～12.5	12.5～25	>25
钢	450～1 000	500	330	220	140	100	75	55
	1 000～1 250	500	500	330	220	140	100	75
	1 250～1 600	900	500	500	330	220	140	100
渗碳或表面淬火钢								
铸铁、青铜	—	330	220	145	100	75	55	—

注：多级减速器的润滑油粘度应按各级传动所需粘度的平均值选取。

表 16-4　闭式蜗杆传动润滑油运动粘度的荐用值　　　　　　mm²/s

滑动速度/(m·s⁻¹)	≤1	>1～2.5	>2.5～5	>5～10	>10～15	>15～25	>25
工作条件	重载	重载	中载	—	—	—	—
润滑方式	浸油			浸油或喷油	喷油润滑，喷油压力/MPa		
					0.07	0.2	0.3
运动粘度/(mm²·s⁻¹)	900	580	330	220	135	100	75

第二节　润滑装置

表 16－5　直通式压注油杯（JB/T 7940.1—1995）　　　　mm

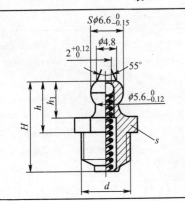

d	H	h	h_1	s
M6	13	8	6	8
M8×1	16	9	6.5	10
M10×1	18	10	7	11

标记示例：连接螺纹 M10×1、直通式压注油杯

油杯　M10×1　JB/T 7940.1—1995

表 16－6　压配式压注油杯（JB/T 7940.4—1995）　　　　mm

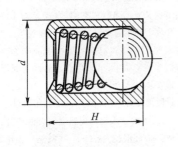

d		H	钢球
基本尺寸	极限偏差		（GB/T 308—2002）
6	+0.040 +0.028	6	4
8	+0.049 +0.034	10	5
10	+0.058 +0.040	12	6
16	+0.063 +0.045	20	11
25	+0.085 +0.064	30	13

标记示例：油杯 6JB/T 7940.4—1995（$d=6$ mm，压配式压注油杯）

表 16－7　旋盖式油杯（JB/T 7940.3—1995）　　　　mm

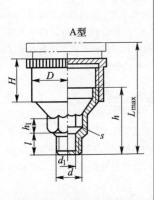

A 型

最小容量 /cm³	d	l	H	h	h_1	d_1	D			L	s	
							A 型	B 型	max	基本 尺寸	极限 偏差	
1.5	M8×1	8	14	22	7	3	16	18	33	10	0 −0.22	
3	M10×1		15	23	8	4	20	22	35	13		
6			17	26			26	28	40			
12	M14×1.5		20	30			32	34	47	18	0 −0.27	
18			22	32			36	40	50			
25		12	24	34	10	5	41	44	55			
50	M16×1.5		30	44			51	54	70	21	0 −0.33	
100			38	52			68	68	85			
200	M24×1.5	16	48	64	16	6	—	86	105	30	—	

标记示例：油杯 A25JB/T 7940.3—1995（最小容量 25 cm³，A 型旋盖式油杯）

注：B 型油杯除尺寸 D 和滚花部分尺寸稍有不同外，其余尺寸与 A 型相同。

第 三 节 密 封 形 式

表 16 – 8 常用滚动轴承的密封形式

密封形式		基本类型及应用示例	特点及应用
接触式密封	毡圈密封	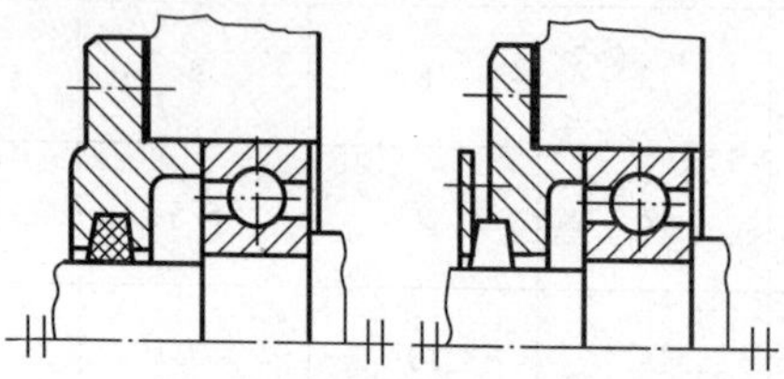 (a)　　　(b)	其密封效果是靠矩形毡圈安装于梯形槽中所产生的径向压力来实现的。图 b 可补偿磨损后所产生的径向间隙，且便于更换毡圈。 其特点是结构简单、价廉，但磨损较快、寿命短。它主要用于轴承采用脂润滑，且密封处轴的表面圆周速度较小的场合，对粗、半粗及航空用毡圈，其最大圆周速度分别为 3 m/s、5 m/s、7 m/s，工作温度 $t \leqslant 90$ ℃。其结构尺寸参见表 16 – 9
	旋转轴唇形密封圈密封	(a) 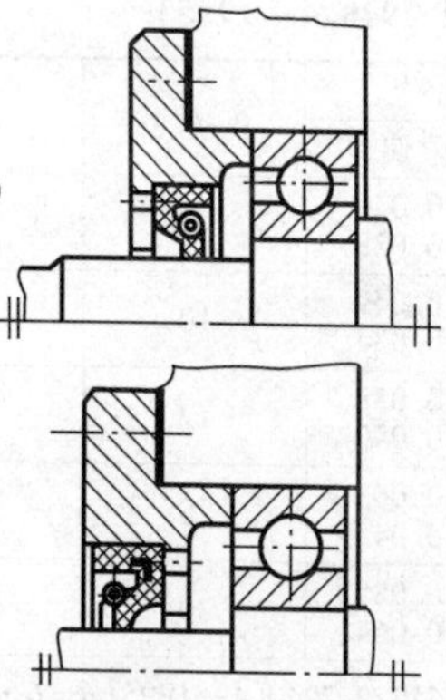 (b)	利用密封圈的密封唇弹性和弹簧的压紧力，使密封唇压紧在轴上来实现密封。 骨架密封圈的结构有：内包骨架（B 型）和外露骨架（W 型）；根据唇的结构又分无副唇和有副唇（型号加 F）两种。密封圈靠过盈安装于轴承盖的孔中。以防漏油为主时，密封唇开口向内安装（图 a）；以防尘为主时，向外安装（图 b）。若要求既防漏油又防尘，可采用有副唇的密封圈或两个密封圈背靠背安装。 其特点是密封性能好、工作可靠。它主要用于轴承采用油或脂润滑，且密封处的轴表面圆周速度较大的场合，其最大圆周速度可达 7 m/s（磨削）或 15 m/s（抛光），工作温度 $t = -40 \sim 100$ ℃。密封圈和槽的尺寸参见表 16 – 10
	O 形橡胶密封圈密封	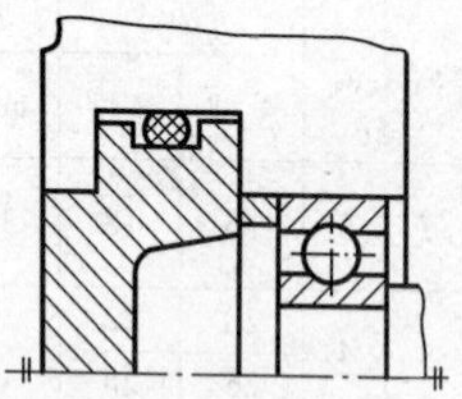	利用 O 形橡胶密封圈安装在沟槽中受到挤压变形来实现密封。可用于静密封和动密封（往复或旋转）。图示为减速器嵌入式端盖用其作为静密封的结构形式。此密封的工作温度 $t = -40 \sim 200$ ℃，结构尺寸参见表 16 – 11
非接触式密封	油沟密封槽密封	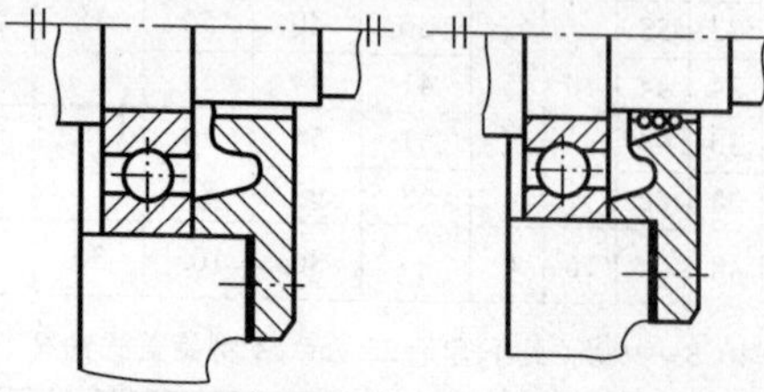 (a)　　　(b)	靠轴与轴承盖间的细小环形间隙或沟槽充满油脂来实现密封。图 a 为圆形间隙式密封，其间隙一般为 0.2 ~ 0.5 mm，密封处轴的最大圆周速度应小于 5 m/s；图 b 为沟槽式密封（并开有回油槽），其密封性能比前者好，且轴面的圆周速度不受限制。 其特点是结构简单，但密封性能不大可靠。它主要用于脂或油润滑，且周围环境干净的轴伸处。油沟密封槽的尺寸参见表 16 – 14

第四节 密 封 件

表 16 – 9　毡圈油封及槽的形式和尺寸（JB/ZQ 4606—1997）　　mm

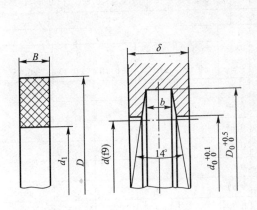

标记示例：$d=50$ mm 的毡圈油封：

毡圈　50　JB/ZQ 4606

轴径	毡封油圈				槽				
								δ_{min}	
d	D	d_1	B	D_0	d_0	b	钢	铸铁
15	29	14	6	28	16	5	10	12
20	33	19		32	21			
25	39	24	7	38	26	6		
30	45	29		44	31			
35	49	34		48	36			
40	53	39		52	41			
45	61	44		60	46		12	15
50	69	49		68	51			
55	74	53	8	72	56	7		
60	80	58		78	61			
65	84	63		82	66			
70	90	68		88	71			
75	94	73		92	77			
80	102	78	9	100	82			
85	107	83		105	87			
90	112	88		110	92			
95	117	93		115	97	8	15	18
100	122	98	10	120	102			
105	127	103		125	107			
110	132	108		130	112			

注：本标准适用于线速度 $v<5$ m/s。

表 16 – 10　内包骨架旋转轴唇形密封圈（GB/T 13871.1—2007）　　mm

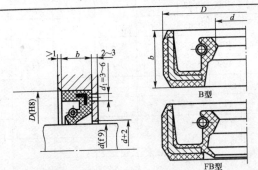

标记示例：

(F)B　50　72　GB/T 13871.1—2007

　　　　　　　 $D=72$ mm

　　　　　　 $d=50$ mm

　（有副唇）内包骨架旋转轴唇形密封圈

B 型

FB 型

基本内径 d	外径 D	宽度 b	基本内径 d	外径 D	宽度 b	基本内径 d	外径 D	宽度 b
16	30,(35)	7	38	55,58,62	8	75	95,100	10
18	30,35		40	55,(60),62		80	100,110	
20	35,40		42	55,62		85	110,120	
22	35,40,47		45	62,65		90	(115),120	
25	40,47,52		50	68,(70),72		95	120	
28	40,47,52		55	72,(75),80		100	125	12
30	42,47,(50),52		60	80,85		(105)	130	
32	45,47,52		65	85,90	10	110	140	
35	50,52,55	8	70	90,95		120	150	

注：1. 括弧内尺寸尽量不采用。
2. 为便于拆卸密封圈，在壳体上应有 d_1 孔 3～4 个。
3. B 型为单唇，FB 型为双唇。

表16-11　O形圈内径、截面直径系列和公差(GB/T 3452.1—2005)　　mm

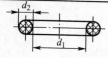 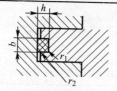

标记示例:40×3.55G GB/T 3452.1—2005

(内径 d_1=40.0及截面直径 d_2=3.55的通用O形密封圈)

轴向密封沟槽尺寸(GB/T 3452.3—2005)

d_2	1.80	2.65	3.55	5.30	7.00
b	2.6	3.8	5.0	7.3	9.7
h	1.28	1.97	2.75	4.24	5.72
r_1	0.2~0.4		0.4~0.8		0.8~1.2
r_2	0.1~0.3				

d_1 尺寸	公差±	d_2 1.8 ±0.08	2.65 ±0.09	3.55 ±0.10	5.3 ±0.13	7 ±0.15
30	0.34	×	×	×		
31.5	0.35	×	×	×		
32.5	0.36	×	×	×		
33.5	0.36	×	×	×		
34.5	0.37	×	×	×		
35.5	0.38	×	×	×		
36.5	0.38	×	×	×		
37.5	0.39	×	×	×		
38.7	0.40	×	×	×		
40	0.41	×	×	×	×	
41.2	0.42	×	×	×	×	
42.5	0.43	×	×	×	×	
43.7	0.44	×	×	×	×	
45	0.44	×	×	×	×	
46.2	0.45	×	×	×	×	
47.5	0.46	×	×	×	×	
48.7	0.47	×	×	×	×	
50	0.48	×	×	×	×	
51.5	0.49		×	×	×	
53	0.50		×	×	×	
54.5	0.51		×	×	×	
56	0.52		×	×	×	
58	0.54		×	×	×	
60	0.55		×	×	×	
61.5	0.56		×	×	×	
63	0.57		×	×	×	
65	0.58		×	×	×	
67	0.60		×	×	×	
69	0.61		×	×	×	

d_1 尺寸	公差±	d_2 1.8 ±0.08	2.65 ±0.09	3.55 ±0.10	5.3 ±0.13	7 ±0.15
71	0.63		×	×	×	
73	0.64		×	×	×	
75	0.65		×	×	×	
77.5	0.67		×	×	×	
80	0.69		×	×	×	
82.5	0.71		×	×	×	
85	0.72		×	×	×	
87.5	0.74		×	×	×	
90	0.76		×	×	×	
92.5	0.77		×	×	×	
95	0.79		×	×	×	
97.5	0.81		×	×	×	
100	0.82		×	×	×	
103	0.85		×	×	×	
106	0.87		×	×	×	
109	0.89		×	×	×	×
112	0.91		×	×	×	×
115	0.93		×	×	×	×
118	0.95		×	×	×	×
122	0.97		×	×	×	×
125	0.99		×	×	×	×
128	1.01		×	×	×	×
132	1.04		×	×	×	×
136	1.07		×	×	×	×
140	1.09		×	×	×	×
142.5	1.11		×	×	×	×
145	1.13		×	×	×	×
147.5	1.14		×	×	×	×
150	1.16		×	×	×	×

注:表中"×"表示包括的规格。

表 16-12　旋转轴唇形密封圈的形式、尺寸及安装要求（GB/T 13871.1—2007） mm

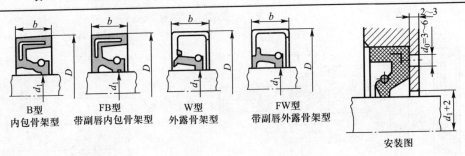

B型　内包骨架型　　FB型　带副唇内包骨架型　　W型　外露骨架型　　FW型　带副唇外露骨架型　　安装图

标记示例:

(F)B 120 150 GB/T 13871.1—2007

（带副唇内包骨架型旋转轴唇形密封圈，$d_1 = 120, D = 150$）

d_1	D	b	d_1	D	b	d_1	D	b
6	16,22		25	40,47,52	7	55	72,(75),80	8
7	22		28	40,47,52		60	80,85	
8	22,24		30	42,47,(50)		65	85,90	
9	22		30	52		70	90,95	10
10	22,25		32	45,47,52		75	95,100	
12	24,25,30	7	35	50,52,55		80	100,110	
15	26,30,35		38	52,58,62		85	110,120	
16	30,(35)		40	55,(60),62	8	90	(115),120	
18	30,35		42	55,62		95	120	12
20	35,40,(45)		45	62,65		100	125	
22	35,40,47		50	68,(70),72		105	(130)	

旋转轴唇形密封圈的安装要求

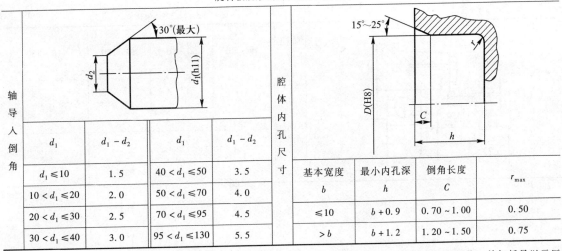

轴导入倒角	d_1	$d_1 - d_2$	d_1	$d_1 - d_2$	腔体内孔尺寸	基本宽度 b	最小内孔深 h	倒角长度 C	r_{max}
	$d_1 \leqslant 10$	1.5	$40 < d_1 \leqslant 50$	3.5					
	$10 < d_1 \leqslant 20$	2.0	$50 < d_1 \leqslant 70$	4.0		$\leqslant 10$	$b + 0.9$	0.70~1.00	0.50
	$20 < d_1 \leqslant 30$	2.5	$70 < d_1 \leqslant 95$	4.5		$> b$	$b + 1.2$	1.20~1.50	0.75
	$30 < d_1 \leqslant 40$	3.0	$95 < d_1 \leqslant 130$	5.5					

注: 1. 标准考虑了国内实际情况，除全部采用国际标准的尺寸外，还补充了若干种国内常用的规格，并加括号以示区别;

2. 安装要求中若轴端采用倒圆导入倒角，则倒圆的圆角半径不小于表中的 $d_1 - d_2$ 之值。

表 16 – 13 J 型无骨架橡胶油封 （HG 4 –338—1996）　mm

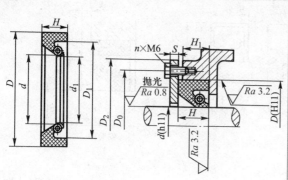

标记示例：

J 型油封 50 × 75 × 12 橡胶 Ⅰ –1HG 4 –338—1996

（d = 50、D = 75、H = 12、材料为耐油橡胶 Ⅰ –1 的 J 型无骨架橡胶油封）

	轴承 d		30 ~ 95（按 5 进位）	100 ~ 170（按 10 进位）
油封尺寸		D	d + 25	d + 30
		D_1	d + 16	d + 20
		d_1	d – 1	
		H	12	16
		S	6 ~ 8	8 ~ 10
油封槽尺寸		D_0	D + 15	
		D_2	D_0 + 15	
		n	4	6
		H_1	H – （1 ~ 2）	

表 16 – 14 油沟式密封槽 （JB/ZQ 4245—2006）　mm

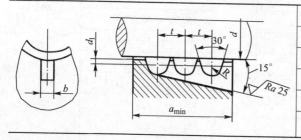

轴径 d	25 ~ 80	>80 ~ 120	>120 ~ 180	>180	油沟数 n
R	1.5	2	2.5	3	2 ~ 4 个（使用最多的是 3 个）
t	4.5	6	7.5	9	
b	4	5	6	7	
d_1	d + 1				
a_{min}	$a_{min} = nt + R$				

注：1. 表中 R、t、b 尺寸，在个别情况下，可与表中轴径不相对应。

2. 一般槽数 n = 2 ~ 4 个，使用 3 个的较多。

表 16 – 15 迷宫式密封槽　mm

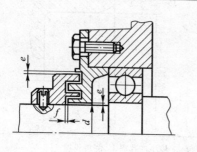

轴径 d	10 ~ 50	50 ~ 80	80 ~ 110	110 ~ 180
e	0.2	0.3	0.4	0.5
f	1	1.5	2	2.5

第十七章 联 轴 器

第一节 联轴器的性能、轴孔形式及系列尺寸

表 17-1 常用联轴器的性能、特点及应用

类 别	联轴器名称	额定转矩范围 $T_n/$（N·m）	轴孔直径范围 d/mm	许用转速[n]/(r·min^{-1})	许用相对位移			特点及应用
					轴向 $\Delta x/mm$	径向 $\Delta y/mm$	角向 $\Delta \alpha$	
刚性联轴器	凸缘联轴器 GB/T 5843—2003	25～100 000	12～250	12 000～1 600	要求两轴严格对中			结构简单,制造成本较低,装拆和维护均较简单,能保证两轴有较高的对中性,传递转矩较大,应用较广,但不能消除冲击和由于两轴的不对中而引起的不良后果。主要用于载荷较平稳的场合
有弹性元件的挠性联轴器	弹性套柱销联轴器 GB/T 4323—2002	6.3～16 000	9～170	8 800～1 150	较大	0.2～0.6	30'～1°30'	结构紧凑,装配方便,具有一定弹性和缓冲性能,补偿两轴相对位移量不大,当位移量过大时,弹性件易损坏。主要用于一般的中、小功率传动轴系的连接
	弹性柱销联轴器 GB/T 5014—2003	160～180 000	12～340	8 500～950	0.5～3.0	0.15～0.25	≤30'	结构简单,制造容易,更换方便,柱销较耐磨,但弹性差,补偿两轴相对位移量小。主要用于载荷较平稳,起动频繁,轴向窜动量较大,对缓冲要求不高的传动
	梅花形弹性联轴器 GB/T 5272—2002	25～25 000	12～160	15 300～1 900	1.2～5.0	0.5～1.8	1°～2°	结构简单,零件数量少,外形尺寸小,弹性元件制造容易,承载能力也高,适用范围广。可用于中、小功率的水平和垂直传动轴系
无弹性元件的挠性联轴器	滑块联轴器	金属滑块:120～20 000 非金属滑块:17～3 430	金属滑块:15～150 非金属滑块:15～950	金属滑块:250～100 非金属滑块:8 200～1 700	较大	金属滑块:0.040 1 非金属滑块:0.01d+0.25,d为轴径	金属滑块:≤30' 非金属滑块:≤40'	结构简单,径向外形尺寸较小,允许两轴径向位移大,但对角位移较敏感,受滑块偏心产生离心力的限制,不宜用于高速

表17-2　联轴器轴孔和键槽的形式、代号及系列尺寸(GB/T 3852—2008)　　mm

长圆柱形轴孔（Y型）	有沉孔的短圆柱形轴孔（J型）	无沉孔的短圆柱形轴孔（J₁型）	有沉孔的长圆锥形轴孔（Z型）	无沉孔的长圆锥形轴孔（Z₁型）
轴孔				
A型	B型	B₁型	C型	
键槽				

尺寸系列

轴孔直径 d(H7) d_z(JS10)	长度 L Y型轴孔	长度 L J、J₁、Z、Z₁型	L_1	沉孔 d_1	沉孔 R	A型、B型、B₁型键槽 b(P9) 公称尺寸	极限偏差	t 公称尺寸	极限偏差	t_1 公称尺寸	极限偏差	C型键槽 b(P9) 公称尺寸	极限偏差	t_2 公称尺寸	极限偏差
16						5		18.3		20.6		3		8.7	
18	42	30	42			6	−0.012 −0.042	20.8		23.6	+0.2 0	4		10.1	
19				38				21.8	+0.1 0	24.6				10.6	
20								22.8		25.3				10.9	
22	52	38	52		1.5			24.8		27.6				11.9	±0.1
24				48		8		27.3		30.6				13.4	
25	62	44	62				−0.015 −0.051	28.3		31.6		5	−0.012 −0.042	13.7	
28								31.3		34.6				15.2	
30								33.3		36.6				15.8	
32	82	60	82	55		10		35.3		38.6		6		17.3	
35								38.3	+0.4 0	41.6	+0.4 0			18.3	
38								41.3		44.6				20.3	
40				65		12		43.3		46.6		10	−0.015 −0.051	21.2	
42					2			45.3		48.6				22.2	
45	112	84	112	80		14	−0.018 −0.061	48.8		52.6				23.7	±0.2
48								51.8		55.6		12	−0.018 −0.061	25.2	
50				95				53.8		57.6				26.2	
55					2.5	16		59.3		63.6		14		29.2	

尺寸系列

轴孔直径 d(H7) d_z(JS10)	长度 L Y型轴孔	长度 L J、J$_1$、Z、Z$_1$型	L_1	沉孔 d_1	沉孔 R	A型、B型、B$_1$型键槽 b(P9) 公称尺寸	极限偏差	t 公称尺寸	极限偏差	t_1 公称尺寸	极限偏差	C型键槽 b(P9) 公称尺寸	极限偏差	t_2 公称尺寸	极限偏差
56	112	84	112	95		16		60.3	+0.4/0	64.4		14		29.7	
60						18	−0.018/−0.061	64.4		68.8				31.7	
63				105				67.4		71.8		16	−0.018/−0.061	32.2	
65	142	107	142		2.5			69.4		73.8				34.2	
70								74.9		79.8				36.8	
71				120		20		75.9		80.8	+0.4/0	18		37.3	
75								79.9	+0.2/0	84.8				39.3	±0.2
80	172	132	172	140		22	−0.022/−0.074	85.4		90.8		20		41.6	
85								90.4		95.8			−0.022/−0.074	44.1	
90				160		25		95.5		100.8		22		47.1	
95					3			100.4		105.8				49.6	
100	212	167	212	180		28		106.4		112.8		25		51.3	
110								116.4		122.8				56.3	

注：1. 圆柱形轴孔与相配轴颈的配合：d=10~30 mm 时为 H7/j6；d>30~50 mm 时为 H7/k6；d>50 mm 时为 H7/m6。根据使用要求，也可选用 H7/r6 或 H7/n6 的配合。

2. 键槽宽度 b 的极限偏差也可采用 JS9 或 D10。

第二节 常用联轴器

表 17-3 凸缘联轴器 （GB/T 5843—2003）

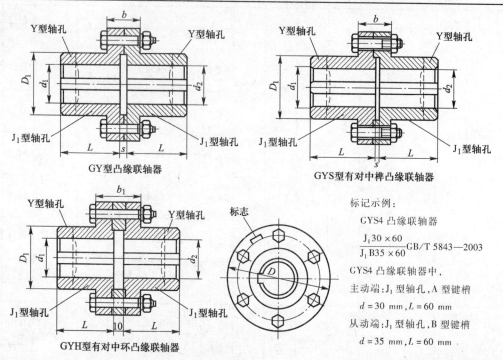

GY型凸缘联轴器

GYS型有对中榫凸缘联轴器

GYH型有对中环凸缘联轴器

标记示例：

GYS4 凸缘联轴器

$$\frac{J_1 30 \times 60}{J_1 B35 \times 60}\text{GB/T 5843—2003}$$

GYS4 凸缘联轴器中，

主动端：J_1 型轴孔，A 型键槽

$d = 30$ mm，$L = 60$ mm

从动端：J_1 型轴孔，B 型键槽

$d = 35$ mm，$L = 60$ mm

型号	公称转矩 T_n /(N·m)	许用转速 $[n]$/ (r·min^{-1})	轴孔直径 d_1、d_2 /mm	轴孔长度 L/mm		D /mm	D_1 /mm	b /mm	b_1 /mm	s /mm	质量 m/kg	转动惯量 I/(kg·m^2)
				Y 型	J_1 型							
GY1			12、14	32	27							
GYS1	25	12 000				80	30	26	42	6	1.16	0.000 8
GYH1			16、18、19	42	30							
GY2			16、18、19	42	30							
GYS2	63	10 000	20、22、24	52	38	90	40	28	44	6	1.72	0.001 5
GYH2			25	62	44							
GY3			20、22、24	52	38							
GYS3	112	9 500				100	45	30	46	6	2.38	0.002 5
GYH3			25、28	62	44							
GY4			25、28	62	44							
GYS4	224	9 000				105	55	32	48	6	3.15	0.003
GYH4			30、32、35	82	60							

续表

型号	公称转矩 T_n /(N·m)	许用转速 $[n]$/ (r·min⁻¹)	轴孔直径 d_1、d_2 /mm	轴孔长度 L/mm Y型	轴孔长度 L/mm J₁型	D /mm	D_1 /mm	b /mm	b_1 /mm	s /mm	质量 m/kg	转动惯量 I/(kg·m²)
GY5 GYS5 GYH5	400	8 000	30、32、35、38	82	60	120	68	36	52	8	5.43	0.007
			40、42	112	84							
GY6 GYS6 GYH6	900	6 800	38	82	60	140	80	40	56	8	7.59	0.015
			40、42、45、48、50	112	84							
GY7 GYS7 GYH7	1 600	6 000	48、50、55、56	112	84	160	100	40	56	8	13.1	0.031
			60、63	142	107							
GY8 GYS8 GYH8	3 150	4 800	60、63、65、70、71、75	142	107	200	130	50	68	10	27.5	0.103
			80	172	132							
GY9 GYS9 GYH9	6 300	3 600	75	142	107	260	160	66	84	10	47.8	0.319
			80、85、90、95	172	132							
			100	212	167							
GY10 GYS10 GYH10	10 000	3 200	90、95	172	132	300	200	72	90	10	82.0	0.720
			100、110、120、125	212	167							
GY11 GYS11 GYH11	25 000	2 500	120、125	212	167	380	260	80	98	10	162.2	2.278
			130、140、150	252	202							
			160	302	242							
GY12 GYS12 GYH12	50 000	2 000	150	252	202	460	320	92	112	12	285.6	5.923
			160、170、180	302	242							
			190、200	352	282							
GY13 GYS13 GYH13	100 000	1 600	190、200、220	352	282	590	400	110	130	12	611.9	19.978
			240、250	410	330							

注：质量、转动惯量是按 GY 型联轴器 Y/J₁ 轴孔组合形式和最小轴孔直径计算的。

表 17 – 4 弹性套柱销联轴器（GB/T 4323—2002）

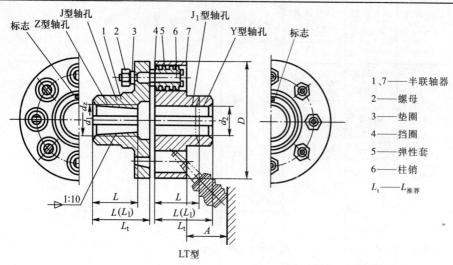

1、7——半联轴器
2——螺母
3——垫圈
4——挡圈
5——弹性套
6——柱销
L_t——$L_{推荐}$

LT型

标记示例：

$$LT5\ 联轴器\frac{J_1 C30 \times 82}{J_1 B35 \times 82}\ GB/T\ 4323—2002$$

LT5 联轴器中，

主动端：J_1 型轴孔，C 型键槽，$d = 30$ mm，$L = 82$ mm；

从动端：J_1 型轴孔，A 型键槽，$d = 35$ mm，$L = 82$ mm

型号	公称转矩 T_n /(N·m)	许用转速 [n] /(r/min)	轴孔直径* d_1、d_2、d_z /mm	轴孔长度/mm Y 型 L	$J、J_1、Z$ 型 L_1	Z 型 L	$L_{推荐}$	D /mm	A /mm	质量 m/kg	转动惯量 I/(kg·m²)
LT1	6.3	8 800	9	20	14		25	71	18	0.82	0.000 5
			10、11	25	17	—					
			12、14	32	20						
LT2	16	7 600	12、14				35	80		1.20	0.000 8
			16、18、19	42	30	42					
LT3	31.5	6 300	16、18、19				38	95	35	2.20	0.002 3
			20、22	52	38	52					
LT4	63	5 700	20、22、24				40	106		2.84	0.003 7
			25、28	62	44	62					
LT5	125	4 600	25、28				50	130	45	6.05	0.012 0
			30、32、35	82	60	82					
LT6	250	3 800	32、35、38				55	160		9.057	0.028 0
			40、42								
LT7	500	3 600	40、42、45、48	112	84	112	65	190		14.01	0.055 0
LT8	710	3 000	45、48、50、55、56				70	224	65	23.12	0.134 0
			60、63	142	107	142					

续表

型号	公称转矩 T_n /(N·m)	许用转速 [n] /(r/min)	轴孔直径 d_1、d_2、d_z /mm	轴孔长度/mm Y型 L	J、J1、Z型 L_1	J、J1、Z型 L	$L_{推荐}$	D /mm	A /mm	质量 m/kg	转动惯量 I/(kg·m²)
LT9	1 000	2 850	50、55、56	112	84	112	80	250	65	30.69	0.213 0
			60、63、65、70、71	142	107	142					
LT10	2 000	2 300	63、65、70、71、75	142	107	142	100	315	80	61.40	0.660 0
			80、85、90、95	172	132	172					
LT11	4 000	1 800	80、85、90、95	172	132	172	115	400	100	120.70	2.122 0
			100、110	212	167	212					
LT12	8 000	1 450	100、110、120、125	212	167	212	135	475	130	210.34	5.390 0
			130	252	202	252					
LT13	16 000	1 150	120、125	212	167	212	160	600	180	419.36	17.580 0
			130、140、150	252	202	252					
			160、170	302	242	302					

注:质量、转动惯量按照材料为铸钢、无孔、$L_{推荐}$计算近似值。

表 17 – 5　弹性柱销联轴器(GB/T 5014—2003)

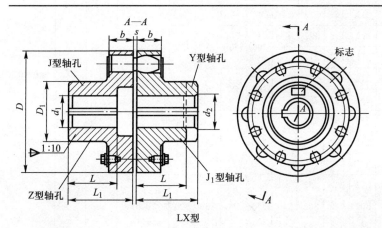

标记示例:

LX3 联轴器

$$\frac{J_1 30 \times 60}{J_1 B35 \times 60}$$

GB/T 5014—2003

LX3 联轴器中,

主动端:J1 型轴孔,A 型键槽,

$d = 30$ mm, $L = 60$ mm;

从动端:J1 型轴孔,

B 型键槽,$d = 35$ mm,$L = 60$ mm

型号	公称转矩 T_n/(N·m)	许用转速[n]/(r·min⁻¹)	轴孔直径 d_1、d_2、d_z /mm	轴孔长度/mm Y型 L	J、J1、Z型 L	J、J1、Z型 L_1	D /mm	D_1 /mm	b /mm	s /mm	质量 m /kg	转动惯量 I /(kg·m²)	许用补偿量 径向 ΔY /mm	许用补偿量 轴向 ΔX /mm	许用补偿量 角向 Δα
LX1	250	8 500	12、14	32	27	—	90	40	20	2.5	2	0.002		±0.5	
			16、18、19	42	30	42									
			20、22、24	52	38	52							0.15		≤0°30′
LX2	560	6 300	20、22、24	52	38	52	120	55	28	2.5	5	0.009		±1	
			25、28	62	44	62									
			30、32、35	82	60	82									

型号	公称转矩 T_n/(N·m)	许用转速[n]/(r·min⁻¹)	轴孔直径 d_1、d_2、d_z/mm	轴孔长度/mm			D/mm	D_1/mm	b/mm	s/mm	质量 m/kg	转动惯量 I/(kg·m²)	许用补偿量		
				Y型 L	J、J₁、Z型 L	L_1							径向 ΔY/mm	轴向 ΔX/mm	角向 $\Delta\alpha$
LX3	1 250	4 750	30、32、35、38	82	60	82	160	75	36	2.5	8	0.026		±1	
			40、42、45、48	112	84	112									
LX4	2 500	3 870	40、42、45、48、50、55、56	112	84	112	195	100	45	3	22	0.109	0.15	±1.5	
			60、63	142	107	142									
LX5	3 150	3 450	50、55、56	112	84	112	220	120	45	3	30	0.191			
			60、63、65、70、71、75	142	107	142									
LX6	6 300	2 720	60、63、65、70、71、75	142	107	142	280	140	56	4	53	0.543	0.2	±2	≤0°30′
			80、85	172	132	172									
LX7	11 200	2 360	70、71、75	142	107	142	320	170	56	4	98	1.314			
			80、85、90、95	172	132	172									
			100、110	212	167	212									
LX8	16 000	2 120	82、85、90、95	172	132	172	360	200	56	5	119	2.023			
			100、110、120、125	212	167	212									
LX9	22 400	1 850	100、110、120、125	212	167	212	410	230	63	5	197	4.386			
			130、140	252	202	252									
LX10	35 500	1 600	110、120、125	212	167	212	480	280	75	6	322	9.760	0.25	±2.5	
			130、140、150	252	202	252									
			160、170、180	302	242	302									
LX11	50 000	1 400	130、140、150	252	202	252	540	340	75	6	520	20.05			
			160、170、180	302	242	302									
			190、200、220	352	282	352									
LX12	80 000	1 220	160、170、180	302	242	302	630	400	90	7	714	37.71			
			190、200、220	352	282	352									
			240、250、260	410	330	—									
LX3	125 000	1 080	190、200、220	352	282	352	710	465	100	8	1 057	71.37		±3	
			240、250、260	410	330	—									
			280、300	470	380	—									
LX14	180 000	950	240、250、260	410	330	—	800	530	110	8	1 956	170.6			
			280、300、260	470	380	—									
			340	550	450	—									

注：质量、转动惯量是按 J/Y 轴孔组合型式和最小轴孔直径计算的。

表 17-6 梅花形弹性联轴器(GB/T 5272—2002)

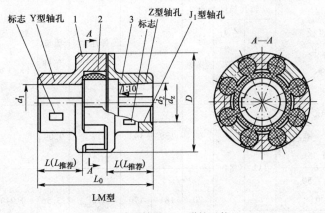

标志 Y型轴孔 1 2 3 标志 Z型轴孔 J₁型轴孔

A—A

LM型

1、3—半联轴器 2—弹性元件

标记示例:

LM3 型联轴器 $\dfrac{ZA30 \times 40}{YB25 \times 40}$ MT3 - a

(GB/T 5272—2002)

LM3 型联轴器中,

主动端:Z 型轴孔,A 型键槽,

轴孔直径 $d_z = 30$ mm,轴孔长度

$L_{推荐} = 40$ mm;

从动端:Y 型轴孔,B 型键槽,

轴孔直径 $d_1 = 25$ mm,轴孔长度

$L_{推荐} = 40$ mm,MT3 型弹性件硬度为 a

型号	公称转矩 T_n /(N·m) 弹性件硬度		许用转速 $[n]$/ (r·min⁻¹)	轴孔直径 d_1、d_2、d_z /mm	轴孔长度/mm			L/mm	D/mm	弹性件 型号	质量 m/kg	转动惯量 $I/$ (kg·m²)
	a/H_A	b/H_D			Y 型	Z、J₁ 型	$L_{推荐}$					
	80 ± 5	60 ± 5			L							
LM1	25	45	15 300	12、14	32	27	35	86	50	MT1 −ᵃ−ᵇ	0.66	0.000 2
				16、18、19	42	30						
				20、22、24	52	38						
				25	62	44						
LM2	50	100	12 000	16、18、19	42	30	38	95	60	MT2 −ᵃ−ᵇ	0.93	0.000 4
				20、22、24	52	38						
				25、28	62	44						
				30	82	60						
LM3	100	200	10 900	20、22、24	52	38	40	103	70	MT2 −ᵃ−ᵇ	1.41	0.000 9
				25、28	62	44						
				30、32	82	60						
LM4	140	280	9 000	22、24	52	38	45	114	85	MT4 −ᵃ−ᵇ	2.18	0.002 0
				25、28	62	44						
				30、32、35、38	82	60						
				40	112	84						
LM5	350	400	7 300	25、28	62	44	50	127	105	MT5 −ᵃ−ᵇ	3.60	0.005 0
				30、32、35、38	82	60						
				40、42、45	112	84						
LM6	400	710	6 100	30、32、35、38	82	60	55	143	125	MT6 −ᵃ−ᵇ	6.07	0.011 4
				40、42、45、48	112	84						

型号	公称转矩 T_n /(N·m)		许用转速 $[n]$/ (r·min^{-1})	轴孔直径 d_1,d_2,d_z /mm	轴孔长度/mm			L/mm	D/mm	弹性件型号	质量 m/kg	转动惯量 I/ (kg·m²)
	弹性件硬度				Y 型	Z、J$_1$ 型	$L_{推荐}$					
	a/H$_A$ 80±5	b/H$_D$ 60±5			$L_{推荐}$	L						
LM7	630	1 120	5 300	35*、38*	82	60	60	159	145	MT7$^{-a}_{-b}$	9.09	
				40*、42*、45、48、50、55	112	84						
LM8	1 120	2 240	4 500	45*、48*、50、55、56	112	84	70	181	170	MT8$^{-a}_{-b}$	13.56	0.046 8
				60、63、65*	142	107						
LM9	1 800	3 550	3 800	50*、55*、56*	112	84	80	208	200	MT9$^{-a}_{-b}$	21.40	0.104 1
				60、63、65、70、71、75	142	107						
				80	172	132						
LM10	2 800	5 600	3 300	60*、63*、65*、70、71、75	142	107	90	230	230	MT10$^{-a}_{-b}$	32.03	0.210 5
				80、85、90、95	172	132						
				100	212	167						
LM11	4 500	9 000	2 900	70*、71*、75*	142	107	100	260	250	MT11$^{-a}_{-b}$	49.52	0.433 8
				80、85*、90、95	172	132						
				100、110、120	212	167						
LM12	6 300	12 500	2 500	80*、85*、90*、95*	172	132	115	297	300	MT12$^{-a}_{-b}$	73.45	0.820 5
				100、110、120、125	212	167						
				130	252	202						
LM13	11 200	20 000	2 100	90*、95*	172	132	125	323	360	MT13$^{-a}_{-b}$	103.86	1.671 8
				100*、110*、120*、125*	212	167						
				130、140、150	252	202						
LM14	12 500	25 000	1 900	100*、110*、120*、125*	212	167	135	333	400	MT14$^{-a}_{-b}$	127.59	2.499 0
				130*、140*、150	252	202						
				160	302	242						

注:1. 质量、转动惯量按 $L_{推荐}$ 最小轴孔计算近似值。

2. 带 * 号轴孔直径可用于 Z 型轴孔。

3. a、b 为两种材料的硬度代号。

表 17 - 7　LM 型梅花形弹性联轴器允许误差

型　　号	允许最大安装误差		允许最大运转补偿量		轴向间隙
	径向 ΔY/mm	角向 $\Delta\alpha$/(°)	径向 ΔY/mm	角向 $\Delta\alpha$/(°)	($\Delta X \pm 10\%$)/mm
LM1	0.2		0.5		1.2
LM2	0.3		0.6		1.3
LM3		1.00	2.0	2.0	1.5
LM4	0.4		0.8		2.0
LM5					2.5
LM6					3.0
LM7	0.5	0.7	1	1.5	
LM8					3.5
LM9					4.0
LM10	0.7		1.5		4.5
LM11					
LM12		0.5		1.0	5.0
LM13	0.8		1.8		
LM14					

表 17 - 8　尼龙滑块联轴器 (JB/ZQ 4384—1997)

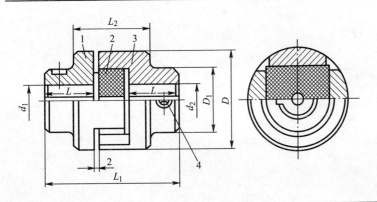

标记示例:

KL6 联轴器 $\dfrac{35 \times 82}{J_1 38 \times 60}$ JB/ZQ 4384—1997

主动端:Y 型轴孔,A 型键槽,

　　　　$d_1 = 35$ mm,$L = 82$ mm;

从动端:J_1 型轴孔,A 型键槽,

　　　　$d_2 = 38$ mm,$L = 60$ mm

1、3——半联轴器,材料为 HT200,35 钢等,2——滑块,材料为尼龙 6,4——紧定螺钉

型号	公称转矩 T_n/ (N·m)	许用转速 $[n]$/ (r·min^{-1})	轴孔直径 d_1、d_2 /mm	轴孔长度 L/mm Y 型	J_1 型	D	D_1	L_2	L_1	转动惯量/ (kg·m^2)	质量 /kg
						mm					
KL2	31.5	8 200	12、14	32	27	50	32	56	86	0.003 8	1.5
			16、(17)、18	42	30				106		
KL3	63	7 000	(17)、18、19			70	40	60		0.006 3	1.8
			20、22	52	38				126		
KL4	160	5 700	20、22、24			80	50	64		0.013	2.5
			25、28	62	44				146		

续表

型号	公称转矩 T_n/ (N·m)	许用转速 $[n]$/ (r·min^{-1})	轴孔直径 d_1、d_2 /mm	轴孔长度 L/mm Y 型	J$_1$ 型	D	D_1	L_2	L_1	转动惯量/ (kg·m^2)	质量 /kg
						mm					
KL5	280	4 700	25、28	62	44	100	70	75	151	0.045	5.8
			30、32、35	82	60				191		
KL6	500	3 800	30、32、35、38			120	80	90	201	0.12	9.5
			40、42、45						261		
KL7	900	3 200	40、42、45、48	112	84	150	100	120	266	0.43	25
			50、55								
KL8	1 800	2 400	50、55			190	120	150	276	1.98	55
			60、63、65、70	142	107				336		
KL9	3 550	1 800	65、70、75			250	150	180	346	4.9	85
			80、85	172	132				406		
KL10	5 000	1 500	80、85、90、95			330	190	180	486	7.5	120
			100	212	167						

注:1. 装配时两轴的许用补偿量:轴向 $\Delta x = 1 \sim 2$ mm;径向 $\Delta y \leqslant 0.2$ mm;角向 $\Delta \alpha \leqslant 0°40'$。

2. 本联轴器传动效率较低,尼龙受力不大,故适用于中、小功率、转速较高、转矩较小的轴系传动,如控制器、油泵装置等。工作温度为 $-20 \sim 70$℃。

3. 括号内的数值尽量不用。

第十八章 公差与配合、几何公差和表面粗糙度

第一节 公差与配合

表 18-1 标准公差数值（GB/T 1800.1—2009）

公称尺寸 /mm		标准公差等级																	
		IT1	IT2	IT3	IT4	IT5	IT6	IT7	IT8	IT9	IT10	IT11	IT12	IT13	IT14	IT15	IT16	IT17	IT18
大于	至	μm											mm						
—	3	0.8	1.2	2	3	4	6	10	14	25	40	60	0.1	0.14	0.25	0.4	0.6	1	1.4
3	6	1	1.5	2.5	4	5	8	12	18	30	48	75	0.12	0.18	0.3	0.48	0.75	1.2	1.8
6	10	1	1.5	2.5	4	6	9	15	22	36	58	90	0.15	0.22	0.36	0.58	0.9	1.5	2.2
10	18	1.2	2	3	5	8	11	18	27	43	70	110	0.18	0.27	0.43	0.7	1.1	1.8	2.7
18	30	1.5	2.5	4	6	9	13	21	33	52	84	130	0.21	0.33	0.52	0.84	1.3	2.1	3.3
30	50	1.5	2.5	4	7	11	16	25	39	62	100	160	0.25	0.39	0.62	1	1.6	2.5	3.9
50	80	2	3	5	8	13	19	30	46	74	120	190	0.3	0.46	0.74	1.2	1.9	3	4.6
80	120	2.5	4	6	10	15	22	35	54	87	140	220	0.35	0.54	0.87	1.4	2.2	3.5	5.4
120	180	3.5	5	8	12	18	25	40	63	100	160	250	0.4	0.63	1	1.6	2.5	4	6.3
180	250	4.5	7	10	14	20	29	46	72	115	185	290	0.46	0.72	1.15	1.85	2.9	4.6	7.2
250	315	6	8	12	16	23	32	52	81	130	210	320	0.52	0.81	1.3	2.1	3.2	5.2	8.1
315	400	7	9	13	18	25	36	57	89	140	230	360	0.57	0.89	1.4	2.3	3.6	5.7	8.9
400	500	8	10	15	20	27	40	63	97	155	250	400	0.63	0.97	1.55	2.5	4	6.3	9.7
500	630	9	11	16	22	32	44	70	110	175	280	440	0.7	1.1	1.75	2.8	4.4	7	11
630	800	10	13	18	25	36	50	80	125	200	320	500	0.8	1.25	2	3.2	5	8	12.5
800	1 000	11	15	21	28	40	56	90	140	230	360	560	0.9	1.4	2.3	3.6	5.6	9	14
1 000	1 250	13	18	24	33	47	66	105	165	260	420	660	1.05	1.65	2.6	4.2	6.6	10.5	16.5
1 250	1 600	15	21	29	39	55	78	125	195	310	500	780	1.25	1.95	3.1	5	7.8	12.5	19.5
1 600	2 000	18	25	35	46	65	92	150	230	370	600	920	1.5	2.3	3.7	6	9.2	15	23
2 000	2 500	22	30	41	55	78	110	175	280	440	700	1 100	1.75	2.8	4.4	7	11	17.5	28
2 500	3 150	26	36	50	68	96	135	210	330	540	860	1 350	2.1	3.3	5.4	8.6	13.5	21	33

注：1. 公称尺寸大于 500 mm 的 IT1～IT5 的数值为试行的。

2. 公称尺寸小于或等于 1 mm 时，无 IT14～IT18。

表 18-2　轴的基本偏差数值（GB/T 1800.1—2009）

μm

公称尺寸/mm		基本偏差数值（上极限偏差 es）											
		所有标准公差等级											
大于	至	a	b	c	cd	d	e	ef	f	fg	g	h	js
—	3	-270	-140	-60	-34	-20	-14	-10	-6	-4	-2	0	偏差 = ±IT$_n$/2，式中 IT$_n$ 是 IT 数值
3	6	-270	-140	-70	-46	-30	-20	-14	-10	-6	-4	0	
6	10	-280	-150	-80	-56	-40	-25	-18	-13	-8	-5	0	
10	14	-290	-150	-95		-50	-32		-16		-6	0	
14	18	-290	-150	-95		-50	-32		-16		-6	0	
18	24	-300	-160	-110		-65	-40		-20		-7	0	
24	30	-300	-160	-110		-65	-40		-20		-7	0	
30	40	-310	-170	-120		-80	-50		-25		-9	0	
40	50	-320	-180	-130		-80	-50		-25		-9	0	
50	65	-340	-190	-140		-100	-60		-30		-10	0	
65	80	-360	-200	-150		-100	-60		-30		-10	0	
80	100	-380	-220	-170		-120	-72		-36		-12	0	
100	120	-410	-240	-180		-120	-72		-36		-12	0	
120	140	-460	-260	-200		-145	-85		-43		-14	0	
140	160	-520	-280	-210		-145	-85		-43		-14	0	
160	180	-530	-310	-230		-145	-85		-43		-14	0	
180	200	-660	-340	-240		-170	-100		-50		-15	0	
200	225	-740	-380	-260		-170	-100		-50		-15	0	
225	250	-820	-420	-280		-170	-100		-50		-15	0	
250	280	-920	-480	-300		-190	-110		-56		-17	0	
280	315	-1 050	-540	-330		-190	-110		-56		-17	0	
315	355	-1 200	-600	-360		-210	-125		-62		-18	0	
355	400	-1 350	-680	-400		-210	-125		-62		-18	0	
400	450	-1 500	-760	-440		-230	-135		-68		-20	0	
450	500	-1 650	-840	-480		-230	-135		-68		-20	0	

续表

| 公称尺寸/mm | | 基本偏差数值（下极限偏差 ei） 所有标准公差等级 | | | | | | | | | | | | | | | | | | |
大于	至	j IT5和IT6	j IT7	j IT8	k IT4~IT7	k ≤IT3 >IT7	m	n	p	r	s	t	u	v	x	y	z	za	zb	zc
—	3	-2	-4	-6	0	0	+2	+4	+6	+10	+14		+18		+20		+26	+32	+40	+60
3	6	-2	-4		+1	0	+4	+8	+12	+15	+19		+23		+28		+35	+42	+50	+80
6	10	-2	-5		+1	0	+6	+10	+15	+19	+23		+28		+34		+42	+52	+67	+97
10	14	-3	-6		+1	0	+7	+12	+18	+23	+28		+33		+40		+50	+64	+90	+130
14	18	-3	-6		+1	0	+7	+12	+18	+23	+28		+33	+39	+45		+60	+77	+108	+150
18	24	-4	-8		+2	0	+8	+15	+22	+28	+35		+41	+47	+54	+63	+73	+98	+136	+188
24	30	-4	-8		+2	0	+8	+15	+22	+28	+35	+41	+48	+55	+64	+75	+88	+118	+160	+218
30	40	-5	-10		+2	0	+9	+17	+26	+34	+43	+48	+60	+68	+80	+94	+112	+148	+200	+274
40	50	-5	-10		+2	0	+9	+17	+26	+34	+43	+54	+70	+81	+97	+114	+136	+180	+242	+325
50	65	-7	-12		+2	0	+11	+20	+32	+41	+53	+66	+87	+102	+122	+144	+172	+226	+300	+405
65	80	-7	-12		+2	0	+11	+20	+32	+43	+59	+75	+102	+120	+146	+174	+210	+274	+360	+480
80	100	-9	-15		+3	0	+13	+23	+37	+51	+71	+91	+124	+146	+178	+214	+258	+335	+445	+585
100	120	-9	-15		+3	0	+13	+23	+37	+54	+79	+104	+144	+172	+210	+254	+310	+400	+525	+690
120	140	-11	-18		+3	0	+15	+27	+43	+63	+92	+122	+170	+202	+248	+300	+365	+470	+620	+800
140	160	-11	-18		+3	0	+15	+27	+43	+65	+100	+134	+190	+228	+280	+340	+415	+535	+700	+900
160	180	-11	-18		+3	0	+15	+27	+43	+68	+108	+146	+210	+252	+310	+380	+465	+600	+780	+1 000
180	200	-13	-21		+4	0	+17	+31	+50	+77	+122	+166	+236	+284	+350	+425	+520	+670	+880	+1 150
200	225	-13	-21		+4	0	+17	+31	+50	+80	+130	+180	+258	+310	+385	+470	+575	+740	+960	+1 250
225	250	-13	-21		+4	0	+17	+31	+50	+84	+140	+196	+284	+340	+425	+520	+640	+820	+1 050	+1 350
250	280	-16	-26		+4	0	+20	+34	+56	+94	+158	+218	+315	+385	+475	+580	+710	+920	+1 200	+1 550
280	315	-16	-26		+4	0	+20	+34	+56	+98	+170	+240	+350	+425	+525	+650	+790	+1 000	+1 300	+1 700
315	355	-18	-28		+4	0	+21	+37	+62	+108	+190	+268	+390	+475	+590	+730	+900	+1 150	+1 500	+1 900
355	400	-18	-28		+4	0	+21	+37	+62	+114	+208	+294	+435	+530	+660	+820	+1 000	+1 300	+1 650	+2 100
400	450	-20	-32		+5	0	+23	+40	+68	+126	+232	+330	+490	+595	+740	+920	+1 100	+1 450	+1 850	+2 400
450	500	-20	-32		+5	0	+23	+40	+68	+132	+252	+360	+540	+660	+820	+1 000	+1 250	+1 600	+2 100	+2 600

注：公称尺寸小于或等于 1 mm 时，基本偏差 a 和 b 均不采用。公差带 js7~js11 中，若 IT$_n$ 的数值是奇数，则取偏差 $=\pm\dfrac{IT_n - 1}{2}$。

表 18-3　孔的基本偏差数值（GB/T 1800.1—2009）　　μm

基本偏差数值

公称尺寸/mm 大于	至	下极限偏差 EI（所有标准公差等级） A	B	C	CD	D	E	EF	F	FG	G	H	JS	上极限偏差 ES — J IT6	J IT7	J IT8	K ≤IT8	K >IT8	M ≤IT8	M >IT8	N ≤IT8	N >IT8	P至ZC ≤IT7
—	3	+270	+140	+60	+34	+20	+14	+10	+6	+4	+2	0	偏差=±IT$_n$/2，式中IT$_n$是IT对应的数值	+2	+4	+6	0	0	-2	-2	-4	-4	在大于IT7相应数值上增加一个Δ值
3	6	+270	+140	+70	+46	+30	+20	+14	+10	+6	+4	0		+5	+6	+10	-1+Δ		-4+Δ	-4	-8+Δ	0	
6	10	+280	+150	+80	+56	+40	+25	+18	+13	+8	+5	0		+5	+8	+12	-1+Δ		-6+Δ	-6	-10+Δ	0	
10	14	+290	+150	+95		+50	+32		+16		+6	0		+6	+10	+15	-1+Δ		-7+Δ	-7	-12+Δ	0	
14	18	+290	+150	+95		+50	+32		+16		+6	0		+6	+10	+15	-1+Δ		-7+Δ	-7	-12+Δ	0	
18	24	+300	+160	+110		+65	+40		+20		+7	0		+8	+12	+20	-2+Δ		-8+Δ	-8	-15+Δ	0	
24	30	+300	+160	+110		+65	+40		+20		+7	0		+8	+12	+20	-2+Δ		-8+Δ	-8	-15+Δ	0	
30	40	+310	+170	+120		+80	+50		+25		+9	0		+10	+14	+24	-2+Δ		-9+Δ	-9	-17+Δ	0	
40	50	+320	+180	+130		+80	+50		+25		+9	0		+10	+14	+24	-2+Δ		-9+Δ	-9	-17+Δ	0	
50	65	+340	+190	+140		+100	+60		+30		+10	0		+13	+18	+28	-2+Δ		-11+Δ	-11	-20+Δ	0	
65	80	+360	+200	+150		+100	+60		+30		+10	0		+13	+18	+28	-2+Δ		-11+Δ	-11	-20+Δ	0	
80	100	+380	+220	+170		+120	+72		+36		+12	0		+16	+22	+34	-3+Δ		-13+Δ	-13	-23+Δ	0	
100	120	+410	+240	+180		+120	+72		+36		+12	0		+16	+22	+34	-3+Δ		-13+Δ	-13	-23+Δ	0	
120	140	+460	+260	+200		+145	+85		+43		+14	0		+18	+26	+41	-3+Δ		-15+Δ	-15	-27+Δ	0	
140	160	+520	+280	+210		+145	+85		+43		+14	0		+18	+26	+41	-3+Δ		-15+Δ	-15	-27+Δ	0	
160	180	+580	+310	+230		+145	+85		+43		+14	0		+18	+26	+41	-3+Δ		-15+Δ	-15	-27+Δ	0	
180	200	+600	+340	+240		+170	+100		+50		+15	0		+22	+30	+47	-4+Δ		-17+Δ	-17	-31+Δ	0	
200	225	+740	+380	+260		+170	+100		+50		+15	0		+22	+30	+47	-4+Δ		-17+Δ	-17	-31+Δ	0	
225	250	+820	+420	+280		+170	+100		+50		+15	0		+22	+30	+47	-4+Δ		-17+Δ	-17	-31+Δ	0	
250	280	+920	+480	+300		+190	+110		+56		+17	0		+25	+36	+55	-4+Δ		-20+Δ	-20	-34+Δ	0	
280	315	+1 050	+540	+330		+190	+110		+56		+17	0		+25	+36	+55	-4+Δ		-20+Δ	-20	-34+Δ	0	
315	355	+1 200	+600	+360		+210	+125		+62		+18	0		+29	+39	+60	-4+Δ		-21+Δ	-21	-37+Δ	0	
355	400	+1 350	+680	+400		+210	+125		+62		+18	0		+29	+39	+60	-4+Δ		-21+Δ	-21	-37+Δ	0	

基本偏差数值　上极限偏差 ES（标准公差等级大于 IT7）　Δ 值（标准公差等级）

公称尺寸/mm 大于	至	P	R	S	T	U	V	X	Y	Z	ZA	ZB	ZC	IT3	IT4	IT5	IT6	IT7	IT8
—	3	-6	-10	-14		-18		-20		-26	-32	-40	-60						
3	6	-12	-15	-19		-23		-28		-35	-42	-50	-80	1	1.5	1	3	4	6
6	10	-15	-19	-23		-28		-34		-42	-52	-67	-97	1	1.5	2	3	6	7
10	14	-18	-23	-28		-33		-40		-50	-64	-90	-130	1	2	3	3	7	9
14	18	-18	-23	-28		-33	-39	-45		-60	-77	-108	-150	1	2	3	3	7	9
18	24	-22	-28	-35		-41	-47	-54	-63	-73	-98	-136	-188	1.5	2	3	4	8	12
24	30	-22	-28	-35	-41	-48	-55	-64	-75	-88	-118	-160	-218	1.5	2	3	4	8	12
30	40	-26	-34	-43	-48	-60	-68	-80	-94	-112	-148	-200	-274	1.5	3	4	5	9	14
40	50	-26	-34	-43	-54	-70	-81	-97	-114	-136	-180	-242	-325	1.5	3	4	5	9	14
50	65	-32	-41	-53	-66	-87	-102	-122	-144	-172	-226	-300	-405	2	3	5	6	11	16
65	80	-32	-43	-59	-75	-102	-120	-146	-174	-210	-274	-360	-480	2	3	5	6	11	16
80	100	-37	-51	-71	-91	-124	-146	-178	-214	-258	-335	-445	-585	2	4	5	7	13	19
100	120	-37	-54	-79	-104	-144	-172	-210	-254	-310	-400	-525	-690	2	4	5	7	13	19
120	140	-43	-63	-92	-122	-170	-202	-248	-300	-365	-470	-620	-800	3	4	6	7	15	23
140	160	-43	-65	-100	-134	-190	-228	-280	-340	-415	-535	-700	-900	3	4	6	7	15	23
160	180	-43	-68	-108	-146	-210	-252	-310	-380	-465	-600	-780	-1 000	3	4	6	7	15	23
180	200	-50	-77	-122	-166	-236	-284	-350	-425	-520	-670	-880	-1 150	3	4	6	9	17	26
200	225	-50	-80	-130	-180	-258	-310	-385	-470	-575	-740	-960	-1 250	3	4	6	9	17	26
225	250	-50	-84	-140	-196	-284	-340	-425	-520	-640	-820	-1 050	-1 350	3	4	6	9	17	26
250	280	-56	-94	-158	-218	-315	-385	-475	-580	-710	-920	-1 200	-1 550	4	4	7	9	20	29
280	315	-56	-98	-170	-240	-350	-425	-525	-650	-790	-1 000	-1 300	-1 700	4	4	7	9	20	29
315	355	-62	-108	-190	-268	-390	-475	-590	-730	-900	-1 150	-1 500	-1 900	4	5	7	11	21	32
355	400	-62	-114	-208	-294	-435	-530	-660	-820	-1 000	-1 300	-1 650	-2 100	4	5	7	11	21	32

注:1. 公称尺寸小于或等于 1 mm 时,基本偏差 A 和 B 及大于 IT8 的 N 均不采用。公差带 JS7～JS11 中,若 IT_n 的数值为奇数,则取偏差 $= \pm \dfrac{IT_n - 1}{2}$。

2. 对小于或等于 IT8 的 K、M、N 和小于等于 IT7 的 P～ZC,所需 Δ 值从表内右侧选取。例如:18～30 mm 段的 K7,Δ = 8 μm,所以 ES = -2 μm + 8 μm = +6 μm;18～30 mm 段的 M6,ES = -9 μm(代替 -11 μm)。特殊情况:250～315 mm 段的 S6,Δ = 4 μm,所以 ES = -35 μm + 4 μm = -31 μm(代替 -11 μm)。

表 18 – 4　线性尺寸的未注公差（GB/T 1804—2000）　　　　mm

公差等级	线性尺寸的极限偏差数值								倒圆半径与倒角高度尺寸的极限偏差数值			
	尺寸分段								尺寸分段			
	0.5~3	>3~6	>6~30	>30~120	>120~400	>400~1 000	>1 000~2 000	>2 000~4 000	0.5~0.3	>3~6	>6~30	>30
f(精密级)	±0.05	±0.05	±0.1	±0.15	±0.2	±0.3	±0.5	—	±0.2	±0.5	±1	±2
m(中等级)	±0.1	±0.1	±0.2	±0.3	±0.5	±0.8	±1.2	±2	±0.2	±0.5	±1	±2
c(粗糙级)	±0.2	±0.3	±0.5	±0.8	±1.2	±2	±3	±4	±0.4	±1	±2	±4
v(最粗级)	—	±0.5	±1	±1.5	±2.5	±4	±6	±8	±0.4	±1	±2	±4

注:线性尺寸未注公差指在车间一般加工条件下可保证的公差,主要用于较低精度的非配合尺寸,一般不检验。本标准适用于金属切削加工的尺寸,也适用于一般冲压加工的尺寸。

表 18 – 5　优先配合特性及应用举例

基孔制	基轴制	优先配合特性及应用举例
$\dfrac{H11}{c11}$	$\dfrac{C11}{h11}$	间隙非常大,用于很松的、转动很慢的间隙配合;要求大公差与大间隙的外露组件;要求装配方便的很松的配合
$\dfrac{H9}{d9}$	$\dfrac{D9}{h9}$	间隙很大的自由转动配合,用于精度为非主要要求时,或有大的温度变动、高转速或大的轴颈压力时
$\dfrac{H8}{f7}$	$\dfrac{F8}{h7}$	间隙不大的转动配合,用于中等转速与中等轴颈压力的精确转动;也用于装配较易的中等定位配合
$\dfrac{H7}{g6}$	$\dfrac{G7}{h6}$	间隙很小的间隙配合,用于不希望自由转动,但可自由移动和滑动并精密定位时,也可用于要求明确的定位配合
$\dfrac{H7}{h6}$ $\dfrac{H8}{h7}$ $\dfrac{H9}{h9}$ $\dfrac{H11}{h11}$	$\dfrac{H7}{h6}$ $\dfrac{H8}{h7}$ $\dfrac{H9}{h9}$ $\dfrac{H11}{h11}$	均为间隙定位配合,零件可自由装拆,而工作时一般相对静止不动。在最大实体条件下的间隙为零,在最小实体条件下的间隙由公差等级决定
$\dfrac{H7}{k6}$	$\dfrac{K7}{h6}$	过渡配合,用于精密定位
$\dfrac{H7}{n6}$	$\dfrac{N7}{h6}$	过渡配合,允许有较大过盈的更精密定位
$\dfrac{H7^{*}}{p6}$	$\dfrac{P7}{h6}$	过盈定位配合,即小过盈配合,用于定位精度特别重要时,能以最好的定位精度达到部件的刚性及对中性要求,而对内孔承受压力无特殊要求,不依靠配合的紧固性传递摩擦载荷
$\dfrac{H7}{s6}$	$\dfrac{S7}{h6}$	中等压入配合,适用于一般钢件;或用于薄壁的冷缩配合,用于铸铁件可得到最紧的配合
$\dfrac{H7}{u6}$	$\dfrac{U7}{h6}$	压入配合,适用于可以承受压入力或不宜承受大压入力的冷缩配合

注:"*"表示配合在小于或等于 3 mm 时为过渡配合。

表 18-6　轴的各种基本偏差的应用

配合种类	基本偏差	配合特性及应用
间隙配合	a、b	可得到特别大的间隙,很少应用
	c	可得到很大的间隙,一般适用于缓慢、松弛的间隙配合;用于工作条件较差(如农业机械),受力变形,或为了便于装配而必须保证有较大的间隙时;推荐配合为 H11/c11,其较高级的配合,如 H8/c7 适用于轴在高温时工作的紧密间隙配合,如内燃机排气阀和导管
	d	配合一般用于 IT7~IT11 级,适用于松的转动配合,如密封盖、滑轮或空转带轮等与轴的配合;也适用于大直径滑动轴承配合,如涡轮机、球磨机、轧滚成型和重型弯曲机及其他重型机械中的一些滑动支承
	e	多用于 IT7~IT9 级,通常适用于要求有明显间隙、易于转动的支承配合,如大跨距、多支点支承等;高等级的 e 轴适用于大型、高速、重载的支承配合,如涡轮发电机、大型电动机、内燃机、凸轮轴及摇臂支承等
	f	多用于 IT6~IT8 级的一般转动配合;当温度影响不大时,被广泛用于普通润滑油(或润滑脂)润滑的支承,如齿轮箱、小电动机和泵等的转轴与滑动支承的配合
	g	配合间隙很小,制造成本高,除很轻负荷的精密装置外,不推荐用于转动配合;多用于 IT5~IT7 级,最适合不回转的精密滑动配合,也用于插销等定位配合,如精密连杆轴承、活塞、滑阀及连杆销等
	h	多用于 IT4~IT11 级;广泛用于无相对转动的零件,作为一般的定位配合;若没有温度、变形的影响,也用于精密滑动配合
过渡配合	js	为完全对称偏差(±IT/2),平均为稍有间隙的配合,多用于 IT4~IT7 级,要求间隙比 h 轴小,并允许略有过盈的定位配合,如联轴器,可用手或木锤装配
	k	平均为没有间隙的配合,适用于 IT4~IT7 级;推荐用于稍有过盈的定位配合,例如为了消除振动用的定位配合,一般用木锤装配
	m	平均为具有小过盈的过渡配合;适用于 IT4~IT7 级,一般用木锤装配,但在最大过盈时,要求相当的压入力
	n	平均过盈比 m 轴稍大,很少得到间隙,适用于 IT4~IT7 级,用锤子或压力机装配,通常推荐用于紧密的组件配合;H6/n5 配合时为过盈配合
过盈配合	p	与 H6 或 H7 配合时是过盈配合,与 H8 孔配合时则为过渡配合;对非铁类零件,为较轻的压入配合,当需要时易于拆卸;对钢、铸铁或铜、钢组件装配,是标准的压入配合
	r	对铁类零件,为中等打入配合,对非铁类零件,为轻打入的配合,当需要时可以拆卸;与 H8 孔配合,直径在 100 mm 以上时为过盈配合,直径小时为过渡配合
	s	用于钢和铁制零件的永久性和半永久性装配,可产生相当大的结合力;当用弹性材料,如轻合金时,配合性质与铁类零件的 p 轴相当,例如套环压装在轴上、阀座等配合。尺寸较大时,为了避免损伤配合表面,需用热胀或冷缩法装配
	t、u、v、x、y、z	过盈量依次增大,一般不推荐采用

表18-7　优先配合中轴的极限偏差（GB/T 1008.2—2009）　　　　μm

公称尺寸 /mm		公差带											
		c	d	f	g	h				k	n	p	s	u
大于	至	11	9	7	6	6	7	9	11	6	6	6	6	6
—	3	−60 −120	−20 −45	−6 −16	−2 −8	0 −6	0 −10	0 −25	0 −60	+6 0	+10 +4	+12 +6	+20 +14	+24 +18
3	6	−70 −145	−30 −60	−10 −22	−4 −12	0 −8	0 −12	0 −30	0 −75	+9 +1	+16 +8	+20 +12	+27 +19	+31 +23
6	10	−80 −170	−40 −76	−13 −28	−5 −14	0 −9	0 −15	0 −36	0 −90	+10 +1	+19 +10	+24 +15	+32 +23	+37 +28
10	14	−95 −205	−50 −93	−16 −34	−6 −17	0 −11	0 −18	0 −43	0 −110	+12 +1	+23 +12	+29 +18	+39 +28	+44 +33
14	18													
18	24	−110 −240	−65 −117	−20 −41	−7 −20	0 −13	0 −21	0 −52	0 −130	+15 +2	+28 +15	+35 +22	+48 +35	+54 +41
24	30													+61 +48
30	40	−120 −280	−80 −142	−25 −50	−9 −25	0 −16	0 −25	0 −62	0 −160	+18 +2	+33 +17	+42 +26	+59 +43	+76 +60
40	50	−130 −290												+86 +70
50	65	−140 −330	−100 −174	−30 −60	−10 −29	0 −19	0 −30	0 −74	0 −190	+21 +2	+39 +20	+51 +32	+72 +53	+106 +87
65	80	−150 −340											+78 +59	+121 +102
80	100	−170 −390	−120 −207	−36 −71	−12 −34	0 −22	0 −35	0 −87	0 −220	+25 +3	+45 +23	+59 +37	+93 +71	+146 +124
100	120	−180 −400											+101 +79	+166 +144
120	140	−200 −450											+117 +92	+195 +170
140	160	−210 −460	−145 −245	−43 −83	−14 −39	0 −25	0 −40	0 −100	0 −250	+28 +3	+52 +27	+68 +43	+125 +100	+215 +190
160	180	−230 −480											+133 +108	+235 +210

续表

公称尺寸 /mm		公差带												
		c	d	f	g	h				k	n	p	s	u
大于	至	11	9	7	6	6	7	9	11	6	6	6	6	6
180	200	−240 −530											+151 +122	+265 +236
200	225	−260 −550	−170 −285	−50 −96	−15 −44	0 −29	0 −46	0 −115	0 −290	+33 +4	+60 +31	+79 +50	+159 +130	+287 +258
225	250	−280 −570											+169 +140	+313 +284
250	280	−300 −620	−190 −320	−56 −108	−17 −49	0 −32	0 −52	0 −130	0 −320	+36 +4	+66 +34	+88 +56	+190 +158	+347 +315
280	315	−330 −650											+202 +170	+382 +350
315	355	−360 −720	−210 −350	−62 −119	−18 −54	0 −36	0 −57	0 −140	0 −360	+40 +4	+73 +37	+98 +62	+226 +190	+426 +390
355	400	−400 −760											+244 +208	+471 +435
400	450	−440 −840	−230 −385	−68 −131	−20 −60	0 −40	0 −63	0 −155	0 −400	+45 +5	+80 +40	+108 +68	+272 +232	+530 +490
450	500	−480 −980											+292 +252	+580 +540

表 18 − 8　优先配合中孔的极限偏差（GB/T 1008. 2—2009） μm

公称尺寸 /mm		公差带												
		C	D	F	G	H				K	N	P	S	U
大于	至	11	9	8	7	.7	8	9	11	7	7	7	7	7
—	3	+120 +60	+45 +20	+20 +6	+12 +2	+10 0	+14 0	+25 0	+60 0	0 −10	−4 −14	−6 −16	−14 −24	−18 −28
3	6	+145 +70	+60 +30	+28 +10	+16 +4	+12 0	+18 0	+30 0	+75 0	+3 −9	−4 −16	−8 −20	−15 −27	−19 −31
6	10	+170 +80	+76 +40	+35 +13	+20 +5	+15 0	+22 0	+36 0	+90 0	+5 −10	−4 −19	−9 −24	−17 −32	−22 −37
10	14	+205 +95	+93 +50	+43 +16	+24 +6	+18 0	+27 0	+43 0	+110 0	+6 −12	−5 −23	−11 −29	−21 −39	−26 −44
14	18													

续表

公称尺寸 /mm		公差带				H				K	N	P	S	U
大于	至	C 11	D 9	F 8	G 7	7	8	9	11	7	7	7	7	7
18	24	+240 +110	+117 +65	+53 +20	+28 +7	+21 0	+33 0	+52 0	+130 0	+6 −15	−7 −28	−14 −35	−27 −48	−33 −54
24	30													−40 −61
30	40	+280 +120	+142 +80	+64 +25	+34 +9	+25 0	+39 0	+62 0	+160 0	+7 −18	−8 −33	−17 −42	−34 −59	−51 −76
40	50	+290 +130												−61 −86
50	65	+330 +140	+174 +100	+76 +30	+40 +10	+30 0	+46 0	+74 0	+190 0	+9 −21	−9 −39	−21 −51	−42 −72	−76 −106
65	80	+340 +150											−48 −78	−91 −121
80	100	+390 +170	+207 +120	+90 +36	+47 +12	+35 0	+54 0	+87 0	+220 0	+10 −25	−10 −45	−24 −59	−58 −93	−111 −146
100	120	+400 +180											−66 −101	−131 −166
120	140	+450 +200											−77 −117	−155 −195
140	160	+460 +210	+245 +145	+106 +43	+54 +14	+40 0	+63 0	+100 0	+250 0	−12 −28	−12 −52	−28 −68	−85 −125	−175 −215
160	180	+480 +230											−93 −133	−195 −235
180	200	+530 +240											−105 −151	−219 −265
200	225	+550 +260	+285 +170	+122 +50	+61 +15	+46 0	+72 0	+115 0	+290 0	+13 −33	−14 −60	−33 −79	−113 −159	−241 −287
225	250	+570 +280											−123 −169	−267 −313
250	280	+620 +300	+320 +190	+137 +56	+69 +17	+52 0	+81 0	+130 0	+320 0	+16 −36	−14 −66	−36 −88	−138 −190	−295 −347
280	315	+650 +330											−150 −202	−330 −382
315	355	+720 +360	+350 +210	+151 +62	+75 +18	+57 0	+89 0	+140 0	+360 0	+17 −40	−16 −73	−41 −98	−169 −226	−369 −426
355	400	+760 +400											−187 −244	−414 −471
400	450	+840 +440	+385 +230	+165 +68	+83 +20	+63 0	+97 0	+155 0	+400 0	+18 −45	−17 −80	−45 −108	−209 −272	−467 −530
450	500	+880 +480											−229 −292	−517 −580

表 18 – 9　公差等级与加工方法的关系

加工方法	公差等级（IT）												
	4	5	6	7	8	9	10	11	12	13	14	15	16
珩	━	━	━	━									
圆磨、平磨		━	━	━	━								
拉削		━	━	━	━								
铰孔			━	━	━	━	━						
车、镗				━	━	━	━	━					
铣					━	━	━	━					
刨、插						━	━	━	━				
钻孔							━	━	━	━			
冲压							━	━	━	━			
砂型铸造、气割												━	━
锻造											━	━	

表 18 – 10　减速器主要零件的荐用配合

配合零件	荐用配合	装拆方法
一般情况下的齿轮、蜗轮、带轮、链轮、联轴器与轴的配合	$\dfrac{H7}{r6}$，$\dfrac{H7}{n6}$	用压力机
小锥齿轮及常拆卸的齿轮、带轮、链轮、联轴器与轴的配合	$\dfrac{H7}{m6}$，$\dfrac{H7}{k6}$	用压力机或手锤打入
蜗轮轮缘与轮芯的配合	轮箍式：H7/js6 螺栓联接式：H7/h6	加热轮缘或用压力机推入
轴套、挡油盘、溅油盘与轴的配合	$\dfrac{D11}{k6}$，$\dfrac{F9}{k6}$，$\dfrac{F9}{m6}$，$\dfrac{H8}{h7}$，$\dfrac{H8}{h8}$	
轴承套杯与箱体孔的配合	$\dfrac{H7}{js6}$，$\dfrac{H7}{h6}$	徒手装配与拆卸
轴承盖与箱体孔（或套杯孔）的配合	$\dfrac{H7}{d11}$，$\dfrac{H7}{h8}$	
嵌入式轴承盖的凸缘与箱体孔凹槽之间的配合	$\dfrac{H11}{h11}$	
与密封件相接触轴段的公差带	f 9，h11	

第二节　几何公差

表 18 – 11　几何公差几何特征项目的符号和附加符号及其标注（GB/T 1182—2008）

几何特征符号				附加符号	
公差类型	几何特征	符号	有无基	检测要素	
形状公差	直线度	—	无		
	平面度	▱	无		
	圆度	○	无	基准要素	
	圆柱度	⌀	无		
	线轮廓度	⌒	无		
	面轮廓度	◠	无		
方向公差	平行度	//	有	基准目标	$\dfrac{\phi 2}{A1}$
	垂直度	⊥	有	理论正确尺寸	50
	倾斜度	∠	有		
	线轮廓度	⌒	有	延伸公差带	Ⓟ
	面轮廓度	◠	有	最大实体要求	Ⓜ
				最小实体要求	Ⓛ
位置公差	位置度	⊕	有或无	自由状态条件（非刚性零件）	Ⓕ
	同心度（用于中心点）	◎	有	全周（轮廓）	
	同轴度（用于轴线）	◎	有	包容要求	Ⓔ
	对称度	=	有	公共公差带	CZ
	线轮廓度	⌒	有	小径	LD
				大径	MD
	面轮廓度	◠	有	中径、节径	PD
跳动公差	圆跳动	↗	有	线素	LE
				不凸起	NC
	全跳动	⌰	有	任意横截面	ACS

表 18-12 直线度、平面度公差（GB/T 1182—2008）

μm

精度等级	主参数 L/mm													应用举例
	≤10	>10 ~16	>16 ~25	>25 ~40	>40 ~63	>63 ~100	>100 ~160	>160 ~250	>250 ~400	>400 ~630	>630 ~1 000	>1 000 ~1 600	>1 600 ~2 500	
5	2	2.5	3	4	5	6	8	10	12	15	20	25	30	普通精度机床导轨,柴油机进、排气门导杆
6	3	4	5	6	8	10	12	15	20	25	30	40	50	
7	5	6	8	10	12	15	20	25	30	40	50	60	80	轴承体的支承面,压力机导轨及滑块,减速器箱体、油泵、轴系支承轴承的结合面
8	8	10	12	15	20	25	30	40	50	60	80	100	120	
9	12	15	20	25	30	40	50	60	80	100	120	150	200	辅助机构及手动机械的支承面,液压管件和法兰的连接面
10	20	25	30	40	50	60	80	100	120	150	200	250	300	
11	30	40	50	60	80	100	120	150	200	250	300	400	500	离合器的摩擦片,汽车发动机缸盖结合面
12	60	80	100	120	150	200	250	300	400	500	600	800	1 000	

标注示例	说明	标注示例	说明
⏤ 0.02	圆柱表面上任一素线必须位于轴向平面内,距离为公差值0.02 mm的两平行平面之间	⏤ φ0.04	φd 圆柱体的轴线必须位于直径为公差值0.04 mm的圆柱面内
⏤ 0.02	棱线必须位于箭头所示方向,距离为公差值0.02 mm的两平行平面内	▱ 0.1	上表面必须位于距离为公差值0.1 mm的两平行平面内

注:表中"应用举例"仅供参考,详见 GB/T 1182—2008。

表 18-13 圆度和圆柱度公差（GB/T 1182—2008）

μm

主参数 d(D)图例

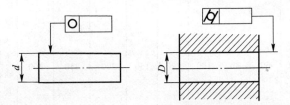

精度等级	主参数 d(D)/mm										应用举例
	>10 ~18	>18 ~30	>30 ~50	>50 ~80	>80 ~120	>120 ~180	>180 ~250	>250 ~315	>315 ~400	>400 ~500	
7	5	6	7	8	10	12	14	16	18	20	发动机的胀圈、活塞销及连杆中装衬套的孔等,千斤顶或压力油缸活塞,水泵及减速器轴颈,液压传动系统的分配机构,拖拉机气缸体与气缸套的配合面,炼胶机的冷铸轧辊
8	8	9	11	13	15	18	20	23	25	27	
9	11	13	16	19	22	25	29	32	36	40	起重机、卷扬机用的滑动轴承,带软密封的低压泵的活塞或气缸,通用机械杠杆与拉杆,拖拉机的活塞环与套筒孔
10	18	21	25	30	35	40	46	52	57	63	

注:表中"应用举例"仅供参考,详见 GB/T 1182—2008。

表 18 – 14　平行度、垂直度、倾斜度公差（GB/T 1182—2008）　　　　μm

主参数

$L,d(D)$ 图例

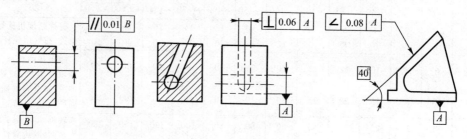

精度等级	主参数 L、$d(D)$/mm													应用举例	
	≤10	>10 ~16	>16 ~25	>25 ~40	>40 ~63	>63 ~100	>100 ~160	>160 ~250	>250 ~400	>400 ~630	>630 ~1 000	>1 000 ~1 600	>1 600 ~2 500	平行度	垂直度
7	12	15	20	25	30	40	50	60	80	100	120	150	200	一般机床零件的工作面或基准面,压力机和锻锤的工作面,中等精度钻模的工作面,一般刀、量、模具,机床一般轴承孔对基准面的要求,床头箱一般孔间要求,气缸轴线,变速器箱孔,主轴花键对定心直径,重型机械轴承盖的端面	低精度机床主要基准面和工作面、回转工作台端面跳动,一般导轨,主轴箱孔,刀架,砂轮架及工作台,机床轴肩、气缸配合面对其轴线,活塞销孔对活塞中心线以及 P6、P0 级轴承壳体孔的轴线等
8	20	25	30	40	50	60	80	100	120	150	200	250	300		
9	30	40	50	60	80	100	120	150	200	250	300	400	500	低精度零件,重型机械滚动轴承端盖,柴油机和发动机的曲轴孔、轴颈等	花键轴轴肩端面,带式传动机法兰盘等端面对轴心线,手动卷扬机及传动装置中轴承壳体平面等
10	50	60	80	100	120	150	200	250	300	400	500	600	800		

注:表中"应用举例"仅供参考,详见 GB/T 1182—2008。

表 18 - 15　同轴度、对称度、圆跳动和全跳动公差（GB/T 1182—2008）　　　　μm

主参数

$d(D)$,B,L图例

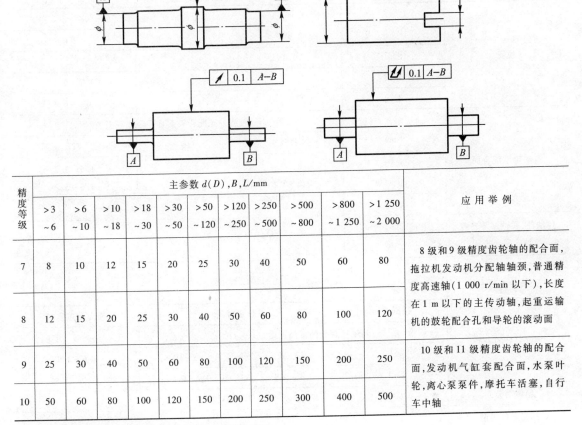

精度等级	主参数 $d(D)$,B,L/mm											应用举例
	>3 ~6	>6 ~10	>10 ~18	>18 ~30	>30 ~50	>50 ~120	>120 ~250	>250 ~500	>500 ~800	>800 ~1 250	>1 250 ~2 000	
7	8	10	12	15	20	25	30	40	50	60	80	8级和9级精度齿轮轴的配合面，拖拉机发动机分配轴轴颈，普通精度高速轴（1 000 r/min 以下），长度在 1 m 以下的主传动轴，起重运输机的鼓轮配合孔和导轮的滚动面
8	12	15	20	25	30	40	50	60	80	100	120	
9	25	30	40	50	60	80	100	120	150	200	250	10级和11级精度齿轮轴的配合面，发动机气缸套配合面，水泵叶轮，离心泵泵件，摩托车活塞，自行车中轴
10	50	60	80	100	120	150	200	250	300	400	500	

注：表中"应用举例"仅供参考，详见 GB/T 1182—2008。

第三节　表面粗糙度

表 18 - 16　表面粗糙度主要评定参数 Ra 值（GB/T 1031—2009）　　　　μm

Ra	0.008	0.1	1.25	
	0.010	0.125	1.6	16.0
	0.012	0.160	2.0	20
	0.016	0.20	2.5	25
	0.020	0.25	3.2	32
	0.025	0.32	4.0	40
	0.032	0.4	5.0	50
	0.040	0.50	6.3	63
	0.05	0.63	8.0	80
	0.063	0.8	10.0	100
	0.080	1.00	12.5	

表 18 – 17　典型零件表面粗糙度 Ra 值的选择（GB/T 1031—2009）

表面特性	部位	表面粗糙度轮廓参数 Ra 值不大于/μm		
键与键槽	工作表面	6.3		
	非工作表面	12.5		
齿轮		齿轮的精度等级		
		7	8	9
	齿面	0.8	1.6	3.2
	外圆	1.6 ~ 3.2		3.2 ~ 6.3
	端面	0.8 ~ 3.2		3.2 ~ 6.3
滚动轴承配合面	轴承座孔直径 /mm	轴或外壳配合表面直径公差等级		
		IT5	IT6	IT7
	≤80	0.4 ~ 0.8	0.8 ~ 1.6	1.6 ~ 3.2
	>80 ~ 500	0.8 ~ 1.6	1.6 ~ 3.2	1.6 ~ 3.2
	端面	1.6 ~ 3.2	3.2 ~ 6.3	
传动件、联轴器等轮毂与轴的配合表面	轴	1.6 ~ 3.2		
	轮毂			
轴端面、倒角、螺栓孔等非配合表面		12.5 ~ 25		

轴密封处的表面	毡圈式	橡胶密封式		油沟及迷宫式
	与轴接触处的圆周速度/(m·s⁻¹)			1.6 ~ 3.2
	≤3	>3 ~ 5	>5 ~ 10	
	0.8 ~ 1.6	0.4 ~ 0.8	0.2 ~ 0.4	

箱体剖分面	1.6 ~ 3.2
孔与盖的接触面、箱体底面	6.3 ~ 12.5
定位孔销	0.8 ~ 1.6

表 18 – 18　表面粗糙度轮廓参数值及对应的加工方法（GB/T 1031—2009）

表面粗糙度值	∨	Ra25	Ra12.5	Ra6.3	Ra3.2	Ra1.6	Ra0.8	Ra0.4	Ra0.2
表现状态	除净毛刺	微见刀痕	可见加工痕迹	微见加工痕迹	看不见加工痕迹	可辨加工痕迹方向	微辨加工痕迹方向	不可辨加工痕迹方向	暗光泽面
加工方法	铸,锻,冲压,热轧,冷轧,粉末冶金	粗车,刨,立铣,平铣,钻	车,镗,刨,钻,平铣,立铣,锉,粗铰,磨,铣齿	车,镗,刨,铣,刮(1~2点)/cm²,拉,磨,锉,滚压,铣齿	车,镗,刨,铣,铰,拉,磨,滚压,铣齿,刮(1~2点)/cm²	车,镗,拉,磨,立铣,铰,滚压,刮(3~10点)/cm²	铰,磨,镗,拉,滚压,刮(3~10点)/cm²	布轮磨,磨,研磨,超级加工	超级加工

第十九章 齿轮及蜗杆、蜗轮的精度

第一节 渐开线圆柱齿轮的精度(GB/T 10095—2008)

渐开线圆柱齿轮的精度标准 GB/T 10095—2008 适用于平行轴传动的渐开线圆柱齿轮及其齿轮副。其法向模数大于或等于 1 mm,基本齿廓按 GB/T 1356—2001 的规定。

一、精度等级及其选择

国标 GB/T 10095—2008 对渐开线圆柱齿轮及齿轮副规定了 13 个精度等级,即 0、1、2、…、12级,其中 0 级精度最高,12 级精度最低。若要求的齿轮精度等级为标准中的某一等级,而无其他规定时,则齿距、齿廓和螺旋线等各项偏差的允许值均按该精度等级确定。也可以按协议对工作和非工作齿面规定不同的精度等级,或对不同偏差项目规定不同的精度等级。另外,也可仅对工作齿面规定要求的精度等级。齿轮副中两个齿轮的精度等级一般取为相同,也允许取为不同。一般机械制造及通用减速器中常用 6~9 级精度的齿轮。

GB/T 10095.2—2008 对径向综合偏差规定了 9 个精度等级,其中 4 级最高,12 级最低;对径向跳动规定了 13 个精度等级,其中 0 级最高,12 级最低。齿轮偏差及代号如表 19-1 所列。

表 19-1 齿轮各项公差和偏差的分组表

公差组	公差和极限偏差项目		对传动性能的主要影响
	代号	名称	
I	F_i'	切向综合总偏差	传递运动的准确性
	F_p	齿距累积总偏差	
	F_{pk}	齿距累积偏差	
	F_i''	径向综合总偏差	
	F_r	齿圈径向跳动偏差	
	F_W	公法线长度变动偏差	
II	f_i'	一齿切向综合偏差	传动的平稳性、噪声、振动
	f_i''	一齿径向综合偏差	
	f_f	齿形公差	
	$\pm f_{pt}$	单个齿距偏差	
	$\pm f_{pb}$	基节偏差	
	$f_{f\beta}$	螺旋线形状偏差	
	F_α	齿廓总偏差	
III	F_β	螺旋线总偏差	载荷分布的均匀性
	F_b	接触线公差	
	$\pm F_{px}$	轴向齿距偏差	

　　按齿轮各误差项目对传动性能的主要影响,齿轮的各项公差和偏差分成 3 个组,见表 19 - 1。根据不同的使用要求,对 3 个公差组可以选用相同的精度等级,也可以选用不同的精度等级。但在同一公差组内,各项公差与偏差应保持相同的精度等级。

　　齿轮的精度等级应根据传动的用途、使用条件、传递功率、圆周速度及其他技术要求来确定。表 19 - 2 列出了普通圆柱齿轮减速器(斜齿轮 $v < 18$ m/s)齿轮的精度等级,供选择时参考。

表 19 - 2　普通减速器齿轮的荐用精度(GB/T 10095.1—2008)

齿轮圆周速度/(m·s^{-1})		精度等级	
斜齿轮	直齿轮	软或中硬齿面	硬齿面
≤8	≤3	8—8—7	7—7—6
>8 ~ 12.5	>3 ~ 7	8—7—7	7—7—6
>12.5 ~ 18	>7 ~ 12	8—7—6	6

　　目前,选择齿轮精度等级大多还是经验比较法,即将现有设备或已设计过的同类设备所采用的齿轮精度等级进行比较,表 19 - 3 为各类工作机械所用的圆柱齿轮传动的精度等级以及各精度等级在工作机械中的应用范围和采用的加工方法,供设计时参考。

表 19 - 3　圆柱齿轮传动的精度等级以及各精度等级的应用范围和采用的加工方法

分级要素		精 度 等 级					
		4	5	6	7	8	9
切齿方法		在周期误差很小的精密机床上用展成法加工	在周期误差小的精密机床上用展成法加工	在精密机床上用展成法加工	在较精密机床上用展成法加工	在展成法机床上加工	在展成法机床上或分度法精细加工
齿面最后加工		精密磨齿;对软或中硬齿面的大齿轮,精密滚齿后研齿或剃齿	磨齿、精密滚齿或剃齿	高精度滚齿、插齿和剃齿,对渗碳淬火齿轮必须作最后加工(磨齿、精刮齿、有修正能力的珩齿等)		滚齿、插齿,必要时剃齿或刮齿或珩齿	一般滚、插齿工艺
齿面粗糙度	齿面	硬化	调质	硬化	调质	硬化	调质	硬化	调质	硬化	调质	硬化	调质
	$Ra/\mu m$	≤0.4	≤0.8	≤1.6	≤0.8	≤1.6	≤3.2	≤6.3	≤3.2	≤6.3
	相当▽	8 ~ 9	7 ~ 8	6 ~ 7	7 ~ 8	6 ~ 7	5 ~ 6	4 ~ 5	5 ~ 6	4 ~ 5
工作条件及应用范围	机床	高精度和精密的分度链末端齿轮;圆周速度 $v > 30$ m/s 的直齿轮;圆周速度 $v > 50$ m/s 的斜齿轮	一般精度的分度链末端齿轮;高精度和精密的分度链的中间齿轮;圆周速度 $v > 15 ~ 30$ m/s 的直齿轮;圆周速度 $v > 30 ~ 50$ m/s 的斜齿轮	V 级精度机床主传动的重要齿轮;一般精度的分度链的中间齿轮;Ⅲ级和Ⅲ级以上精度等级机床的进给齿轮;液压泵齿轮;圆周速度 $v > 10 ~ 15$ m/s 的直齿轮;圆周速度 $v > 15 ~ 30$ m/s 的斜齿轮	Ⅳ级和Ⅳ级以上精度等级机床的进给齿轮;圆周速度 $v > 6 ~ 10$ m/s 的直齿轮;圆周速度 $v > 8 ~ 15$ m/s 的斜齿轮	一般精度的机床齿轮;圆周速度 $v < 6$ m/s 的直齿轮;圆周速度 $v < 8$ m/s 的斜齿轮	没有传动精度要求的手动齿轮

要素 \ 分级		精度等级					
		4	5	6	7	8	9
工作条件及应用范围	航空、船舶和车辆	需要很高的平稳性和低噪声的船用和航空齿轮；圆周速度 $v>35$ m/s 的直齿轮；圆周速度 $v>70$ m/s 的斜齿轮	需要高的平稳性、低噪声的船用和航空齿轮；圆周速度 $v>20$ m/s 的直齿轮；圆周速度 $v>35$ m/s 的斜齿轮	用于高速传动有平稳性和低噪声要求的机车、航空、船舶和轿车的齿轮；圆周速度至 20 m/s 的直齿轮；圆周速度至 35 m/s 的斜齿轮	用于有平稳性和噪声低要求的航空、船舶和轿车的齿轮；圆周速度至 15 m/s 的直齿轮；圆周速度至 25 m/s 的斜齿轮	用于中等速度较平稳传动的载重汽车和拖拉机的齿轮；圆周速度至 10 m/s 的直齿轮；圆周速度至 15 m/s 的斜齿轮	用于较低速和噪声要求不高的载重汽车第一挡与倒挡拖拉机和联合收割机齿轮；圆周速度至 4 m/s 的直齿轮；圆周速度至 6 m/s 的斜齿轮
	动力传动	用于很高速度的透平传动齿轮；圆周速度 >70 m/s 的斜齿轮	用于高速的透平传动齿轮，重型机械进给机构和高速重载齿轮；圆周速度 >30 m/s 的斜齿轮	用于高速传动的齿轮，工业机器有高可靠性要求的齿轮，重型机械的功率传动齿轮，作业率很高的起重运输机械齿轮；圆周速度 <30 m/s 的斜齿轮	用于高速和适度功率或大功率和适度速度条件下的齿轮、冶金、矿山、石油、林业、轻工、工程机械和小型工业齿轮箱（普通减速器）有可靠性要求的齿轮；圆周速度 <25 m/s 的斜齿轮；圆周速度 <15 m/s 的直齿轮	用于中等速度较平稳传动的齿轮、冶金、矿山、石油、林业、轻工、工程机械、起重运输机械和小型工业齿轮箱（普通减速器）的齿轮；圆周速度 <15 m/s 的斜齿轮；圆周速度 <10 m/s 的直齿轮	用于一般性工作和噪声要求不高的齿轮，受载低于计算载荷的传动齿轮，速度大于 1 m/s 的开式齿轮传动和转盘的齿轮；圆周速度 ≤4 m/s 的直齿轮；圆周速度 ≤6 m/s 的斜齿轮

二、齿轮检验与公差

1. 圆柱齿轮和齿轮副的检验项目

齿轮及齿轮副的检验项目应根据工作要求、生产规模确定。对于常用精度等级的一般齿轮传动，推荐的检验项目列于表 19-4 中。

表 19-4　圆柱齿轮和齿轮副的检验项目

检验对象	检验项目
齿轮	根据使用要求和生产批量，在下述检验组中选取一个来评定齿轮质量： 1. f_{pt}、F_p、F_α、F_β、F_r；2. F_{pk}、f_{pt}、F_p、F_α、F_β、F_r； 3. F_i''、f_i''；4. f_{pt}、F_r（10~12 级）5. F_i'、f_i'（有协议要求时）
齿轮副	中心距偏差 $\pm f_a$；轴线平行度偏差 $f_{\Sigma\delta}$，$f_{\Sigma\beta}$；接触斑点
齿轮毛坯	顶圆直径公差，基准面的径向跳动公差，基准面的端面跳动公差

2. 齿轮和齿轮副各项误差的偏差值

齿轮和齿轮副各项误差的偏差值见表 19-5 ~ 表 19-7。

表 19-5　$\pm f_{pt}$、F_p、F_α、$f_{f\alpha}$、$f_{H\alpha}$、F_r、f'_i、F_W 和 $\pm F_{pk}$ 偏差允许值（GB/T 10095.1—2008）

单位：μm

分度圆直径 d/mm		模数 m_n/mm		单个齿距偏差 $\pm f_{pt}$				齿距累积总偏差 F_p				齿廓总偏差 F_α				齿廓形状偏差 $f_{f\alpha}$				齿廓倾斜偏差 $\pm f_{H\alpha}$				径向跳动偏差 F_r				f'_i/K 值				公法线长度变动偏差 F_W			
大于	至	大于	至	5	6	7	8	5	6	7	8	5	6	7	8	5	6	7	8	5	6	7	8	5	6	7	8	5	6	7	8	5	6	7	8
5	20	0.5	2	4.7	6.5	9.5	13	11	16	23	32	4.6	6.5	9.0	13	3.5	5.0	7.0	10	2.9	4.2	6.0	8.5	9.0	13	18	25	14	19	27	38	10	14	20	29
		2	3.5	5.0	7.5	10	15	12	17	23	33	6.5	9.0	13	19	5.0	7.0	10	14	4.2	6.0	8.5	12	9.5	13	19	27	16	23	32	45	10	14	20	29
20	50	0.5	2	5.0	7.0	10	14	14	20	29	41	5.0	7.5	10	15	4.0	5.5	8.0	11	3.3	4.6	6.5	9.5	11	16	23	32	14	20	29	41	12	16	23	32
		2	3.5	5.5	7.5	11	15	15	21	30	42	7.0	10	14	20	5.5	8.0	11	16	4.5	6.5	9.0	13	12	17	24	34	17	24	34	48	12	16	23	32
		3.5	6	6.0	8.5	12	17	15	22	31	44	9.0	13	18	25	7.0	9.5	14	19	5.5	8.0	11	16	12	17	25	35	19	27	38	54	12	16	23	32
50	125	0.5	2	5.5	7.5	11	15	18	26	37	52	6.0	8.5	12	17	4.5	6.5	9.0	13	3.7	5.5	7.5	11	15	21	29	42	16	22	31	44	14	19	27	37
		2	3.5	6.0	8.5	12	17	19	27	38	53	8.0	11	16	22	6.0	8.5	12	17	5.0	7.0	10	14	15	21	30	43	18	25	36	51	14	19	27	37
		3.5	6	6.5	9.0	13	18	19	28	39	55	9.5	13	19	27	7.5	10	15	21	6.0	8.5	12	17	16	22	31	44	20	29	40	57	14	19	27	37
125	280	0.5	2	6.0	8.5	12	17	24	35	49	69	7.0	10	14	20	5.5	7.5	11	15	4.4	6.0	9.0	12	20	28	39	55	17	24	34	49	16	22	31	44
		2	3.5	6.5	9.0	13	18	25	35	50	70	9.0	13	18	25	7.0	9.5	14	19	5.5	8.0	11	16	20	28	40	56	20	28	39	56	16	22	31	44
		3.5	6	7.0	9.5	14	20	25	36	51	72	11	15	21	30	8.0	12	16	23	6.5	9.0	13	19	20	29	41	58	22	31	44	62	16	22	31	44
280	560	0.5	2	6.5	9.0	13	18	32	46	64	91	9.0	12	17	23	6.5	9.0	13	18	5.5	7.5	11	15	26	36	51	73	19	27	39	54	19	26	37	53
		2	3.5	7.0	10	14	20	33	46	65	92	11	15	21	29	8.0	11	16	22	6.5	9.0	13	18	26	37	52	74	22	31	44	62	19	26	37	53
		3.5	6	8.0	11	16	22	33	47	66	94	12	17	24	34	9.0	13	18	26	7.5	11	15	21	27	38	53	75	24	34	48	68	19	26	37	53

注：1. 本表中 F_W 是根据我国的生产实践提出的，不是国家标准规定的，仅供参考。

2. 将 f'_i/K 乘以 K，即得到 f'_i；当总重合度 $\varepsilon_\gamma < 4$ 时，$K = 0.2(\varepsilon_\gamma + 4)/\varepsilon_\gamma$；当总重合度 $\varepsilon_\gamma \geq 4$ 时，$K = 0.4$。

3. $F'_i = F_p + f'_i$。

4. $\pm F_{pk} = f_{pt} + 1.6\sqrt{(k-1)m_n}$（5 级精度），通常取 $k = z/8$；按相邻两级的公比$\sqrt{2}$，可求得其他级 $\pm F_{pk}$ 值。

表 19 – 6　F_β、$f_{f\beta}$ 和 $f_{H\beta}$ 偏差允许值（GB/T 10095.1—2008）　　μm

分度圆直径 d/mm		偏差项目 精度等级		螺旋线总偏差 F_β				螺旋线形状偏差 $f_{f\beta}$ 和螺旋线倾斜偏差 ±$f_{H\beta}$			
大于	至	齿宽 b/mm		5	6	7	8	5	6	7	8
		大于	至								
5	20	4	10	6.0	8.5	12	17	4.4	6.0	8.5	12
		10	20	7.0	9.5	14	19	4.9	7.0	10	14
20	50	4	10	6.5	9.0	13	18	4.5	6.5	9.0	13
		10	20	7.0	10	14	20	5.0	7.0	10	14
		20	40	8.0	11	16	23	6.0	8.0	12	16
50	125	4	10	6.5	9.5	13	19	4.8	6.5	9.5	13
		10	20	7.5	11	15	21	5.5	7.5	11	15
		20	40	8.5	12	17	24	6.0	8.5	12	17
		40	80	10	14	20	28	7.0	10	14	20
125	280	4	10	7.0	10	14	20	5.0	7.0	10	14
		10	20	8.0	11	16	22	5.5	8.0	11	16
		20	40	9.0	13	18	25	6.5	9.0	13	18
		40	80	10	15	21	29	7.5	10	15	21
		80	160	12	17	25	35	8.5	12	17	25
280	560	10	20	8.5	12	17	24	6.0	8.5	12	17
		20	40	9.5	13	19	27	7.0	9.5	14	19
		40	80	11	15	22	31	8.0	11	16	22
		80	160	13	18	26	36	9.0	13	18	26
		160	250	15	21	30	43	11	15	22	30

三、齿轮副精度

1. 中心距极限偏差

GB/T 10095.1—2008 提供了齿轮副中心距的允许偏差数值，其数据见表 19 – 8。

2. 轴线平行度偏差

轴线平行度偏差的数值，可参照"轴线平面内的偏差"$f_{\Sigma\beta}$ 和"垂直平面内的偏差"$f_{\Sigma\delta}$ 的推荐最大值，来选择和确定。GB/Z 18620.3—2008 轴线偏差的推荐最大值计算公式如下：

$$f_{\Sigma\beta} = 0.5\left(\frac{L}{b}\right)F_\beta; \quad f_{\Sigma\delta} = 2f_{\Sigma\beta} = \left(\frac{L}{b}\right)F_\beta$$

表 19 - 7　　F_i'' 和 f_i'' 偏差值（GB/T 10095.1—2008）　　　　　　　　　　μm

分度圆直径 d/mm		偏差项目 精度等级 模数 m_n/mm		径向综合总偏差 F_i''				一齿径向综合偏差 f_i''			
大于	至	大于	至	5	6	7	8	5	6	7	8
5	20	0.2	0.5	11	15	21	30	2.0	2.5	3.5	5.0
		0.5	0.8	12	16	23	33	2.5	4.0	5.5	7.5
		0.8	1.0	12	18	25	35	3.5	5.0	7.0	10
		1.0	1.5	14	19	27	38	4.5	6.5	9.0	13
20	50	0.2	0.5	13	19	26	37	2.0	2.5	3.5	5.0
		0.5	0.8	14	20	28	40	2.5	4.0	5.5	7.5
		0.8	1.0	15	21	30	42	3.5	5.0	7.0	10
		1.0	1.5	16	23	32	45	4.5	6.5	9.0	13
		1.5	2.5	18	26	37	52	6.5	9.5	13	19
50	125	1.0	1.5	19	27	39	55	4.5	6.5	9.0	13
		1.5	2.5	22	31	43	61	6.5	13	44	
		2.5	4.0	25	36	51	72	10	14	20	29
		4.0	6.0	31	44	62	88	15	22	31	44
		6.0	10	40	57	80	114	24	34	48	67
125	280	1.0	1.5	24	34	48	68	4.5	6.5	9.0	13
		1.5	2.5	26	37	53	75	6.5	9.5	13	19
		2.5	4.0	30	43	61	86	10	15	21	29
		4.0	6.0	36	51	72	102	15	22	31	44
		6.0	10	45	64	90	127	24	34	48	67
280	560	1.0	1.5	30	43	61	86	4.5	6.5	9.0	13
		1.5	2.5	33	46	65	92	6.5	9.5	13	19
		2.5	4.0	37	52	73	104	10	15	21	29
		4.0	6.0	42	60	81	119	15	22	31	44
		6.0	10	51	73	103	145	24	34	48	68

式中：L——轴承跨距（mm），b——齿宽（mm）；F_β——螺旋线总偏差（μm）。

3. 轮齿接触斑点

表19-8　齿轮副中心距偏差 $\pm f_a$ 值（GB/T 10095.1—2008）　　　μm

项　目		精度等级			
		6	7	8	9
齿轮副的中心距 /mm	>50~80	15	23		37
	>80~120	17.5	27		43.5
	>120~180	20	31.5		50
	>180~250	23	36		57.5
	>250~315	26	40.5		65
	>315~400	28.5	44.5		70
	>400~500	31.5	48.5		77.5
	>500~630	35	55		87

　　GB/Z 18620.4—2008 给出了各精度等级的直齿轮、斜齿轮装配后所需的接触斑点，见表19-9。

表19-9　齿轮装配后的接触斑点（GB/Z 18620.4—2008）

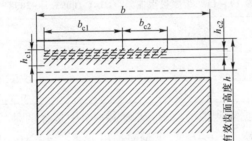

参数　齿轮　精度等级	$b_{c1}/b \times 100\%$		$h_{c1}/h \times 100\%$		$b_{c2}/b \times 100\%$		$h_{c2}/h \times 100\%$	
	直齿轮	斜齿轮	直齿轮	斜齿轮	直齿轮	斜齿轮	直齿轮	斜齿轮
4级及更高	50	70	70	50	40	40	50	30
5和6	45	45	50	40	35	35	30	20
7和8	35	35	50	40	35	35	30	20
9至12	25	25	50	40	25	25	30	20

四、齿轮副侧隙

　　齿轮副的侧隙应根据工作条件用最大极限侧隙 j_{nmax}（或 j_{tmax}）和最小极限侧隙 j_{nmin}（或 j_{tmin}）来规定。由于齿轮副的侧隙受一对齿轮的中心距及每个齿轮的实际齿厚所控制，运行时还因速度、温度和载荷等的变化而变化，因此齿轮副在静态可测量状态下，必须要有足够的侧隙。侧隙是通过选择适当的中心距偏差、齿厚极限偏差（或公法线平均长度偏差）等来保证。对于中、大模数的齿轮，齿轮副的最小法向侧隙推荐按表19-10确定。

表 19 - 10　对于中、大模数齿轮最小法向侧隙 j_{bnmin} 的推荐值

（GB/Z 18620. 2—2008） mm

模数 m_n	中心距 a					
	50	100	200	400	800	1 600
1. 5	0. 09	0. 11	—	—	—	—
2	0. 10	0. 12	0. 15	—	—	—
3	0. 12	0. 14	0. 17	0. 24	—	—
5	—	0. 18	0. 21	0. 28	—	—
8	—	0. 24	0. 27	0. 34	0. 47	—
12	—	—	0. 35	0. 42	0. 55	—
18	—	—	—	0. 54	0. 67	0. 94

标准中规定了14种齿厚（或公法线长度）极限偏差，按偏差数值由小到大的顺序分别用代号C、D、E、…、S来表示。其数值等于给定相应精度等级的齿距极限偏差 f_{pt} 的整数倍，见表 19 - 11。

表 19 - 11　齿厚极限偏差（GB/T 10095. 1—2008）

C = + 1 f_{pt}	G = - 6 f_{pt}	L = - 16 f_{pt}	R = - 40 f_{pt}
D = 0	H = - 8 f_{pt}	M = - 20 f_{pt}	S = - 50 f_{pt}
E = - 2 f_{pt}	J = - 10 f_{pt}	N = - 25 f_{pt}	
F = - 4 f_{pt}	K = - 12 f_{pt}	P = - 32 f_{pt}	

选择极限偏差时，应根据对侧隙的要求，从图 19 - 1 中选择两种代号，组成齿厚上偏差和下偏差。例如上偏差选用 F（E_{sns} = - 4 f_{pt}），下偏差选用 L（E_{sni} = - 16 f_{pt}），则齿厚极限偏差用代号 FL 表示，见图 19 - 1（对外啮合齿轮）。一般情况下，齿厚极限偏差代号的具体选择可参考表 19 - 12 所示。

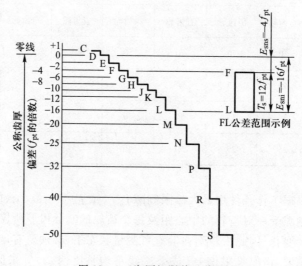

图 19 - 1　齿厚极限偏差代号

表 19 – 12　齿厚极限偏差和公法线平均长度偏差

偏差	第Ⅱ公差组精度等级	法向模数 m_n/mm	分度圆直径/mm					
			≤80	>80~125	>125~180	>180~250	>250~315	>315~400
齿厚极限上偏差及下偏差	6	≥1~3.5	$\text{HK}\binom{-80}{-120}$	$\text{JL}\binom{-100}{-160}$	$\text{JL}\binom{-110}{-176}$	$\text{KM}\binom{-132}{-220}$	$\text{KM}\binom{-132}{-220}$	$\text{HK}\binom{-176}{-220}$
		>3.5~6.3	$\text{GJ}\binom{-78}{-130}$	$\text{HK}\binom{-104}{-156}$	$\text{HK}\binom{-112}{-168}$	$\text{JL}\binom{-140}{-224}$	$\text{JL}\binom{-140}{-224}$	$\text{KL}\binom{-168}{-224}$
		>6.3~10	$\text{GJ}\binom{-84}{-140}$	$\text{HK}\binom{-112}{-168}$	$\text{HK}\binom{-128}{-192}$	$\text{HK}\binom{-128}{-192}$	$\text{HK}\binom{-128}{-192}$	$\text{JL}\binom{-160}{-256}$
	7	≥1~3.5	$\text{HK}\binom{-112}{-168}$	$\text{HK}\binom{-112}{-168}$	$\text{HK}\binom{-128}{-192}$	$\text{HK}\binom{-128}{-192}$	$\text{JL}\binom{-160}{-256}$	$\text{KL}\binom{-192}{-256}$
		>3.5~6.3	$\text{GJ}\binom{-108}{-180}$	$\text{GJ}\binom{-108}{-180}$	$\text{GJ}\binom{-120}{-200}$	$\text{HK}\binom{-120}{-200}$	$\text{HK}\binom{-160}{-240}$	$\text{HK}\binom{-160}{-240}$
		>6.3~10	$\text{GJ}\binom{-120}{-200}$	$\text{GJ}\binom{-120}{-200}$	$\text{GJ}\binom{-132}{-220}$	$\text{GJ}\binom{-132}{-220}$	$\text{HK}\binom{-176}{-264}$	$\text{HK}\binom{-176}{-264}$
	8	≥1~3.5	$\text{GJ}\binom{-120}{-200}$	$\text{GJ}\binom{-120}{-200}$	$\text{GJ}\binom{-132}{-220}$	$\text{HK}\binom{-176}{-264}$	$\text{HK}\binom{-176}{-264}$	$\text{HK}\binom{-176}{-264}$
		>3.5~6.3	$\text{FH}\binom{-100}{-200}$	$\text{GH}\binom{-150}{-200}$	$\text{GJ}\binom{-168}{-280}$	$\text{GJ}\binom{-168}{-280}$	$\text{GJ}\binom{-168}{-280}$	$\text{GJ}\binom{-168}{-280}$
		>6.3~10	$\text{FG}\binom{-112}{-244}$	$\text{FG}\binom{-112}{-244}$	$\text{FH}\binom{-128}{-256}$	$\text{GJ}\binom{-192}{-320}$	$\text{GJ}\binom{-192}{-320}$	$\text{GJ}\binom{-192}{-320}$
公法线平均长度上偏差及下偏差	6	≥1~3.5	$\text{HJ}\binom{-80}{-100}$	$\text{JL}\binom{-100}{-140}$	$\text{JL}\binom{-110}{-176}$	$\text{KL}\binom{-132}{-176}$	$\text{KL}\binom{-132}{-176}$	$\text{LM}\binom{-176}{-220}$
		>3.5~6.3	$\text{GH}\binom{-78}{-104}$	$\text{HJ}\binom{-104}{-130}$	$\text{HJ}\binom{-112}{-140}$	$\text{JL}\binom{-140}{-244}$	$\text{JL}\binom{-140}{-224}$	$\text{KL}\binom{-168}{-224}$
		>6.3~10	$\text{GH}\binom{-84}{-112}$	$\text{HJ}\binom{-112}{-140}$	$\text{HJ}\binom{-128}{-160}$	$\text{HJ}\binom{-128}{-160}$	$\text{HJ}\binom{-128}{-160}$	$\text{JL}\binom{-192}{-256}$
	7	≥1~3.5	$\text{HJ}\binom{-112}{-140}$	$\text{HJ}\binom{-112}{-140}$	$\text{HJ}\binom{-128}{-160}$	$\text{HJ}\binom{-128}{-160}$	$\text{JL}\binom{-160}{-256}$	$\text{KL}\binom{-160}{-256}$
		>3.5~6.3	$\text{GH}\binom{-108}{-144}$	$\text{GH}\binom{-108}{-144}$	$\text{GH}\binom{-120}{-160}$	$\text{HJ}\binom{-160}{-200}$	$\text{HJ}\binom{-160}{-200}$	$\text{HJ}\binom{-160}{-200}$
		>6.3~10	$\text{GH}\binom{-120}{-160}$	$\text{GH}\binom{-120}{-160}$	$\text{GH}\binom{-132}{-176}$	$\text{GH}\binom{-132}{-176}$	$\text{HJ}\binom{-176}{-220}$	$\text{HJ}\binom{-176}{-220}$
	8	≥1~3.5	$\text{GH}\binom{-120}{-160}$	$\text{GH}\binom{-120}{-160}$	$\text{GH}\binom{-132}{-176}$	$\text{HJ}\binom{-176}{-220}$	$\text{HJ}\binom{-176}{-220}$	$\text{HJ}\binom{-176}{-220}$
		>3.5~6.3	$\text{FG}\binom{-100}{-150}$	$\text{GH}\binom{-100}{-150}$	$\text{GH}\binom{-168}{-224}$	$\text{GH}\binom{-168}{-224}$	$\text{GH}\binom{-168}{-224}$	$\text{GH}\binom{-168}{-224}$
		>6.3~10	$\text{FH}\binom{-112}{-224}$	$\text{FG}\binom{-112}{-224}$	$\text{FG}\binom{-128}{-192}$	$\text{GH}\binom{-192}{-256}$	$\text{GH}\binom{-192}{-256}$	$\text{GH}\binom{-192}{-256}$

注:1. 表中给出的偏差值适用于一般传动。

2. 本表不属于 GB/T 10095.1—2008,仅供参考。

对于中、小模数齿轮,测公法线长度比测齿厚方便,常用公法线平均长度偏差来替代齿厚极限偏差。两者的换算关系如下:

公法线平均长度上偏差　　　$E_{Wms} = E_{sns}\cos\alpha - 0.72F_r\sin\alpha$

公法线平均长度下偏差　　　$E_{Wmi} = E_{sni}\cos\alpha + 0.72F_r\sin\alpha$

公法线平均长度公差为　　　$T_{Wm} = T_s\cos\alpha - 1.44F_r\sin\alpha$

公法线长度 W_k 可参考表 19 – 13、表 19 – 14 和表 19 – 15 确定。表 19 – 16 列出了分度圆弦齿厚的测量值。

表 19 – 13　公法线长度 W_k^* ($m = 1$, $\alpha = 20°$) (GB/T 10095. 1—2008)　　　mm

齿轮齿数 z	跨测齿数 k	公法线长度 W_k^*	齿轮齿数 z	跨测齿数 k	公法线长度 W_k^*	齿轮齿数 z	跨测齿数 k	公法线长度 W_k^*	齿轮齿数 z	跨测齿数 k	公法线长度 W_k^*
4	2	4.484 2	31	4	10.766 6	58	7	20.001 1	85	10	29.235 7
5	2	4.494 2	32	4	10.780 6	59	7	20.015 2	86	10	29.249 7
6	2	4.512 2	33	4	10.794 6	60	7	20.029 2	87	10	29.263 7
7	2	4.526 2	34	4	10.808 6	61	7	20.043 2	88	10	29.277 7
8	2	4.540 2	35	4	10.822 6	62	7	20.057 2	89	10	29.291 7
9	2	4.554 2	36	5	13.788 8	63	8	23.023 3	90	11	32.257 9
10	2	4.568 3	37	5	13.802 8	64	8	23.037 3	91	11	32.271 8
11	2	4.582 3	38	5	13.816 8	65	8	23.051 3	92	11	32.285 8
12	2	4.596 3	39	5	13.830 8	66	8	23.065 3	93	11	32.299 8
13	2	4.610 3	40	5	13.844 8	67	8	23.079 3	94	11	32.313 6
14	2	4.624 3	41	5	13.858 8	68	8	23.093 3	95	11	32.327 9
15	2	4.638 3	42	5	13.872 8	69	8	23.107 3	96	11	32.341 9
16	2	4.652 3	43	5	13.886 8	70	8	23.121 3	97	11	32.355 9
17	2	4.666 3	44	5	13.900 8	71	8	23.135 3	98	11	32.369 9
18	3	7.632 4	45	6	16.867 0	72	9	26.101 5	99	12	35.336 1
19	3	7.646 4	46	6	16.881 0	73	9	26.115 5	100	12	35.350 0
20	3	7.660 4	47	6	16.895 0	74	9	26.129 5	101	12	35.364 0
21	3	7.674 4	48	6	16.909 0	75	9	26.143 5	102	12	35.378 0
22	3	7.688 4	49	6	16.923 0	76	9	26.157 5	103	12	35.392 0
23	3	7.702 4	50	6	16.937 0	77	9	26.171 5	104	12	35.406 0
24	3	7.716 5	51	6	16.951 0	78	9	26.185 5	105	12	35.420 0
25	3	7.730 5	52	6	16.966 0	79	9	26.199 5	106	12	35.434 0
26	3	7.744 5	53	6	16.979 0	80	9	26.213 5	107	12	35.448 1
27	4	10.710 6	54	7	19.945 2	81	10	29.179 7	108	13	38.414 2
28	4	10.724 6	55	7	19.959 1	82	10	29.193 7	109	13	38.428 2
29	4	10.738 6	56	7	19.973 1	83	10	29.207 7	110	13	38.442 2
30	4	10.752 6	57	7	19.987 1	84	10	29.221 7	111	13	38.456 2

续表

齿轮齿数 z	跨测齿数 k	公法线长度 W_k^*	齿轮齿数 z	跨测齿数 k	公法线长度 W_k^*	齿轮齿数 z	跨测齿数 k	公法线长度 W_k^*	齿轮齿数 z	跨测齿数 k	公法线长度 W_k^*
112	13	38.470 2	135	16	47.649 0	158	18	53.875 1	181	21	63.053 6
113	13	38.484 2	136	16	47.662 7	159	18	53.889 1	182	21	63.067 6
114	13	38.498 2	137	16	47.676 7	160	18	53.903 1	183	21	63.081 6
115	13	38.512 2	138	16	47.690 7	161	18	53.917 1	184	21	63.095 6
116	13	38.526 2	139	16	47.704 7	162	19	56.883 3	185	21	63.109 9
117	14	41.492 4	140	16	47.718 7	163	19	56.897 2	186	21	63.123 6
118	14	41.506 4	141	16	47.732 7	164	19	56.911 3	187	21	63.137 6
119	14	41.520 4	142	16	47.740 8	165	19	56.925 3	188	21	63.151 6
120	14	41.534 4	143	16	47.760 8	166	19	56.939 3	189	22	66.117 9
121	14	41.548 4	144	17	50.727 0	167	19	56.953 3	190	22	66.131 8
122	14	41.562 4	145	17	50.740 9	168	19	56.967 3	191	22	66.145 8
123	14	41.576 4	146	17	50.754 9	169	19	56.981 3	192	22	66.159 8
124	14	41.590 4	147	17	50.768 9	170	19	56.995 3	193	22	66.173 8
125	14	41.604 4	148	17	50.782 9	171	20	59.961 5	194	22	66.187 8
126	15	44.570 6	149	17	50.796 9	172	20	59.975 4	195	22	66.201 8
127	15	44.584 6	150	17	50.810 9	173	20	59.989 4	196	22	66.215 8
128	15	44.598 6	151	17	50.824 9	174	20	60.003 4	197	22	66.229 8
129	15	44.612 6	152	17	50.838 9	175	20	60.017 4	198	23	69.196 1
130	15	44.626 6	153	18	53.805 1	176	20	60.031 4	199	23	69.210 1
131	15	44.640 6	154	18	53.819 1	177	20	60.045 5	200	23	69.224 1
132	15	44.654 6	155	18	53.833 1	178	20	60.059 5			
133	15	44.668 6	156	18	53.847 1	179	20	60.073 5			
134	15	44.682 6	157	18	53.861 1	180	21	63.039 7			

注:1. 对标准直齿圆柱齿轮,公法线长度 $W_k = W_k^* m$, W_k^* 为 $m = 1$ mm, $\alpha = 20°$ 的公法线长度。

2. 对变位直齿圆柱齿轮,当变位系数较小, $|x| < 0.3$ 时,跨测齿数 k 不变,按照上表查出;而公法线长度 $W_k = (W_k^* + 0.684x)m$, x 为变位系数;当变位系数 x 较大, $|x| > 0.3$ 时,跨测齿数为 k' 可按下式计算:

$k' = z\dfrac{\alpha_z}{180°} + 0.5$,式中 $\alpha_z = \arccos\dfrac{2d\cos\alpha}{d_a + d_f}$;

而公法线长度为: $W_k = [2.9521(k' - 0.5) + 0.014z + 0.684x]m$ 。

3. 斜齿轮的公法线长度 W_{nk} 在法面内测量,其值也可按上表确定,但必须根据假想齿数 $z'(z' = Kz)$ 查表,其中 K 为与分度圆柱上齿的螺旋角 β 有关的假想齿数系数,见表 19–14。假想齿数常非整数,其小数部分 $\Delta z'$ 所对应的公法线长度 ΔW_n^* 可查表 19–15。故总的公法线长度为: $W_{nk} = (W_k^* + \Delta W_n^*)m_n$,式中 m_n 为法面模数, W_k^* 为与假想齿数 z' 整数部分相对应的公法线长度,见本表。

表 19－14　假想齿数系数 K（$\alpha_n = 20°$）（GB/T 10095.1—2008）

β	K	差值	β	K	差值	β	K	差值	β	K	差值
1°	1.000	0.002	6°	1.016	0.006	11°	1.054	0.011	16°	1.119	0.017
2°	1.002	0.002	7°	1.022	0.006	12°	1.065	0.012	17°	1.136	0.018
3°	1.004	0.003	8°	1.028	0.008	13°	1.077	0.016	18°	1.154	0.019
4°	1.007	0.004	9°	1.036	0.009	14°	1.090	0.014	19°	1.173	0.021
5°	1.011	0.005	10°	1.045	0.009	15°	1.114	0.015	20°	1.194	—

注：对于 β 中间值的系数 K 和差值可按内插法求出。

表 19－15　公法线长度 ΔW_n^*（GB/T 10095.1—2008）

$\Delta z'$	0.00	0.01	0.02	0.03	0.04	0.05	0.06	0.07	0.08	0.09
0.0	0.000 0	0.000 1	0.000 3	0.000 4	0.000 6	0.000 7	0.000 8	0.001 0	0.001 1	0.001 3
0.1	0.001 4	0.001 5	0.001 7	0.001 8	0.002 0	0.002 1	0.002 2	0.002 4	0.002 5	0.002 7
0.2	0.002 8	0.002 9	0.003 1	0.003 2	0.003 4	0.003 5	0.003 6	0.003 8	0.003 9	0.004 1
0.3	0.004 2	0.004 3	0.004 5	0.004 6	0.004 8	0.004 9	0.005 1	0.005 2	0.005 3	0.005 5
0.4	0.005 6	0.005 7	0.005 9	0.006 0	0.006 1	0.006 3	0.006 4	0.006 6	0.006 7	0.006 9
0.5	0.007 0	0.007 1	0.007 3	0.007 4	0.007 6	0.007 7	0.007 9	0.008 0	0.008 1	0.008 3
0.6	0.008 4	0.008 5	0.008 7	0.008 8	0.008 9	0.009 1	0.009 2	0.009 4	0.009 5	0.009 7
0.7	0.009 8	0.009 9	0.010 1	0.010 2	0.010 4	0.010 5	0.010 6	0.010 8	0.010 9	0.011 1
0.8	0.011 2	0.011 4	0.011 5	0.011 6	0.011 8	0.011 9	0.012 0	0.012 2	0.012 3	0.012 4
0.9	0.012 6	0.012 7	0.012 9	0.013 0	0.013 2	0.013 3	0.013 5	0.013 6	0.013 7	0.013 9

注：查取示例，如 $\Delta z' = 0.65$ 时，由本表查得 $\Delta W_n^* = 0.009\ 1$。

表 19－16　标准齿轮分度圆弦齿厚和弦齿高（$m = m_n = 1, \alpha = \alpha_n = 20°, h_a^* = 1$）（GB/T 10095.1—2008）

mm

齿数 z	分度圆弦齿厚 $\bar{s}^*$	分度圆弦齿高 $\bar{h}_a^*$	齿数 z	分度圆弦齿厚 $\bar{s}^*$	分度圆弦齿高 $\bar{h}_a^*$	齿数 z	分度圆弦齿厚 $\bar{s}^*$	分度圆弦齿高 $\bar{h}_a^*$	齿数 z	分度圆弦齿厚 $\bar{s}^*$	分度圆弦齿高 $\bar{h}_a^*$
6	1.552 9	1.102 2	21	1.569 4	1.029 4	36	1.570 3	1.017 1	51	1.570 6	1.012 1
7	1.550 8	1.087 3	22	1.569 5	1.028 1	37	1.570 3	1.016 7	52	1.570 6	1.011 9
8	1.560 7	1.076 9	23	1.569 6	1.026 8	38	1.570 3	1.016 2	53	1.570 6	1.011 7
9	1.562 8	1.068 4	24	1.569 7	1.025 7	39	1.570 3	1.015 8	54	1.570 6	1.011 4
10	1.564 3	1.061 6	25	1.569 8	1.024 7	40	1.570 4	1.015 4	55	1.570 6	1.011 2
11	1.565 4	1.055 9	26	1.569 8	1.023 7	41	1.570 4	1.015 0	56	1.570 6	1.011 0
12	1.566 3	1.051 4	27	1.569 9	1.022 8	42	1.570 4	1.014 7	57	1.570 6	1.010 8
13	1.567 0	1.047 4	28	1.570 0	1.022 0	43	1.570 5	1.014 3	58	1.570 6	1.010 6
14	1.567 5	1.044 0	29	1.570 0	1.021 3	44	1.570 5	1.014 0	59	1.570 6	1.010 5
15	1.567 9	1.041 1	30	1.570 1	1.020 5	45	1.570 5	1.013 7	60	1.570 6	1.010 2
16	1.568 3	1.035 8	31	1.570 1	1.019 9	46	1.570 5	1.013 4	61	1.570 6	1.010 1
17	1.568 6	1.036 2	32	1.570 2	1.019 3	47	1.570 5	1.013 1	62	1.570 6	1.010 0
18	1.568 8	1.034 2	33	1.570 2	1.018 7	48	1.570 5	1.012 9	63	1.570 6	1.009 8
19	1.569 0	1.032 4	34	1.570 2	1.018 1	49	1.570 5	1.012 6	64	1.570 6	1.009 7
20	1.569 2	1.030 8	35	1.570 2	1.017 6	50	1.570 5	1.012 3	65	1.570 6	1.009 5

续表

齿数 z	分度圆弦齿厚 $\bar{s}^*$	分度圆弦齿高 $\bar{h}_a^*$	齿数 z	分度圆弦齿厚 $\bar{s}^*$	分度圆弦齿高 $\bar{h}_a^*$	齿数 z	分度圆弦齿厚 $\bar{s}^*$	分度圆弦齿高 $\bar{h}_a^*$	齿数 z	分度圆弦齿厚 $\bar{s}^*$	分度圆弦齿高 $\bar{h}_a^*$
66	1.570 6	1.009 4	85	1.570 7	1.007 3	104	1.570 7	1.005 9	123	1.570 7	1.005 0
67	1.570 6	1.009 2	86	1.570 7	1.007 2	105	1.570 7	1.005 9	124	1.570 7	1.005 0
68	1.570 6	1.009 1	87	1.570 7	1.007 1	106	1.570 7	1.005 8	125	1.570 7	1.004 9
69	1.570 7	1.009 0	88	1.570 7	1.007 0	107	1.570 7	1.005 8	126	1.570 7	1.004 9
70	1.570 7	1.008 8	89	1.570 7	1.006 9	108	1.570 7	1.005 7	127	1.570 7	1.004 9
71	1.570 7	1.008 7	90	1.570 7	1.006 8	109	1.570 7	1.005 7	128	1.570 7	1.004 8
72	1.570 7	1.008 6	91	1.570 7	1.006 8	110	1.570 7	1.005 6	129	1.570 7	1.004 8
73	1.570 7	1.008 5	92	1.570 7	1.006 7	111	1.570 7	1.005 6	130	1.570 7	1.004 7
74	1.570 7	1.008 4	93	1.570 7	1.006 7	112	1.570 7	1.005 5	131	1.570 8	1.004 7
75	1.570 7	1.008 3	94	1.570 7	1.006 6	113	1.570 7	1.005 5	132	1.570 8	1.004 7
76	1.570 7	1.008 1	95	1.570 7	1.006 5	114	1.570 7	1.005 4	133	1.570 8	1.004 7
77	1.570 7	1.008 0	96	1.570 7	1.006 4	115	1.570 7	1.005 4	134	1.570 8	1.004 6
78	1.570 7	1.007 9	97	1.570 7	1.006 4	116	1.570 7	1.005 3	135	1.570 8	1.004 6
79	1.570 7	1.007 8	98	1.570 7	1.006 3	117	1.570 7	1.005 3	140	1.570 8	1.004 4
80	1.570 7	1.007 7	99	1.570 7	1.006 2	118	1.570 7	1.005 3	145	1.570 8	1.004 2
81	1.570 7	1.007 6	100	1.570 7	1.006 1	119	1.570 7	1.005 2	150	1.570 8	1.004 1
82	1.570 7	1.007 5	101	1.570 7	1.006 1	120	1.570 7	1.005 2	齿条	1.570 8	1.000 0
83	1.570 7	1.007 4	102	1.570 7	1.006 0	121	1.570 7	1.005 1			
84	1.570 7	1.007 4	103	1.570 7	1.006 0	122	1.570 7	1.005 1			

注:1. 当 $m(m_n) \neq 1$ 时,分度圆弦齿厚 $\bar{s} = \bar{s}^* m(\bar{s}_n = \bar{s}_n^* m_n)$,分度圆弦齿高 $\bar{h}_a = \bar{h}_a^* m(\bar{h}_{an} = \bar{h}_{an}^* m_n)$。

2. 对于斜齿圆柱齿轮和直齿圆锥齿轮,本表也可以用,但要按照当量齿数 z_v 查取。

3. 如果当量齿数带小数,就要用比例插入法把小数部分考虑进去。

五、齿坯精度

齿坯的加工精度对齿轮的加工、检测及安装精度影响很大。因此,应控制齿坯的精度,以保证齿轮的精度。齿轮在加工、检验和安装时的径向基准面和轴向辅助基准面应尽可能一致,并在零件图上予以标注。齿坯的公差见表 19 - 17。

六、图样标注

在齿轮零件图上应标注齿轮的精度等级,其标注方法如下:

表 19 - 17　齿坯的公差(GB/T 10095.1 ~ 2—2008)

齿轮精度等级[①]		6	7 和 8	9
孔	尺寸公差	IT6	IT7	IT8[②]
	形状公差			
轴	尺寸公差	IT5	IT6	IT7
	形状公差			
顶圆直径	作测量基准		IT8	IT9
	不作测量基准	按 IT11 给定,但不大于 $0.1 m_n$		

续表

齿轮精度等级①		6	7和8	9
基准面的径向圆跳动③和端面圆跳动/μm	分度圆直径/mm ≤125	11	18	28
	>125～400	14	22	36
	>400～800	20	32	50

注:① 当三个公差组的精度等级不同时,按最高的精度等级确定公差值。

② 表中IT为标准公差,其值查第十八章表18－1。

③ 当以齿顶圆作基准面时,基准面的径向圆跳动就指齿顶圆的径向圆跳动。

（1）若齿轮的各检验项目精度等级相同,可只标注精度等级和标准号。如齿轮检验项目精度均为7级,其标注为

$$7 \ GB/T \ 10095.1$$

（2）若齿轮的各检验项目精度等级不同,应在各精度等级后标出相应的检验项目。如齿廓总偏差 F_α 为6级,齿距累积总偏差 F_p 和螺旋线总偏差 F_β 均为7级,则应标注为

$$6(F_\alpha)、7(F_p、F_\beta) \ GB/T \ 10095.1$$

第二节　锥齿轮的精度（GB/T 11365—1989）

锥齿轮精度标准 GB/T 11365—1989 适用于齿宽中点处法向模数 $m_n \geq 1$ mm 的直齿、斜齿、曲齿锥齿轮和准双曲面齿轮。

一、精度等级及其选择

标准对锥齿轮及齿轮副规定了12个精度等级,其中1级精度最高,12级精度最低。锥齿轮副中两齿轮一般取相同的精度等级,也允许取不同的精度等级。按公差特性及其对传动性能的影响,将锥齿轮及其齿轮副的公差项目分成3个公差组,见表19－18。根据使用要求的不同,3

表19－18　齿轮和齿轮副各项公差与极限偏差分组

类别	公差组	公差与极限偏差项目		类别	公差组	公差与极限偏差项目	
		代号	名称			代号	名称
齿轮	I	F_i'	切向综合总偏差	齿轮副	I	F_{ic}'	齿轮副切向综合总偏差
		$F_{i\Sigma}''$	轴交角综合总偏差			$F_{i\Sigma c}''$	齿轮副轴交角综合总偏差
		F_p	齿距累积总偏差			F_{vj}	齿轮副侧隙变动总偏差
		F_{pk}	齿距累积偏差		II	f_{ic}'	齿轮副一齿切向综合偏差
		F_r	齿圈径向跳动偏差			$f_{i\Sigma c}''$	齿轮副一齿轴交角综合偏差
	II	f_i'	一齿切向综合偏差			f_{zKC}'	齿轮副周期误差的偏差
		$f_{i\Sigma}''$	一齿轴交角综合偏差			f_{zZC}'	齿轮副齿频周期误差的偏差
		f_{zK}'	周期误差的偏差			$\pm f_{AM}$	齿圈轴向位移极限偏差
		$\pm f_{pt}$	单个齿距偏差			$\pm f_a$	齿轮副轴间距极限偏差
		f_c	齿形相对误差的偏差		III		接触斑点
	III		接触斑点			$\pm E_\Sigma$	齿轮副轴交角极限偏差

个公差组可选同一精度等级,也允许各公差组选用不同的精度等级,但对齿轮副中两齿轮的同一公差组,应规定相同的精度等级。

选择精度等级时,应考虑其传递功率、圆周速度、使用条件以及其他技术要求等有关因素。精度等级的选择可通过计算确定,但一般由类比确定。锥齿轮第Ⅱ公差组的精度等级可参考表19－19进行选择。

表 19－19　圆锥齿轮第Ⅱ公差组的精度等级与圆周速度的关系

第Ⅱ公差组精度等级		7	8	9	第Ⅱ公差组精度等级		7	8	9
类别	齿面硬度	平均直径处圆周速度/ $(m \cdot s^{-1}) \leqslant$			类别	齿面硬度	平均直径处圆周速度/ $(m \cdot s^{-1}) \leqslant$		
直齿	≤350HBW	7	4	3	非直齿	≤350HBW	16	9	6
	>350HBW	6	3	2.5		>350HBW	13	7	5

注:本表不属于 GB/T 11365—1989,仅供参考。

二、锥齿轮和齿轮副的检验与公差

标准中规定了锥齿轮和齿轮副的各公差组的检验组。根据齿轮和齿轮副的工作要求和生产规模,可在各公差组中选择有关的检验组来评定和检验齿轮及齿轮副的精度。检验组可由订货的供、需双方协商确定。

对于7、8、9级精度的一般齿轮传动,推荐的锥齿轮和齿轮副的检验项目见表19－20。

表 19－20　推荐的锥齿轮和齿轮副的检验项目

项　目		精 度 等 级		
		7	8	9
公差组	Ⅰ	F_p 或 F_r		F_r
	Ⅱ	$\pm f_{pt}$		
	Ⅲ	接触斑点		
齿轮副	对锥齿轮	E_{ss}^- , E_{si}^-		
	对箱体	$\pm f_a$		
	对传动	$\pm f_{AM}$, $\pm f_a$, $\pm E_\Sigma$, j_{nmin}		
齿轮毛坯公差		齿坯顶锥母线跳动公差、基准端面跳动公差、外径尺寸极限偏差、齿坯轮冠距和顶锥角极限偏差		

注:本表不属于国家标准内容,仅供参考。

锥齿轮和齿轮副各检验项目的公差值和极限偏差值,见表19－21～表19－26。

三、齿轮副的侧隙

标准中规定了齿轮副的最小法向侧隙种类为 a、b、c、d、e 和 h 六种。其中,以 a 为最大,依次递减,h 为零。一般情况下,设计者可根据齿轮副的规格和使用条件用类比法确定。标准中还规定了齿轮副法向侧隙公差种类为 A、B、C、D 和 H 五种。法向侧隙公差种类与精度等级有关。允许不同种类的法向侧隙公差和最小法向侧隙组合。一般情况下,推荐的法向侧隙公差种类与

表 19 – 21　锥齿轮的 F_p、F_{pk}、F_r 和齿轮副的 $F''_{i\Sigma c}$、F_{vj} 值　　　　μm

齿距累积偏差 F_p 和 k 个齿距累积偏差 F_{pk}[①]				中点分度圆直径 /mm	中点法向模数 /mm	齿圈跳动偏差 F_r			齿轮副轴交角综合偏差 $F''_{i\Sigma c}$			侧隙变动偏差 F_{vj}[②]	
L/mm	精度等级					精度等级							
	9	7	8			7	8	9	7	8	9	9	10
~11.2	16	22	32	~125	1 ~3.5	36	45	56	67	85	110	75	90
>11.2 ~20	22	32	45		>3.5 ~6.3	40	50	63	75	95	120	80	100
>20 ~32	28	40	56		>6.3 ~10	45	56	71	85	105	130	90	120
>32 ~50	32	45	63		>10 ~16	50	63	80	100	120	150	105	130
>50 ~80	36	50	71	>125 ~400	1 ~3.5	50	63	80	100	125	160	110	140
					>3.5 ~6.3	56	71	90	105	130	170	120	150
					>6.3 ~10	63	80	100	120	150	180	130	160
>80 ~160	45	63	90		>10 ~16	71	90	112	130	160	200	140	170
>160 ~315	63	90	125	>400 ~800	1 ~3.5	63	80	100	130	160	200	140	180
>315 ~630	90	125	180		>3.5 ~6.3	71	90	112	140	170	220	150	190
					>6.3 ~10	80	100	125	150	190	240	160	200
					>10 ~16	90	112	140	160	200	260	180	220

注:1. F_p 和 F_{pk} 按中点分度圆弧长 L 查表。查 F_p 时,取 $L = \dfrac{1}{2}\pi d = \dfrac{\pi m_n z}{2\cos\beta}$;查 F_{pk} 时,取 $L = \dfrac{K\pi m_n}{\cos\beta}$(没有特殊要求时,$K$ 值取 $z/6$ 或最接近的整齿数)。

2. 选 F_{vj} 时,取大、小轮中点分度圆直径之和的一半作为查表直径。对于齿数比为整数且不大于 3(1、2、3)的齿轮副,当采用选配时,可将 F_{vj} 值缩小 25% 或更多。

表 19 – 22　锥齿轮的 $\pm f_{pt}$、f_c 和齿轮副的 $f''_{i\Sigma c}$ 值　　　　μm

中点分度圆直径/mm	中点法向模数/mm	齿距极限偏差 $\pm f_{pt}$			齿形相对误差的偏差 f_c			齿轮副一齿轴交综合偏差 $f''_{i\Sigma c}$		
		精度等级								
		7	8	9	6	7	8	7	8	9
~125	1 ~3.5	14	20	28	5	8	10	28	40	53
	>3.5 ~6.3	18	25	36	6	9	13	36	50	60
	>6.3 ~10	20	28	40	8	11	17	40	56	71
	>10 ~16	24	34	48	10	15	24	48	67	85
>125 ~400	1 ~3.5	16	22	32	7	9	13	32	45	60
	>3.5 ~6.3	20	28	40	8	11	15	40	56	67
	>6.3 ~10	22	32	45	9	13	19	45	63	80
	>10 ~16	25	36	50	11	17	25	50	71	90
>400 ~800	1 ~3.5	18	25	36	9	12	18	36	50	67
	>3.5 ~6.3	20	28	40	10	14	20	40	56	75
	>6.3 ~10	25	36	50	11	16	24	45	71	85
	>10 ~16	28	40	56	13	20	30	56	80	100

表 19 – 23　接触斑点的大小与精度等级的关系

精度等级	6 ~7	8 ~9	10	对于齿面修形的齿轮,在齿面大端、小端和齿顶边缘处不允许出现接触斑点;对于齿面不修形的齿轮,其接触斑点大小应不小于表中平均值
沿齿长方向(%)	50 ~70	35 ~65	25 ~55	
沿齿高方向(%)	55 ~75	40 ~70	30 ~60	

表 19－24　周期误差的偏差 f'_{zk} 值(齿轮副周期误差的偏差 f'_{zkc} 值)　　μm

精度等级	中点分度圆直径/mm	中点法向模数/mm	齿轮在一转(齿轮副在大轮一转)内的周期数							
			2~4	>4~8	>8~16	>16~32	>32~63	>63~125	>125~250	>250~500
6	≤125	1~6.3	11	8	6	4.8	3.8	3.2	3	2.6
		>6.3~10	13	9.5	7.1	5.6	4.5	3.8	3.4	3
	>125~400	1~6.3	16	11	8.5	6.7	5.6	4.8	4.2	3.8
		>6.3~10	18	13	10	7.5	6	5.3	4.5	4.2
	>400~800	1~6.3	21	15	11	9	7.1	6	5.3	5
		>6.3~10	22	17	12	9.5	7.5	6.7	6	5.3
	>800~1600	1~6.3	24	17	15	10	8	7.5	7	6.3
		>6.3~10	27	20	15	12	9.5	8	7.1	6.7
7	≤125	1~6.3	17	13	10	8	6	5.3	4.5	4.2
		>6.3~10	21	15	11	9	7.1	6	5.3	5
	>125~400	1~6.3	2.5	18	13	10	9	7.5	6.7	6
		>6.3~10	28	20	16	12	10	8	7.5	6.7
	>400~800	1~6.3	32	24	18	14	11	10	8.5	8
		>6.3~10	36	26	19	15	12	10	9.5	8.5
	>800~1600	1~6.3	36	26	20	16	13	11	10	8.5
		>6.3~10	42	30	22	18	15	13	11	10
8	≤125	1~6.3	25	18	13	10	8.5	7.5	6.7	6
		>6.3~10	28	21	16	12	10	8.5	7.5	7
	>125~400	1~6.3	36	26	19	15	12	10	9	8.5
		>6.3~10	40	30	22	17	14	12	10.5	10
	>400~800	1~6.3	45	32	25	19	16	13	12	11
		>6.3~10	50	36	28	21	17	15	13	12
	>800~1600	1~6.3	53	38	28	22	18	15	14	12
		>6.3~10	63	44	32	26	22	18	16	14

表 19－25　齿圈轴向位移极限偏差 $\pm f_{AM}$ 值　　μm

中点锥距/mm	分锥角/(°)	精度等级												备注
		7				8				9				
		中点法向模数/mm												
		1~3.5	>3.5~6.3	>6.3~10	>10~16	1~3.5	>3.5~6.3	>6.3~10	>10~16	1~3.5	>3.5~6.3	>6.3~10	>10~16	
≤50	≤20	20	11	—	—	28	16	—	—	40	22	—	—	表中数值用于 α=20°的非修形齿轮。对于修形齿轮,允许采用低一级的 $\pm f_{AM}$ 值;当 α≠20° 时,表中数值乘以 sin20°/sinα
	>20~45	17	9.5	—	—	24	13	—	—	34	19	—	—	
	>45	7.1	4			10	5.6			14	8			
>50~100	≤20	67	38	24	18	95	53	34	26	140	75	50	38	
	>20~45	56	32	21	16	80	45	30	22	120	63	42	30	
	>45	24	13	8.5	6.7	34	17	12	9	48	26	17	13	
>100~200	≤20	150	80	53	40	200	120	75	56	300	160	105	80	
	>20~45	130	71	45	34	180	100	63	48	260	140	90	67	
	>45	53	30	19	14	75	40	26	20	105	60	38	28	
>200~400	≤20	340	180	120	85	480	250	170	120	670	360	240	170	
	>20~45	280	150	100	71	400	210	140	100	560	300	200	150	
	>45	120	63	40	30	170	90	60	42	240	130	85	60	

表 19 - 26　齿轮副的 f'_{zzc}、$\pm E_{\Sigma}$、$\pm f_a$ 值　　　　　μm

齿轮副齿频周期误差的偏差 $f'^{①}_{zzc}$					轴交角极限偏差 $\pm E_{\Sigma}^{②}$							轴间距极限偏差 $\pm f_a^{③}$				
大轮齿数	中点法向模数/mm	精度等级			中点锥距/mm	小轮分锥角/(°)	最小法向侧隙种类					中点锥距/mm	精度等级			
		6	7	8			h、e	d	c	b	a		6	7	8	9
≤16	1 ~ 3.5	10	15	22	≤50	≤50	7.5	11	18	30	45	≤50	12	18	28	36
	>3.5 ~ 6.3	12	18	28		>15 ~ 25	10	16	26	42	63					
	>6.3 ~ 10	14	22	32		>25	12	19	30	50	80					
>16 ~ 32	1 ~ 3.5	10	16	24	>50 ~ 100	≤15	10	16	26	42	63	>50 ~ 100	15	20	30	45
	>3.5 ~ 6.3	13	19	28		>15 ~ 25	12	19	30	50	80					
	>6.3 ~ 10	16	24	34		>25	15	22	32	60	95					
	>10 ~ 16	19	28	42												
>32 ~ 63	1 ~ 3.5	11	17	24	>100 ~ 200	≤15	12	19	30	50	80	>100 ~ 200	18	25	36	55
	>3.5 ~ 6.3	14	20	30		>15 ~ 25	17	26	45	71	110					
	>6.3 ~ 10	17	24	36		>25	20	32	50	80	125					
	>10 ~ 16	20	30	45												
>63 ~ 125	1 ~ 3.5	12	18	25	>200 ~ 400	≤15	15	22	32	60	95	>200 ~ 400	25	30	45	75
	>3.5 ~ 6.3	15	22	32		>15 ~ 25	24	36	56	90	140					
	>6.3 ~ 10	18	26	38		>25	26	40	63	100	160					
	>10 ~ 16	22	34	48												
>125 ~ 250	1 ~ 3.5	13	19	28	>400 ~ 800	≤15	20	32	50	80	125	>400 ~ 800	30	36	60	90
	>3.5 ~ 6.3	16	24	34		>15 ~ 25	28	45	71	110	180					
	>6.3 ~ 10	19	30	42		>25	34	56	85	140	220					
	>10 ~ 16	24	36	53												
>250 ~ 500	1 ~ 3.5	14	21	30	>800 ~ 1600	≤15	26	40	63	100	160	>800 ~ 1600	40	50	85	130
	>3.5 ~ 6.3	18	28	40		>15 ~ 25	40	63	100	160	250					
	>6.3 ~ 10	22	34	48		>25	53	85	130	210	320					
	>10 ~ 16	28	42	60												

注：1. f'_{zzc} 用于 $\varepsilon_{\beta c} \leq 0.45$ 的齿轮副。当 $\varepsilon_{\beta c} > 0.45 \sim 0.58$ 时，表中数值乘 0.6；当 $\varepsilon_{\beta c} > 0.58 \sim 0.67$ 时，表中数值乘 0.4；当 $\varepsilon_{\beta c} > 0.67$ 时，表中数值乘 0.3。其中，$\varepsilon_{\beta c}$ = 纵向重合度 × 齿长方向接触斑点大小百分比的平均值。

2. E_{Σ} 值的公差带位置相对于零线可以不对称或取在一侧，适用于 $\alpha = 20°$ 的正交齿轮副。

3. f_a 值用于无纵向修形的齿轮副。对纵向修形的齿轮副允许采用低一级的 $\pm f_a$ 值。

最小侧隙种类的对应关系如图 19 - 2 所示。

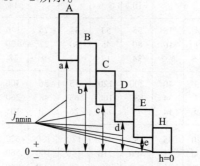

图 19 - 2　推荐的法向侧隙公差种类与最小侧隙种类的对应关系

最小法向侧隙的种类与精度等级无关,但对精度较低的齿轮副一般不采用较小的侧隙。

齿轮副最大法向侧隙 $j_{n\,max}$ 可按下式计算

$$j_{n\,max} = (\,|\,E_{\bar{s}s1} + E_{\bar{s}s2}\,| + T_{\bar{s}1} + T_{\bar{s}2} + E_{\bar{s}\Delta1} + E_{\bar{s}\Delta2})\cos\alpha_n$$

式中:$E_{\bar{s}s}$ 为齿厚上偏差;$T_{\bar{s}}$ 为齿厚公差;$E_{\bar{s}\Delta}$ 为制造误差的补偿部分。$j_{n\,min}$、$T_{\bar{s}}$、$E_{\bar{s}s}$ 和 $E_{\bar{s}\Delta}$ 值分别见表 19-27 ~ 表 19-30。

表 19-27 最小法向侧隙 $j_{n\,min}$ 值 　　　　　　　μm

中点锥距 R /mm		≤50			>50 ~ 100			>100 ~ 200			>200 ~ 400		
小轮分锥角 δ_1/(°)		≤15	>15 ~ 25	>25	≤15	>15 ~ 25	>25	≤15	>15 ~ 25	>25	≤15	>15 ~ 25	>25
最小法向侧隙种类	h	0	0	0	0	0	0	0	0	0	0	0	0
	e	15	21	25	21	25	30	25	35	40	30	46	52
	d	22	33	39	33	39	46	39	54	63	46	72	81
	c	36	52	62	52	62	74	62	87	100	74	115	130
	b	58	84	100	84	100	120	100	140	160	120	185	210
	a	90	130	160	130	160	190	160	220	250	190	290	320

注:正交齿轮副按中点锥距 R 查表。非正交齿轮副按 R' 查表,$R' = \dfrac{R}{2}(\sin2\delta_1 + \sin2\delta_2)$,式中 δ_1、δ_2 为大、小齿轮的分锥角。

表 19-28 齿厚公差 $T_{\bar{s}}$ 值 　　　　　　　μm

齿圈跳动公差		法向侧隙公差种类				
大于	到	H	D	C	B	A
32	40	42	55	70	85	110
40	50	50	65	80	100	130
50	60	60	75	95	120	150
60	80	70	90	110	130	180
80	100	90	110	140	170	220
100	125	110	130	170	200	260

表 19-29 齿厚上偏差 $E_{\bar{s}s}$ 值 　　　　　　　μm

基本值	中点分度圆直径/mm		≤125		>125 ~ 400			系数	II组精度等级	最小法向侧隙种类					
	分锥角 δ/(°)		≤45	>45	≤20	20 ~ 45	>45			h	e	d	c	b	a
	中点法向模数/mm	≤1 ~ 3.5	-20	-22	-28	-32	-30		7	1.0	1.6	2.0	2.7	3.8	5.5
		>3.5 ~ 6.3	-22	-25	-32		-30		8	—	—	2.2	3.0	4.2	6.0
		>6.3 ~ 10	-25	-28	-36		-34		9	—	—	3.2	4.6	6.6	

注:1. 各最小法向侧隙种类和各精度等级齿轮的 $E_{\bar{s}s}$ 值,由基本值栏查出的数值乘以系数得出。

2. 当轴交角公差带相对零线不对称时,$E_{\bar{s}s}$ 值应作修正,方法查 GB/T 11365—1989 的附录 A2.4。

3. 允许把大、小轮齿厚上偏差($E_{\bar{s}s1}$、$E_{\bar{s}s2}$)之和重新分配在两个齿轮上。

表 19 – 30　最大法向侧隙($j_{n\,max}$)的制造误差补偿部分 $E_{s\Delta}^{-}$ 值　　μm

			中点分度圆直径/mm		≤125			>125～400	
			分锥角 δ/(°)		≤45°	>45°	≤20°	20°～45°	>45°
第Ⅱ公差组精度等级	7	中点法向模数/mm	≥1～3.5		20	22	28	32	30
			>3.5～6.3		22	25	32		30
			>6.3～10		25	28	36		34
	8		≥1～3.5		22	24	30	36	32
			>3.5～6.3		24	28	36		32
			>6.3～10		28	30	40		38
	9		≥1～3.5		24	25	32	38	36
			>3.5～6.3		25	30	38		36
			>6.3～10		30	32	45		40

四、齿坯的要求

锥齿轮在加工、检验和安装时的定位基准面应尽量一致,并在齿轮零件图上予以标注。国家标准推荐的齿坯公差值见表 19 – 31、表 19 – 32 和表 19 – 33。

表 19 – 31　齿坯公差

精 度 等 级	6	7	8	9
基准轴径尺寸公差	IT5	IT6		IT7
基准孔径尺寸公差	H6	H7		H8
外径尺寸极限偏差		h8		h9

注:当 3 个公差组精度等级不同时,公差值按最高的精度等级查取。

表 19 – 32　齿坯轮冠距和顶锥角极限偏差

中点法向模数/mm	轮冠距极限偏差/μm	顶锥角极限偏差/(′)
≤1.2	0 -50	+15 0
>1.2～10	0 -75	+8 0
>10	0 -100	+8 0

表 19 – 33　齿坯顶锥母线跳动和基准端面圆跳动公差　　μm

精 度 等 级	顶锥母线跳动公差/μm					基准端面圆跳动公差/μm				
	外径/mm					基准端面直径/mm				
	≤30	>30～50	>50～120	>120～250	>250～500	≤30	>30～50	>50～120	>120～250	>250～500
7～8	25	30	40	50	60	10	12	15	20	25
9	50	60	80	100	120	15	20	25	30	40

注:当 3 个公差组精度等级不同时,公差值按最高的精度等级查取。

五、图样标注

在齿轮工作图上应标注齿轮的精度等级、最小法向侧隙种类及法向侧隙公差种类,标注示例如下:

(1) 齿轮的第Ⅰ公差组精度等级为 8 级,第Ⅱ、Ⅲ公差组精度等级为 7 级,最小法向侧隙种类为 c,法向侧隙公差种类为 B,则其标注为

(2) 齿轮的 3 个公差组同为 7 级,最小法向侧隙 400 μm,法向侧隙公差种类为 B,则其标注为

7—400　B　GB/T 11365—1989

(3) 齿轮的 3 个公差组同为 7 级,最小法向侧隙种类为 b,法向侧隙公差种类为 B,则其标注为

7　b　GB/T 11365—1989

第三节　圆柱蜗杆和蜗轮的精度(GB/T 10089—1988)

圆柱蜗杆和蜗轮的精度标准 GB/T 10089—1988 适用于轴交角 $\Sigma = 90°$、模数 $m \geqslant 1$ mm 的圆柱蜗杆、蜗轮及其传动副。

一、精度等级及其选择

GB/T 10089—1988 对蜗杆、蜗轮和蜗杆传动规定了 12 个精度等级,其中 1 级精度最高,12 级精度最低。蜗杆和配对蜗轮的精度等级一般相同,也允许取成不同。对于有特殊要求的蜗杆传动,除 F_r、F_i''、f_i'、f_i 项目外,其蜗杆、蜗轮左右齿面的精度等级也可取成不同。按公差特性对传动性能的影响,将蜗杆、蜗轮和蜗杆传动的公差(或极限偏差)分为 3 个公差组,见表 19-34。根据使用要求的不同,允许各公差组选用不同的精度等级组合,但在同一公差组中,各项公差与极限偏差值应保持相同的精度等级。

蜗杆、蜗轮的精度等级可参考表 19-35 进行选择。

二、蜗杆、蜗轮的检验与公差

根据蜗杆传动的工作要求和生产规模,可在各公差组中选择有关的检验组来评定和检验蜗杆、蜗轮的精度。对于动力传动的一般圆柱蜗杆传动,推荐的检验项目见表 19-36。当检验组中有两项或两项以上的误差时,应以检验组中最低的一项精度来评定蜗杆和蜗轮的精度等级。

蜗杆、蜗轮的公差及极限偏差值分别见表 19-37 和表 19-38。

表 19 – 34　蜗杆、蜗轮与蜗杆传动公差的分组

公差组	类别	公差与极限偏差项目		公差组	类别	公差与极限偏差项目	
		代号	名称			代号	名称
I	蜗轮	F_i'	蜗轮切向综合总偏差	II	蜗轮	f_i'	蜗轮一齿切向综合偏差
		F_i''	蜗轮径向综合总偏差			f_i''	蜗轮一齿径向综合偏差
		F_p	蜗轮齿距累积总偏差			$\pm f_{pt}$	蜗轮齿距极限偏差
		F_{pk}	蜗轮 k 个齿距累积偏差		传动	f_{ic}'	传动一齿切向综合偏差
		F_r	蜗轮齿圈径向跳动公差		蜗杆	f_{f1}	蜗杆齿形公差
	传动	F_{ic}'	传动切向综合偏差		蜗轮	f_{f2}	蜗轮齿形公差
II	蜗杆	f_h	蜗杆一转螺旋线偏差	III			接触斑点
		f_{hL}	蜗杆螺旋线偏差		传动	$\pm f_a$	传动中心距极限偏差
		$\pm f_{px}$	蜗杆轴向齿距极限偏差			$\pm f_\Sigma$	传动轴交角极限偏差
		f_{pxL}	蜗杆轴向齿距累积偏差			$\pm f_x$	传动中间平面极限偏差
		f_r	蜗杆齿槽径向跳动公差				

表 19 – 35　蜗杆、蜗轮精度等级与圆周速度的关系

精度等级	7	8	9
适用范围	用于运输和一般工业中的中等速度的动力传动	用于每天只有短时工作的次要传动	用于低速传动或手动机构
蜗轮圆周速度 $v/(\mathrm{m\cdot s^{-1}})$	≤7.5	≤3	≤1.5

注:此表不属于 GB/T 10089—1988,仅供参考。

表 19 – 36　推荐的圆柱蜗杆、蜗轮和蜗杆传动的检验项目

项　目			精度等级		
			7	8	9
公差组	I	蜗杆	—		
		蜗轮	F_p		F_r
	II	蜗杆	$\pm f_{px} \sqrt{} f_{pxL}$		
		蜗轮	$\pm f_{pt}$		
	III	蜗杆	f_{f1}		
		蜗轮	f_{f2}		
蜗杆副	对蜗杆		E_{ss1}, E_{si1}		
	对蜗轮		E_{ss2}, E_{si2}		
	对箱体		$\pm f_a, \pm f_x, \pm f_\Sigma$		
	对传动		接触斑点,$\pm f_a, j_{n\,min}$		
毛坯公差			蜗杆、蜗轮齿坯尺寸公差,形状公差,基准面径向和端面跳动公差		

注:1. 当蜗杆副的接触斑点有要求时,蜗轮的齿形误差 f_{f2} 可不检验。

2. 此表不属于国家标准内容,仅供参考。

表 19 - 37　蜗杆的公差和极限偏差值

第Ⅱ公差组											第Ⅲ公差组		
蜗杆齿槽径向跳动公差 $f_r^{①}$/μm					蜗杆轴向齿距极限偏差 $\pm f_{px}$/μm			蜗杆轴向齿距累积公差 f_{px1}/μm			蜗杆齿形公差 f_{f1}/μm		
分度圆直径 d_1/mm	模数 m/mm	精度等级			模数 m/mm	精度等级								
		7	8	9		7	8	9	7	8	9	7	8	9
>31.5~50	≥1~10	17	23	32	≥1~3.5	11	14	20	18	25	36	16	22	32
>50~80	≥1~16	18	25	36	>3.5~6.3	14	20	25	24	34	48	22	32	45
>80~125	≥1~16	20	28	40	>6.3~10	17	25	32	32	45	63	28	40	53
>125~180	≥1~25	25	32	45	>10~16	22	32	46	40	56	80	36	53	75

注:①　当蜗杆齿形角 $\alpha \neq 20°$时, f_r 值为本表公差值乘以 $\sin 20°/\sin \alpha$。

表 19 - 38　蜗轮的公差和极限偏差值

第Ⅰ公差组				第Ⅱ公差组					第Ⅲ公差组				
分度圆弧长 L/mm	蜗轮齿距累积公差 F_p 及 k 个齿距累积公差 f_{pk}/μm			分度圆直径 d_2/mm	模数 m/mm	蜗轮齿圈径向跳动公差 F_r/μm			蜗轮齿距极限偏差 $\pm f_{pt}$/μm			蜗轮齿形公差 f_{f2}/μm		
	精度等级					精度等级								
	7	8	9			7	8	9	7	8	9	7	8	9
>11.2~20	22	32	45	≤125	≥1~3.5	40	50	63	14	20	28	11	14	22
>20~32	28	40	56		>3.5~6.3	50	63	80	18	25	36	14	20	32
>32~50	32	45	63		>6.3~10	56	71	90	20	28	40	17	22	36
>50~80	36	50	71	>125~400	≥1~3.5	45	56	71	16	22	32	13	18	28
>80~160	45	63	90		>3.5~6.3	56	71	90	18	25	40	16	22	36
>160~315	63	90	125		>6.3~10	63	80	100	22	32	45	19	28	45
>315~630	90	125	180		>10~16	71	90	112	25	36	50	22	32	50

注:1. 查 F_p 时,取 $L = \dfrac{\pi d_2}{2} = \dfrac{\pi m z_2}{2}$;查 F_{pk}时,取 $L = k\pi m$(k 为 2 到小于 $z_2/2$ 的整数)。除特殊情况外,对于 F_{pk}, k 值规定取为小于 $z_2/6$ 的最大整数。

2. 当蜗杆齿形角 $\alpha \neq 20°$时, F_r 的值为本表对应的公差值乘以 $\sin 20°/\sin \alpha$。

三、蜗杆传动副的检验与公差

蜗杆传动的精度主要以传动的切向综合误差 ΔF_{ic}、传动的一齿切向综合误差 $\Delta f_{ic}'$ 和传动的接触斑点来评定。有关传动的检验项目及其公差见表 19 - 36 和表 19 - 39。

四、蜗杆传动的侧隙规定

按蜗杆传动最小法向侧隙的大小,将侧隙种类分为八种,分别用代号 a、b、c、d、e、f、g 和 h 表示。最小法向侧隙以 a 为最大,依次减小,h 为零,如图 19 - 3 所示。侧隙种类与精度等级无关,可根据工作条件和使用要求来选择。各种侧隙的最小法向侧隙 $j_{n\,\min}$ 值见表 19 - 40。

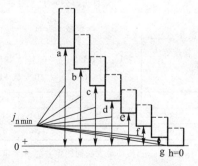

图 19 - 3　蜗杆副的最小法向侧隙种类

表 19 – 39　传动接触斑点的要求和 $\pm f_a$、$\pm f_x$、$\pm f_\Sigma$ 的值

接触斑点的要求部分：

传动接触斑点的要求①		第Ⅲ公差组精度等级 7、8	第Ⅲ公差组精度等级 9
接触面积的百分比	沿齿高不小于	55%	45%
	沿齿长不小于	50%	40%
接触位置	接触斑点痕迹应偏于啮出端，但不允许在齿顶和啮入、啮出端的棱边接触		

传动中心距极限偏差 $\pm f_a/\mu m$ 和传动中间平面极限偏差 $\pm f_x/\mu m$：

传动中心距 a/mm	$\pm f_a/\mu m$ 第Ⅲ公差组精度等级 7	8、9	$\pm f_x/\mu m$ 第Ⅲ公差组精度等级 7	8、9
>30 ~ 50	31	50	25	40
>50 ~ 80	37	60	30	48
>80 ~ 120	44	70	36	56
>120 ~ 180	50	80	40	64
>180 ~ 250	58	92	47	74
>250 ~ 315	65	105	52	85
>315 ~ 400	70	115	56	92

传动轴交角极限偏差 $\pm f_\Sigma/\mu m$：

蜗轮齿宽 b_2/mm	第Ⅲ公差组精度等级 7	8	9
≤30	12	17	24
>30 ~ 50	14	19	28
>50 ~ 80	16	22	32
>80 ~ 120	19	24	36
>120 ~ 180	22	28	42
>180 ~ 250	25	32	48

注：① 采用修形齿面的蜗杆传动，接触斑点的要求可不受本表规定的限制。

表 19 – 40　传动的最小法向侧隙 $j_{n\,min}$ 值　　　　μm

传动中心距 a/mm	侧 隙 种 类							
	h	g	f	e	d	c	b	a
>30 ~ 50	0	11	16	25	39	62	100	160
>50 ~ 80	0	13	19	30	46	74	120	190
>80 ~ 120	0	15	22	35	54	87	140	220
>120 ~ 180	0	18	25	40	63	100	160	250
>180 ~ 250	0	20	29	46	72	115	185	290
>250 ~ 315	0	23	32	52	81	130	210	320
>315 ~ 400	0	25	36	57	89	140	230	360

注：1. 表中数值系蜗杆传动在20℃时的情况，未计入传动发热和传动弹性变形的影响。

2. 传动的最小圆周侧隙 $j_{t\,min} \approx j_{n\,min}/(\cos\gamma'\cos\alpha_n)$，式中 γ' 为蜗杆节圆柱导程角；α_n 为蜗杆法向齿形角。

传动的最小法向侧隙由蜗杆齿厚的减薄量来保证，即取蜗杆齿厚上偏差 $E_{ss1} = -(j_{n\,min}/\cos\alpha_n + E_{s\Delta})$，齿厚下偏差 $E_{si1} = E_{ss1} - T_{s1}$，$E_{s\Delta}$ 为制造误差的补偿部分。最大法向侧隙由蜗杆、蜗轮齿厚公差 T_{s1}、T_{s2} 确定。蜗轮齿厚上偏差 $E_{ss2} = 0$，下偏差 $E_{si2} = -T_{s2}$。对于可调中心距传动或不要求互换的传动，对蜗轮的齿厚公差可不作规定。T_{s1}、T_{s2}、$E_{s\Delta}$ 值见表 19 – 41 和表 19 – 42。

表 19 – 41　蜗杆齿厚公差 T_{s1} 和蜗轮齿厚公差 T_{s2} 值

第Ⅱ公差组精度等级	蜗杆齿厚公差 T_{s1}①/μm 模数 m/mm ≥1~3.5	>3.5~6.3	>6.3~10	>10~16	蜗轮齿厚公差 T_{s2}②/μm 蜗轮分度圆直径 d_2/mm ≤125 模数 m/mm ≥1~3.5	>3.5~6.3	>6.3~10	>125~400 ≥1~3.5	>3.5~6.3	>6.3~10	>10~16	>400~800 >3.5~6.3	>6.3~10	>10~16
7	45	56	71	95	90	110	120	100	120	130	140	120	130	160
8	53	71	90	120	110	130	140	120	140	160	170	140	160	190
9	67	90	110	150	130	160	170	140	170	190	210	170	190	230

注：① 当传动最大法向侧隙 $j_{n\,max}$ 无要求时，允许蜗杆齿厚公差 T_{s1} 增大，最大不超过两倍。

② 在最小法向侧隙能保证的条件下，T_{s2} 公差带允许采用对称分布。

表 19 - 42　蜗杆齿厚上偏差 E_{ss1} 中的误差补偿部分 $E_{s\Delta}$ 值　　μm

传动中心距 a/mm	蜗杆第Ⅱ公差组精度等级											
	7				8				9			
	模数 m/mm											
	≥1 ~3.5	>3.5 ~6.3	>6.3 ~10	>10 ~16	≥1 ~3.5	>3.5 ~6.3	>6.3 ~10	>10 ~16	≥1 ~3.5	>3.5 ~6.3	>6.3 ~10	>10 ~16
>30 ~50	48	56	63	—	56	71	85	—	80	95	115	—
>50 ~80	50	58	65	—	58	75	90	—	90	100	120	—
>80 ~120	56	63	71	80	63	78	90	110	95	105	125	160
>120 ~180	60	68	75	85	68	80	95	115	100	110	130	165
>180 ~250	71	75	80	90	75	85	100	115	110	120	140	170
>250 ~315	75	80	85	95	80	90	100	120	120	130	145	180
>315 ~400	80	85	90	100	85	95	105	125	130	140	155	185

五、齿坯要求

蜗杆、蜗轮在加工、检验和安装时的径向、轴向基准面应尽量一致,并应在相应的零件工作图上予以标注。齿坯精度的有关公差值可见表 19 - 43 和表 19 - 44。

表 19 - 43　蜗杆、蜗轮齿坯的尺寸和形状公差

精　度　等　级		6	7、8	9
孔	尺寸公差	IT6	IT7	IT8
	形状公差	5 级	6 级	7 级
轴颈	尺寸公差	IT5	IT6	IT7
	形状公差	4 级	5 级	6 级
齿顶圆直径公差			h8	h9

注:1. 当 3 个公差组的精度等级不同时,按最高精度等级确定公差。

2. 当齿顶圆不作测量齿厚基准时,尺寸公差按 IT11 确定,但不得大于 0.1 mm。

表 19 - 44　蜗杆、蜗轮齿坯基准面的径向和端面圆跳动公差　　μm

基准圆直径 d/mm	精 度 等 级			
	6	7	8	9
≤31.5	4	7		10
>31.5 ~63	6	10		16
>63 ~125	8.5	14		22
>125 ~400	11	18		28
>400 ~800	14	22		36

注:1. 当 3 个公差组的精度等级不同时,按最高精度等级确定公差。

2. 当以齿顶圆作为测量基准时,也即为蜗杆、蜗轮的齿坯基准面。

六、图样标注

(1)在蜗杆和蜗轮的工作图上,应分别标注精度等级、齿厚极限偏差或相应的侧隙种类代号和国家标准代号,其标注示例如下:

① 蜗杆的第Ⅱ、Ⅲ公差组的精度等级为 8 级,齿厚极限偏差为标准值,相配的侧隙种类为 c,其标注为

② 若①中蜗杆的齿厚极限偏差为非标准值,如上偏差为 -0.27 mm、下偏差为 -0.40 mm,则标注为

$$\text{蜗杆} \quad 8 \begin{pmatrix} -0.27 \\ -0.40 \end{pmatrix} \quad \text{GB/T } 10089\text{—}1988$$

③ 蜗轮的第Ⅰ公差组的精度为 7 级,第Ⅱ、Ⅲ公差组的精度为 8 级,齿厚极限偏差为标准值,相配的侧隙种类为 f,其标注为

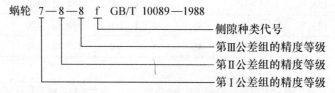

④ 蜗轮的 3 个公差组精度同为 8 级,齿厚极限偏差为标准值,相配的侧隙种类为 c,其标注为

$$\text{蜗轮} \quad 8 \quad c \quad \text{GB/T } 10089\text{—}1988$$

⑤ 若③中蜗轮的齿厚无公差要求,则标注为

$$\text{蜗轮} \quad 7\text{—}8\text{—}8 \quad \text{GB/T } 10089\text{—}1988$$

(2) 在蜗杆传动的装配图(即传动图)上,应标注相应的精度等级、侧隙种类代号和国家标准代号,其标注示例如下:

① 传动的 3 个公差组精度同为 8 级,侧隙种类为 c,其标注为

传动 8 c GB/T 10089—1988
————— 侧隙种类代号
————— 第Ⅰ、Ⅱ、Ⅲ公差组的精度等级

② 传动的第Ⅰ公差组的精度等级为 7 级,第Ⅱ、Ⅲ公差组的精度为 8 级,侧隙种类为 f,其标注为

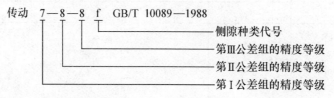

第二十章 电 动 机

第一节 Y系列三相异步电动机

Y系列电动机为全封闭自扇冷式笼型三相异步电动机,是按照国际电工委员会(IEC)标准设计的,具有国际互换性的特点。用于空气中不含易燃、易爆或腐蚀性气体的场合,具有高效、节能、起动转矩高、噪声小、可靠性高及寿命长等优点。适用于电源电压为380 V且无特殊要求的机械上,如机床、泵、风机、运输机、搅拌机和农业机械等;也用于某些需要高起动转矩的机器上,如压缩机。其技术数据、安装代号、安装及外形尺寸见表20-1~表20-3。

表20-1 Y系列电动机的技术数据(JB/T 10391—2008)

电动机型号	额定功率 /kW	满载转速 /(r·min⁻¹)	堵转转矩 额定转矩 /(N·m)	最大转矩 额定转矩 /(N·m)	电动机型号	额定功率 /kW	满载转速 /(r·min⁻¹)	堵转转矩 额定转矩 /(N·m)	最大转矩 额定转矩 /(N·m)
同步转速 $n=3\,000$ r·min⁻¹,2极					同步转速 $n=1\,000$ r·min⁻¹,6极				
Y801-2	0.75	2 825	2.2	2.3	Y90S-6	0.75	910	2.0	2.2
Y802-2	1.1	2 825	2.2	2.3	Y90L-6	1.1	910	2.0	2.2
Y90S-2	1.5	2 840	2.2	2.3	Y100L-6	1.5	940	2.0	2.2
Y90L-2	2.2	2 840	2.2	2.3	Y112M-6	2.2	940	2.0	2.2
Y100L-2	3	2 880	2.2	2.3	Y132S-6	3	960	2.0	2.2
Y112M-2	4	2 890	2.2	2.3	Y132M1-6	4	960	2.0	2.2
Y132S1-2	5.5	2 900	2.0	2.3	Y132M2-6	5.5	960	2.0	2.2
Y132S2-2	7.5	2 900	2.0	2.3	Y160M-6	7.5	970	2.0	2.0
Y160M1-2	11	2 930	2.0	2.3	Y160L-6	11	970	2.0	2.0
Y160M2-2	15	2 930	2.0	2.3	Y180L-6	15	970	2.0	2.0
Y160L-2	18.5	2 930	2.0	2.2	Y200L1-6	18.5	970	2.0	2.0
Y180M-2	22	2 940	2.0	2.2	Y200L2-6	22	970	2.0	2.0
Y200L1-2	30	2 950	2.0	2.2	Y255M-6	30	980	1.7	2.0
Y200L2-2	37	2 950	2.0	2.2	Y250M-6	37	980	1.7	2.0
Y225M-2	45	2 970	2.0	2.2	Y280M-6	45	980	1.8	2.0
Y250M-2	55	2 970	2.0	2.2	Y280M-6	55	980	1.8	2.0

续表

电动机型号	额定功率/kW	满载转速/(r·min⁻¹)	堵转转矩额定转矩/(N·m)	最大转矩额定转矩/(N·m)	电动机型号	额定功率/kW	满载转速/(r·min⁻¹)	堵转转矩额定转矩/(N·m)	最大转矩额定转矩/(N·m)
同步转速 $n = 1\,500$ r·min⁻¹,4 极					同步转速 $n = 1\,500$ r·min⁻¹,4 极				
Y801 - 4	0.55	1 390	2.3	2.3	Y280S - 4	75	1 480	1.9	2.2
Y802 - 4	0.75	1 390	2.3	2.3	Y280M - 4	90	1 480	1.9	2.2
Y90S - 4	1.1	1 400	2.3	2.3	同步转速 $n = 750$ r·min⁻¹,8 极				
Y90L - 4	1.5	1 400	2.3	2.3	Y132S - 8	2.2	710	2.0	2.0
Y100L1 - 4	2.2	1 420	2.2	2.3	Y132M - 8	3	710	2.0	2.0
Y100L2 - 4	3	1 420	2.2	2.3	Y160M1 - 8	4	720	2.0	2.0
Y112M - 4	4	1 440	2.2	2.3	Y160M2 - 8	5.5	720	2.0	2.0
Y132S - 4	5.5	1 440	2.2	2.3	Y160L - 8	7.5	720	2.0	2.0
Y132M - 4	7.5	1 440	2.2	2.3	Y180L - 8	11	730	1.7	2.0
Y160M - 4	11	1 460	2.2	2.3	Y200L - 8	15	730	1.8	2.0
Y160L - 4	15	1 460	2.2	2.3	Y225S - 8	18.5	730	1.7	2.0
Y180M - 4	18.5	1 470	2.0	2.2	Y225M - 8	22	730	1.8	2.0
Y180L - 4	22	1 470	2.0	2.2	Y250M - 8	30	730	1.8	2.0
Y200L - 4	30	1 470	2.0	2.2	Y280S - 8	37	730	1.8	2.0
Y225S - 4	37	1 480	1.9	2.2	Y280M - 8	45	740	1.8	2.0
Y225M - 4	45	1 480	1.9	2.2	Y315S - 8	55	740	1.6	2.0
Y250M - 4	55	1 480	2.0	2.2					

注:现以 Y132S2 - 2 - B3 为例,说明电动机型号的含义。其中 Y 表示系列代号;132 表示机座中心高;S 表示短机座(M 为中机座,L 为长机座),字母 S、M、L 后的数字表示不同功率的代号;2 表示电动机的极数;B3 表示安装形式。

表 20 - 2　Y 系列电动机的安装代号(JB/T 10391—2008)

安装形式	基本安装型	由 B3 派生安装型				
	B3	V5	V6	B6	B7	B8
示意图						
中心高/mm	80 ~ 280	80 ~ 160				

安装形式	基本安装型	由 B5 派生安装型		基本安装型	由 B35 派生安装型	
	B5	V1	V3	B35	V15	V36
示意图						
中心高/mm	80 ~ 225	80 ~ 280	80 ~ 160	80 ~ 280	80 ~ 160	

表 20 - 3　机座带底脚、端盖无凸缘(B3、B6、B7、B8、V5、V6)电动机的安装及外形尺寸 mm

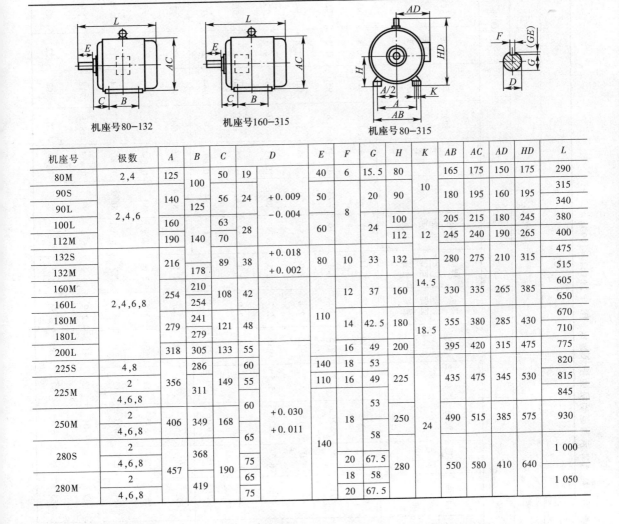

机座号 80-132　　机座号 160-315　　机座号 80-315

机座号	极数	A	B	C	D	E	F	G	H	K	AB	AC	AD	HD	L
80M	2,4	125	100	50	19	40	6	15.5	80	10	165	175	150	175	290
90S	2,4,6	140	100	56	24	+0.009 −0.004	50	8	20	90	10	180	195	160	195	315
90L	2,4,6	140	125	56	24	+0.009 −0.004	50	8	20	90	10	180	195	160	195	340
100L	2,4,6	160	125	63	28		60	8	24	100	12	205	215	180	245	380
112M	2,4,6	190	140	70	28		60	8	24	112	12	245	240	190	265	400
132S	2,4,6,8	216	178	89	38	+0.018 +0.002	80	10	33	132	14.5	280	275	210	315	475
132M	2,4,6,8	216	178	89	38	+0.018 +0.002	80	10	33	132	14.5	280	275	210	315	515
160M	2,4,6,8	254	210	108	42		110	12	37	160	14.5	330	335	265	385	605
160L	2,4,6,8	254	254	108	42		110	12	37	160	14.5	330	335	265	385	650
180M	2,4,6,8	279	241	121	48		110	14	42.5	180	18.5	355	380	285	430	670
180L	2,4,6,8	279	279	121	48		110	14	42.5	180	18.5	355	380	285	430	710
200L	2,4,6,8	318	305	133	55		110	16	49	200	18.5	395	420	315	475	775
225S	4,8	356	286	149	60		140	18	53	225	24	435	475	345	530	820
225M	2	356	311	149	55		110	18	49	225	24	435	475	345	530	815
225M	4,6,8	356	311	149	60		140	18	53	225	24	435	475	345	530	845
250M	2	406	349	168	60	+0.030 +0.011	140	18	53	250	24	490	515	385	575	930
250M	4,6,8	406	349	168	65	+0.030 +0.011	140	18	58	250	24	490	515	385	575	930
280S	2	457	368	190	65		140	18	58	280	24	550	580	410	640	1 000
280S	4,6,8	457	368	190	75		140	20	67.5	280	24	550	580	410	640	1 000
280M	2	457	419	190	65		140	18	58	280	24	550	580	410	640	1 050
280M	4,6,8	457	419	190	75		140	20	67.5	280	24	550	580	410	640	1 050

第二节　YZ 系列冶金及起重用三相异步电动机

　　冶金及起重用三相异步电动机是用于驱动各种形式的起重机械和冶金设备中的辅助机械的专用系列产品。它具有较大的过载能力和较高的机械强度,特别适用于短时或断续周期运行、频繁起动和制动、有时过载及有显著振动与冲击的设备。

　　YZ 系列为笼型转子电动机。冶金及起重用电动机大多采用绕线转子,但对于 30 kW 以下电动机以及在起动不是很频繁而电网容量又许可满压起动的场所,也可采用笼型转子。

　　根据负荷的不同性质,电动机常用的工作制分为 S2(短时工作制)、S3(断续周期工作制)、S4(包括起动的断续周期性工作制)、S5(包括电制动的断续周期工作制)4 种。电动机的额定工作制为 S3,每一工作周期为 10 min。电动机的基准负载持续率 FC 为 40%。其技术数据、安装及外形尺寸等见表 20 - 4 和表 20 - 5。

表 20－4　YZ 系列电动机的技术数据（JB/T 10104—1999）

型号	S2 30min 额定功率/kW	S2 30min 转速/(r·min⁻¹)	S2 60min 额定功率/kW	S2 60min 转速/(r·min⁻¹)	S3 15% 额定功率/kW	S3 15% 转速/(r·min⁻¹)	S3 25% 额定功率/kW	S3 25% 转速/(r·min⁻¹)	S3 40% 额定功率/kW	S3 40% 转速/(r·min⁻¹)	$\dfrac{\text{最大转矩}}{\text{额定转矩}}$	$\dfrac{\text{堵转转矩}}{\text{额定转矩}}$	$\dfrac{\text{堵转电流}}{\text{额定电流}}$	效率/%	功率因数	S3 60% 额定功率/kW	S3 60% 转速/(r·min⁻¹)	S3 100% 额定功率/kW	S3 100% 转速/(r·min⁻¹)
YZ112M－6	1.8	892	1.5	920	2.2	810	1.8	892	1.5	920	2.7	2.44	4.47	69.5	0.765	1.1	946	0.8	980
YZ132M1－6	2.5	920	2.2	935	3.0	804	2.5	920	2.2	935	2.9	3.1	5.16	74	0.745	1.8	950	1.5	960
YZ132M2－6	4.0	915	3.7	912	5.0	890	4.0	915	3.7	912	2.8	3.0	5.54	79	0.79	3.0	940	2.8	945
YZ160M1－6	6.3	922	5.5	933	7.5	903	6.3	922	5.5	933	2.7	2.5	4.9	80.6	0.83	5.0	940	4.0	953
YZ160M2－6	8.5	943	7.5	948	11	926	8.5	943	7.5	948	2.9	2.4	5.52	83	0.86	6.3	956	5.5	961
YZ160L－6	15	920	11	953	15	920	13	936	11	953	2.9	2.7	6.17	84	0.852	9	964	2.5	972
YZ160L－8	9	694	7.5	705	11	675	9	694	7.5	705	2.7	2.5	5.1	82.4	0.766	6.0	717	5	721
YZ180L－8	13	675	11	694	15	654	13	675	11	694	2.5	2.6	4.9	80.9	0.811	9	710	7.5	718
YZ200L－8	18.5	697	15	710	22	686	18.5	697	15	710	2.8	2.7	6.1	86.2	0.80	13	714	11	720
YZ225M－8	26	701	22	712	33	687	26	701	22	712	2.9	2.9	6.2	87.5	0.834	18.5	718	17	720
YZ250M1－8	35	681	30	694	42	663	35	681	30	694	2.54	2.7	5.47	85.7	0.84	26	702	22	717

注：S3（6 次/h 热等效起动次数）

表 20 - 5　YZ 系列电动机的安装及外形尺寸（JB/T 10105—1999）　　mm

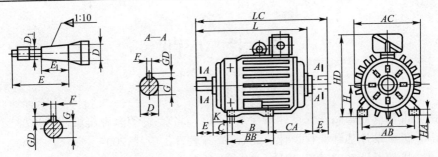

机座号	安装尺寸						螺栓直径								外形尺寸						
	H	A	B	C	CA	K	螺栓直径	D	D_1	E	E_1	F	G	GD	AC	AB	HD	BB	L	LC	HA
112M	112	190	140	70	135	12	M10	32		80	10	10	27	8	245	250	325	235	420	505	15
132M	132	216	178	89	150			38					33		285	275	355	260	495	577	17
160M	160	254	210	108	180	15	M12	48		110		14	42.5	9	325	320	420	290	608	718	20
160L			254															335	650	762	
180L	180	279	279	121				55	M36×3		82		19.9		360	360	460	380	685	800	22
200L	200	318	305	133	210	19	M16	60	M42×3	140	105	16	21.4	10	405	405	510	400	780	928	25
225M	225	356	311	149	258			65					23.9		430	455	545	410	850	998	28
250M	250	406	349	168	295	24	M20	70	M48×3			18	25.4	11	480	515	605	510	935	1 092	30

参 考 文 献

［1］　陈立德．机械设计基础课程设计指导书．3 版．北京:高等教育出版社,2007.

［2］　张建中．机械设计基础课程设计．北京:高等教育出版社,2009.

［3］　徐钢涛．机械设计基础课程设计．北京:高等教育出版社,2009.

［4］　游文明．机械设计基础课程设计．北京:高等教育出版社,2011.

［5］　丛晓霞．机械设计课程设计．北京:高等教育出版社,2010.

［6］　邢琳．机械设计基础课程设计．北京:机械工业出版社,2007.

［7］　陆玉．机械设计课程设计．4 版．北京:机械工业出版社,2007.

［8］　王之栎．机械设计综合课程设计．2 版．北京:机械工业出版社,2009.

［9］　柴鹏飞．机械设计课程设计指导书．2 版．北京:机械工业出版社,2010.

［10］　王凤平．机械设计基础课程设计指导书．北京:机械工业出版社,2010.

［11］　闵小琪．机械设计基础课程设计．北京:机械工业出版社,2010.

［12］　李海萍．机械设计基础课程设计．北京:机械工业出版社,2008.

［13］　徐钢涛．机械设计基础课程设计．北京:航空工业出版社,2012.

［14］　罗红专．机械设计基础课程设计简明指导书．北京:机械工业出版社,2012.

［15］　李国斌．机械设计基础课程设计指导书．北京:机械工业出版社,2012.

［16］　寇尊权．机械设计课程设计．2 版．北京:机械工业出版社,2011.

［17］　唐增宝．机械设计课程设计．武汉:华中科技大学出版社,2012.

［18］　张峰．机械设计课程设计手册．北京:高等教育出版社,2010.

［19］　黄晓荣．机械设计基础课程设计指导书．北京:中国电力出版社,2006.

［20］　姜韶华．机械设计基础课程设计与实验指导．北京:科学出版社,2010.

［21］　吴宗泽．机械设计课程设计手册．3 版．北京:高等教育出版社,2006.

［22］　韩莉．机械设计课程设计．3 版．重庆:重庆大学出版社,2011.

［23］　王昆．机械设计课程设计．北京:高等教育出版社,1995.

［24］　王世刚．机械设计实践．哈尔滨:哈尔滨工业大学出版社,2001.

［25］　席伟光．机械设计课程设计．北京:高等教育出版社,2003.

［26］　王少岩．机械设计基础实训指导．大连:大连理工大学出版社,2006.

［27］　龚桂义．机械设计课程设计指导书．北京:高等教育出版社,1990.

［28］　吴宗泽．机械设计实用手册．3 版．北京:化学工业出版社,2010.

［29］　周开勤．机械零件手册．5 版．北京:高等教育出版社,2009.

［30］　成大先．机械设计手册．5 版．北京:化学工业出版社,2010.

郑重声明

高等教育出版社依法对本书享有专有出版权。任何未经许可的复制、销售行为均违反《中华人民共和国著作权法》，其行为人将承担相应的民事责任和行政责任；构成犯罪的，将被依法追究刑事责任。为了维护市场秩序，保护读者的合法权益，避免读者误用盗版书造成不良后果，我社将配合行政执法部门和司法机关对违法犯罪的单位和个人进行严厉打击。社会各界人士如发现上述侵权行为，希望及时举报，本社将奖励举报有功人员。

反盗版举报电话：(010)58581897　58582371　58581879
反盗版举报传真：(010)82086060
反盗版举报邮箱：dd@hep.com.cn
通信地址：北京市西城区德外大街4号　高等教育出版社法务部
邮政编码：100120